环境污染与
人体健康

主编　宋永伟

武汉大学出版社

图书在版编目(CIP)数据

环境污染与人体健康/宋永伟主编. —武汉:武汉大学出版社,2023.11
ISBN 978-7-307-24141-1

Ⅰ.环… Ⅱ.宋… Ⅲ.环境污染—影响—健康—研究 Ⅳ.X503.1

中国国家版本馆 CIP 数据核字(2023)第 221257 号

责任编辑:黄金涛 责任校对:李孟潇 版式设计:马 佳

出版发行:**武汉大学出版社** (430072 武昌 珞珈山)
(电子邮箱:cbs22@whu.edu.cn 网址:www.wdp.com.cn)
印刷:武汉中科兴业印务有限公司
开本:787×1092 1/16 印张:22 字数:437 千字 插页:1
版次:2023 年 11 月第 1 版 2023 年 11 月第 1 次印刷
ISBN 978-7-307-24141-1 定价:65.00 元

前　言

　　环境是人类生存的空间，不仅包括自然环境，还包括日常生活、学习、工作环境。随着科技的发展和人民生活水平的提高，人们对生活环境中出现的许多不定因素与环境问题对人体健康的影响也越来越关注。

　　本书主要介绍环境中常见的污染物及污染因素对人体健康的影响。第一、二章主要介绍人类环境的概念和分类、人与环境的关系、环境与健康的关系等内容。第三章至第九章主要介绍大气污染、室内空气污染、水体污染、土壤污染、固体废物污染、常见重金属污染、噪声污染对人体健康的危害及防护措施。第十章主要介绍了常见的家用化学品对人体健康的影响。附录中包含《环境空气质量标准》（GB 3095—2012）、《室内空气质量标准》（GB/T 18883—2002）、《地表水环境质量标准》（GB 3838—2002）、《地下水质量标准》（GB/T 14848—2017）、《污水综合排放标准》（GB 8978—1996）、《生活饮用水卫生标准》（GB 5749—2006）、《土壤环境质量　农用地土壤污染风险管控标准（试行）》（GB 15618—2018）、《土壤环境质量　建设用地土壤污染风险管控标准（试行）》（GB 36600—2018）、《声环境质量标准》（GB 3096—2008）。

　　本书涉及许多交叉学科，通过介绍环境与健康的关系、环境污染基本知识、环境污染对人体健康潜在的危害以及个人和社会如何有效预防等来达到更好地避免或改善个体健康的目的。本书内容系统而丰富，是一本较好的环境科普读物，也可作为手册供化学化工、生物医学、环境保护与环境监测等相关人员以及高校相关专业师生使用。希望本书对人们掌握、识别和正确处理生活中常见环境污染有所裨益。

　　本书在编写过程中得到了学院领导的大力支持与帮助，在此表示衷心感谢。

　　由于编者水平有限，加之时间仓促，书中错误和不妥之处在所难免，敬请读者批评指正。

编　者

2022 年 9 月

C O N T E N T S 目 录

第一章　人类的环境

第一节　环境的概念和分类

环境是指以人为主体的外部世界，是人类生存发展的物质基础。人类的环境是指环绕于地球上的人类空间及其中可以直接、间接影响人类生活和发展的各类物质因素及社会因素的总体。环境是一个复杂的体系，根据属性及特征，可将人类的环境分为自然环境和社会环境。

社会环境是人类通过长期有意识的社会劳动所创造的物质生产体系、累积的文化等所形成的环境，社会环境由社会的政治、经济、文化、教育、人口、风俗习惯等社会因素构成。

自然环境又可分为原生环境和次生环境，原生环境是指未经过人的加工改造而天然存在的环境，包括自然界存在的各种事物，它们是天然形成的，在人类出现之前就已经存在，如阳光、大气、陆地、海洋、河流、各种动植物等。次生环境是指在自然环境的基础上经过人类的加工改造所形成的环境，或人为创造的环境，如城市、村镇、园林、农田、矿山、机场、车站、铁路、公路等。原生环境与次生环境的区别，主要在于次生环境对自然物质的形态做了较大的改变，使其失去了原有的面貌。

第二节　人类环境的基本构成

人类主要生活于地球表层。人类生存的自然环境由阳光、空气、水、土壤和各种生物构成。因此人们又常常把自然环境分成大气圈、水圈、岩石圈以及动植物活动的生态系统（又称为生物圈），如图1-1。

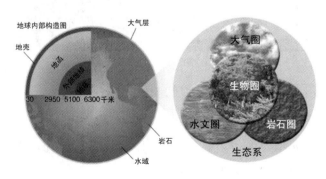

图 1-1　人类生存的自然环境的组成

一、大气圈

大气是指包围在地球外围的空气层，通常又称之为大气或地球大气。大气圈范围是地球表面到 1000～1400km 的高空，大气质量在垂直方向上分布是不均匀的，越往高空，空气就越稀薄，90% 集中在 30km 以下。大气圈按气温的垂直变化特点，可划分为五层，即对流层、平流层、中间层、热层（或热成层）和逸散层（或外大气层）；大气圈垂直结构按照电磁特性可分为中性层、电离层和磁层；此外，大气圈垂直结构还可按组分状况分为均和层和非均和层。大气圈垂直结构分层示意图见图 1-2。

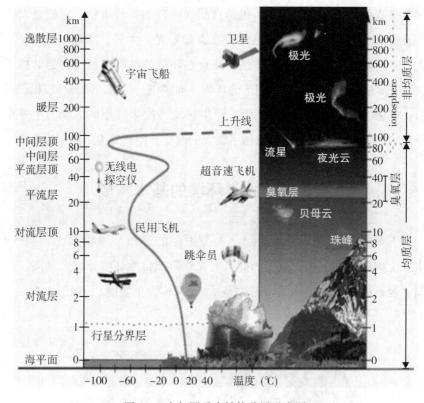

图 1-2   大气圈垂直结构分层示意图

地球大气的主要成分为氮、氧、氩、二氧化碳和比例不到 0.04% 的微量气体，大气中主要元素及性质见表 1-1。

表 1-1　　　　　　　　　　地球大气中的主要元素　　　　　　　

元素	空气中的含量	性质	作用
氮	78.1%	化学性质不活泼，在自然条件下很少同其他成分进行化合作用而呈氮化合物状态存在	地球上生命体的重要成分
氧	20.9%	化学性质活泼，大多数以氧化物形式存在于自然界中	一切生物体进行生命过程所必须的成分
二氧化碳	0.03%	通过海洋和陆地中有机物的生命活动、土壤中有机体的腐化、分解以及化石燃料的燃烧而进入大气	植物进行光合作用的原料，并且对大气中的温度变化具有一定的影响
臭氧	大气中含量很少，主要集中在 15~35km 间的气层中	臭氧在平流层中，因强烈日光辐射，与氧发生光化学反应而生成臭氧	臭氧层能吸收具有对生物强烈杀伤力的短波紫外线，这不仅增加了高层大气热能，同时也保护了地面的生命免受紫外线辐射伤害，得以繁衍生息

二、水圈

水是地球上分布最广和最重要的物质，是参与生命的形成和地表物质能量转化的重要因素。水也是人类社会赖以生存和发展的自然资源。地球上的水以气态、液态和固态三种形式存在于空中、地表与地下，成为大气水、海水、陆地水(包括河水、湖水、沼泽水、冰雪、土壤水、地下水)，以及存在于生物体内的生物水，这些水不停运动和相互联系着构成水圈。

(一)水的分布及循环

地球上的水，其中海洋覆盖了地球表面积的71%，淡水仅占地球总水量的2.53%，而其中又有69.57%属固态水——冰，储存在极地和高山上，只有30.44%的淡水存在于地下、湖泊、土壤、河流、大气等之中，淡水中方便使用的水更是少之又少。若把地球上的水比作 100L 的桶水，那么淡水仅有 2.53L，而方便使用的淡水仅为 0.01L，约一勺水，如图 1-3 所示。

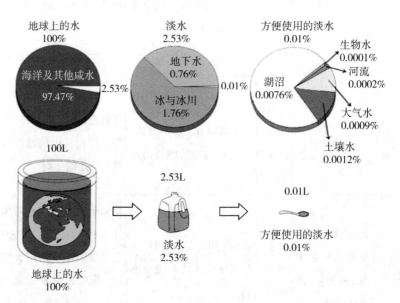

图 1-3　地球上的水分布

在生物圈内，阳光照射水域和陆地，使那里一部分水变成蒸汽进入大气，植物从土壤或水体中吸收的水，大部分通过蒸腾作用进入大气，动物体内的一些水也通过体表蒸发进入大气。大气中的水汽在高空变成水珠或冰结晶，以降水形式又回到地面。这种周而复始的运动称为水循环，如图 1-4 所示。当水体受到污染后，污染物也将会通过水循环而进入大气、土壤、食物和人体。

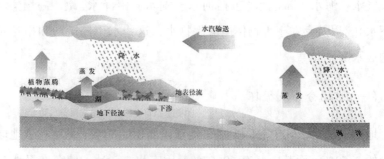

图 1-4　地球上的水循环

（二）天然水体的组成

天然水体是江、河、湖、海等水体的总称。天然水体中除水以外，还有其他各种物质，根据它们在水中存在的状态不同，可将这些物质分为三类：①溶解性物质，如钙、镁、钠、铁、锰的盐类或化合物及氧、二氧化碳等气体；②胶体物质，如硅胶、腐殖酸等；③非溶解性物质，包括黏土、砂、细菌、藻类及悬浮物质。

1. 溶解气体

水中一般存在的气体有氧气、二氧化碳、硫化氢、氮气和甲烷等。这些气体来自大气中各种气体的溶解、水生动植物的活动、化学反应等，海水中的气体还来自海底火山爆发。

溶解于水中的气体以氧气和二氧化碳意义较大，它们影响水生生物的生存和繁殖以及水中物质的溶解、化合等性质和生物化学行为。溶解在水中的氧称为溶解氧。溶解氧以分子状态存在于水，溶解氧主要来自空气中的氧和水生植物光合作用所产生的氧。水中的溶解氧主要消耗于生物的呼吸作用和有机物的氧化过程。当水体受到有机物的严重污染时，水中溶解氧量甚至可接近于零，这时有机物在缺氧条件下分解就出现腐败发酵现象，使水质严重恶化。水中氧气的溶解和消耗过程决定了水中含氧量的多少。

在大多数天然水体中都含有溶解的二氧化碳。它的主要来源于有机物氧化分解、水生动植物的新陈代谢作用及空气中二氧化碳的溶解。海水和湖水中的二氧化碳的含量一般均在 $20 \sim 30 mg/L$ 以下，地下水中含量较高，海水中含量最低。

在通气不良的条件下，天然水中还有硫化氢气体存在。水体中硫化氢气体来自厌氧条件下含硫有机物的分解和无机硫酸盐类的还原作用。而大量硫化氢是火山喷发的产物。

2. 主要离子

天然水体中的主要阳离子有 Ca^{2+}、Mg^{2+}、Na^+、K^+ 等。这些离子来自它们的矿物如钙长石、白云石、钠长石、钾长石等。

水体中的主要阴离子有 Cl^-、SO_4^{2-}、HCO_3^-、CO_3^{2-} 等离子。Cl^- 是海水中的主要阴离子成分。HCO_3^- 和 CO_3^{2-} 是淡水的主要阴离子成分。含硫的矿物中，硫以还原态金属硫化物的形式存在，当它与含氧水接触时，被氧化成 SO_4^{2-} 离子进入水体。天然水中的氯离子主要来源于沉积岩，与蒸发岩有关。一般的河水与湖水中，HCO_3^- 的含量不超过 250mg/L，少数情况可达 800mg/L。各种天然水中的 Cl^- 的含量差别很大。河水中离子含量为 1~35mg/L，而海水中高达 19.35g/L。

3. 营养物质

营养物质是指与生物生长有关的元素，包括氮、磷、硅等非金属元素，以及锰、铁、铜等某些微量元素。这些元素存在的形态与水体的酸碱性、氧化还原性有关。

4. 有机物质

天然水体中有机物的种类繁多。通常将水体中有机物分为两大类：非腐殖质和腐殖质。非腐殖质包括碳水化合物、脂肪、蛋白质、维生素及其他低分子量有机物等。水体中大部分有机物是呈褐色或黑色无定形的腐殖质。腐殖质的组成和结构目前尚未完全清楚，分类和命名也不统一。

(三)水资源的种类

1. 降水

降水是指雨，雪，雹水，其特点是水质较好，含矿物质较少，但水量无保证。我国的降水量分布受季节地域影响较大。一般而言，年降水量由东南沿海向西北内陆递减，呈明显雨区和干旱区。在降水过程中，大气中的一些物质可进入雨水中，由于各地区的环境条件和大气中的化学成分不同，因此其降水的化学组成也会有差别。我国一些干旱地区和沿海岛屿的居民常收集降水供生活饮用。

2. 地表水

地表水，也称地面水，是降水在地表径流和汇集后形成的水体，包括江河水、湖泊水、水库水等。地表水除了以降水为主要补给源外，与地下水也有相互补给关系。

地表水的水量和水质受流经地区、地质、气候、季节及人为活动等因素的影响而变化较大，因此不同种类地表水都具有不同的特点。一般来说，地表水的水质较软，含盐类较少；但因流经地表能冲刷并携带大量泥沙及地表污染物，故水的浑浊度大，细菌含量多；因其暴露于大气，流速快，故水中溶解氧含量多。由于地表水水量充足、水质软、取用方便、水质经过处理后可以满足饮用水要求，因此常被选用为生活饮用水水源。

3. 地下水

地下水是由渗入地下的降水与地表水渗滤到地下而成。地层由不同大小的砂、岩石、黏土等组成，它按透水性能不同分为透水层与不透水层：①透水层是由颗粒较大的砂、砾石组成，能渗水并能存水，又名含水层；②不透水层由颗粒细密的黏土及岩石等组成，不能渗水。地下水可分为浅层地下水，深层地下水和泉水等三种。

(1)浅层地下水

浅层地下水是指潜藏在地表以下第一个不透水层以上的地下水，其水面称为地下水位。水量直接由下渗的降水补给，受气象因素影响较大。降水经地层的渗滤，阻挡了大部分悬浮物和微生物，故水质物理性状较好，浑浊度小，细菌数少于地表水，但在流经地层时，可溶解各种矿物盐类，使水质变硬①。水中溶解氧被土壤中的生物化学过程所消耗故水中氧含量较低。

(2)深层地下水

是指在第一个不透水层以下的地下水。深层地下水因覆盖地层厚，不易受地面污染，故水质透明无色、水温恒定、细菌数较少、盐类含量高、硬度高，且水量较稳定，常作为城镇集中式供水水源。

4. 泉水

由地表缝隙自行涌出的地下水称为泉水。因地质构造不同分潜水泉和自流泉，前者是指浅层地下水因地层的自然塌陷或被溪谷截断，而使含水层露出，水自行外流而成，后者是深层地下水依靠压力由不透水层或岩石的天然裂隙中涌出而成。两者的水质水量特点分别与浅层和深层地下水相似。

---

① 水质硬化：水质硬化是由于某些原因而使水中钙离子、镁离子等阳离子的含量增加，从而使水的硬度增加的现象。水中所含的钙、镁离子总量就称为水的总硬度。雨水属于软水，地面水的硬度一般不高。硬度高的水不适于工业和日常生活使用。

三、土壤岩石圈

(一)基本概念

地球是一个半径有 6370 多千米的椭球体,它从表面向地心可以分为地壳、地幔和地核三部分,如图 1-5。地壳是地球的最表层,只占地球体积的 0.8%,由于地球表面有陆地和海洋,因此,又有大陆地壳和大洋地壳之分。由于地壳和上地幔顶部都是由岩石组成的,所以,地质学家们把它们统称为岩石圈。岩石表面经风化作用形成风化壳,储藏着丰富的化学物质,成为植物生长所需要的矿质营养宝库。

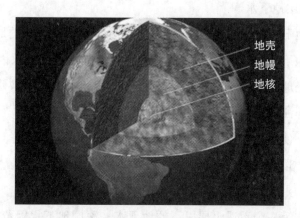

图 1-5 地球层次图

土壤圈是指岩石圈最外面一层疏松的部分,其表面或里面有生物栖息。土壤圈是联系有机界和无机界的中心环节,也是与人类关系最密切的一种环境要素之一。土壤是由岩石风化和母质的成土两种过程综合作用下形成的产物,是人类和生物赖以生存的物质基础。植物生长发育所需的水分和养分,一般都是从土壤获取。

(二)土壤的组成

土壤是由固相(包括矿物质和有机质等固体物质)、液相(土壤水分)和气相(土壤空气)物质组成。

1. 土壤固相

土壤固相包括土壤矿物质和土壤有机质。土壤矿物质占土壤的绝大

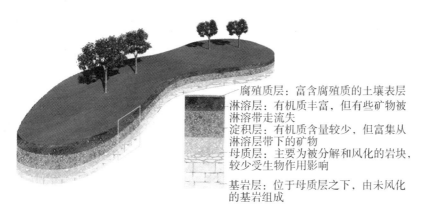

腐殖质层：富含腐殖质的土壤表层
淋溶层：有机质丰富，但有些矿物被淋溶带走流失
淀积层：有机质含量较少，但富集从淋溶层带下的矿物
母质层：主要为被分解和风化的岩块，较少受生物作用影响
基岩层：位于母质层之下，由未风化的基岩组成

图 1-6 土壤剖面图

部分，约占土壤固体总重量的 90% 以上。土壤有机质约占固体总重量的 1%～10%，绝大部分是腐殖质，一般在可耕性土壤中约占 5%，且绝大部分在土壤表层。

2. 土壤液相

土壤液相是指土壤中的水分及其水溶物。土壤水分是指土壤孔隙中的水分，它主要来源于地面的雨雪水和灌溉水。此外，空气中水蒸气冷凝成为土壤水分。水分通过土壤表层渗入地下，进入滤过层，此层充满水分后，剩余的水向下滤过，直到不透水层上方形成地下水层。地下水位就是指地下水层表面到地面的距离。地下水位高，容易引起地面潮湿，形成沼泽，不利于土壤中有机物的无机化。在地下水位接近地面的情况下，地下水也是上层土壤水分的重要来源。

土壤水分并非纯水，而是稀薄的溶液。不仅含有 Ca^{2+}、Mg^{2+}、Na^+、K^+、Cl^-、SO_4^{2-}、NO_3^-、HCO_3^- 等离子以及有机物，还含有有机的、无机的污染物。因此土壤水分既是植物养分的主要来源，也是进入土壤的各种污染物向其他环境圈层(如水圈、生物圈等)迁移的媒介。

3. 土壤气相

土壤气相是指土壤孔隙所存在的多种气体的混合物。土壤是一个多孔体系，在水分不饱和情况下，孔隙里总是有空气的。土壤空气是指土壤孔隙中的气体。这些气体主要来自大气，其次为土壤中的生物化学过程所产生的气体。土壤空气的组成接近于大气的正常组成，但也存在一些明显的差异。土壤空气的成分在上层与大气相近似，而深层土壤空气中氧气逐渐减少，二氧化碳增加，这主要是由于生物呼吸和有机物分解产生。土壤空气中还可含有氨、甲烷、一氧化碳和硫化氢等有害气体。土壤空气成分的变化受土壤污染程度、土壤生物化学作用和与大气交换程度等影响。

土壤空气的数量决定于土壤的孔隙度①和含水量。空气和水是同时存在于土壤孔隙中的，但在土壤孔隙状况不变的情况下，二者中任一方的容积增加就意味着另一方的容积相应减少。土壤质地、结构、耕作状况都可以影响其孔隙状况和含水量，也就必然会影响到土壤中空气的量。

三相物质所占土壤容积比例因土壤类型不同而异，在较理想的土壤中，按容积计矿物质约占 38%~45%，有机质约占 5%~12%，土壤孔隙约占 50%。因此，土壤是由多相组成的能够容纳各种污染物质的多孔疏松系统，是一个具有吸附和交换作用的胶体系统，是一个有络合作用、螯合作用和氧化还原作用的化学反应系统，还是一个充满各种微生物活动的陆地生态系统。

土壤具有净化、降解、消纳各种污染物的功能：大气圈的污染物可降落到土壤中，水圈的污染物通过灌溉也能进入土壤。但是土壤圈的这种功能是有限的，如果污染超过了它能容纳的限度，土壤也会通过其他途径释放污染物，如通过地表径流进入河流或渗入地下水使水圈受污染，或者通过空气交换将污染物扩散到大气圈；生长在土壤之上的植物吸收了被污染的土壤中的养分，其生长和品质也会受到影响。人类的生存与发展时刻离不开土壤这一宝贵资源，但是由于工业文明和社会经济的飞速发展，土壤面临着前所未有的危机，保持土壤使之可持续地被人类所利用已是迫在眉睫的历史任务。

四、生物圈

生物圈是指地球上有生命活动的领域及其居住环境的整体。它在地

---

① 孔隙度：土壤孔隙的多少以孔隙度表示。在自然状态下，单位容积土壤中孔隙容积所占的百分率称为孔隙度。
孔隙的多少关系着土壤的透水性、透气性、导热性和紧实度。不同类型土壤的孔隙度是不同的，例如黏土结构紧密，孔隙度较小；砂土结构松散，孔隙度较大。

面以上达到大致 15km 的高度，在地面以下延伸至 10km 的深处，如图
1-7。绝大多数生物通常生存于地球陆地之上和海洋表面之下各约 100m
的范围内。

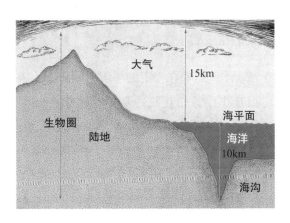

图 1-7 生物圈的范围

生物圈存在的基本条件是：①可以获得来自太阳的充足光能。因一
切生命活动都需要能量，而其基本来源是太阳能，绿色植物吸收太阳能
合成有机物而进入生物循环。②要存在可被生物利用的大量液态水。几
乎所有的生物全都含有大量水分，没有水就没有生命。③生物圈内要有
适宜生命活动的温度条件，在此温度变化范围内的物质存在气态、液态
和固态三种变化。④提供生命物质所需的各种营养元素，包括氧气、二
氧化碳、氮、碳、钾、钙、铁、硫等，它们是生命物质的组成或中介。

生命的诞生、繁衍和发展使生物圈充满了生机与活力。生物在与环
境相互作用过程中，由于受到不同环境影响，形成不同的生物群落类
型，也会对生物的繁衍和发展产生不同的影响。相反，生物活动也会给
不同地区局部环境施加重要的影响，改变自然环境质量。

第三节 人与环境的关系

人类作为地球的主人，自从诞生的那天起，就与周围的地理环境发
生着密切的关系。一方面，人类的生活活动和生产活动需要不断地向周
围环境获取物质和能量，以求自身的生存和发展，同时将废弃物排放与
地理环境之中；另一方面，环境根据自身的规律在不停地形成和转化着

一定的物质和能量，它的发生、发展和变化，不为人类的主观需求而改变其客观属性，也不为人类的有目的活动而改变自己发展的过程。人类与环境之间，存在着一种对立统一的特殊关系，这种关系主要表现在以下两个方面：人与环境的统一性和人对环境的适应性。

一、人与环境的统一性

人类以环境为载体，总是在一定的环境空间存在。人类的活动总是同其周围的环境相互作用、相互制约和相互转化。人类既是环境的产物，在一定意义上讲，也是环境的塑造者。

人类与环境之间最重要的关系是物质、能量和信息的交换。一方面，人体从空气、水、食物环境中摄取生命所必需的营养物质，并通过一系列同化过程合成机体细胞和组织的各种成分，并释放出能量，保证机体的需要；另一方面，机体通过异化过程进行分解代谢，所产生的分解产物通过各种排泄途径进入环境，如此循环往复。人类和环境之间这种物质、能量、信息交换保持着动态平衡，维持人和环境的统一。

人是环境的产物，组成人体的物质都来自环境。物质的基本单元是化学元素，故人体的化学元素和环境中的化学元素有联系。英国科学家Hamilton测试了220名英国人血液和地壳中化学元素的种类和含量，发现人体血液中化学元素含量与地壳中化学元素含量呈明显相关性，说明人和环境的物质组成具有高度一致性，见图1-8。

二、人对环境的适应性

不同地区、不同时期的人类环境是千差万别、不断变化的。有些地方的环境因素能很好地满足机体生命活动的需要，有些地方的环境因素却对生命活动产生不利的影响。

人类应付环境压力的形式包括适应和调节。适应是群体通过基因频率的改变对环境的选择压力做出的反应，适应通常需要多代时间才能完成；调节是群体通过行为反应和生理反应对付环境压力的过程，调节是非遗传形式的短暂的适应性。

例如，初次进入高原地区生活的人群，由于大气中氧含量相对稀少，人体通过增加呼吸空气量、加快血液循环、增加红细胞数量和血红蛋白含量等调节机制来增加机体的携氧能力，以适应这种缺氧环境，维

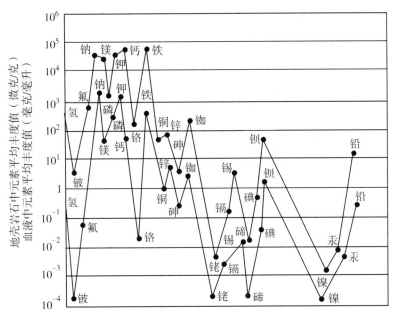

图 1-8　人体和地壳内 60 余种元素含量曲线图

持机体正常的生命活动。然而，机体的适应能力是有限度的，当环境因素作用强度过大，超出了人体自身的调节能力，则不能适应这种环境而出现机体功能异常、组织结构改变等病理变化。

第四节　环境影响的社会性

不论是原生环境问题或次生环境问题，都与人类活动息息相关。人类社会的发展也促使原生环境和次生环境不断发生变化。因此，要从社会学的角度来研究环境影响的基本客观特性，这样有利于调整和发挥社会组织机构的职能，最大限度地保护和合理利用资源，保持生态平衡，改善生产和生活条件，达到保障人民健康的目的。环境影响的社会性，表现在下述四个方面。

一、环境影响的隐现性

环境污染的影响具有一定的隐现性。环境污染对人类影响所产生后果的显示，要有一个过程，要经历一段时间；而在后果显现之后到影响的消除又要经过相当长的时间治理才能达到。在一般情况下，对人类起到有利作用的环境，往往不为人们察觉和珍惜；环境污染对环境或人类健康出现威胁时，由于它的隐现性，开始往往不给予重视，待人们受到不同程度惩罚时，才开始意识到它的严重性。

例如，20世纪50年代有机氯农药DDT的使用，对于农业避免毁灭性虫灾起到很大作用，但在若干年后，出现昆虫变异和抗药性种属以及DDT在农作物和食物中富集，进而在人体脂肪中和人奶中含有不同程度的DDT时，才引起人们的关注。但我国迟至1983年才开始停止生产有机氯农药。瑞士化学家米勒却因为DDT在杀虫方面有奇效，使农业得到丰收因此获诺贝尔奖。但是谁也没想到，DDT进入自然环境后，会给动植物和人类带来如此多的麻烦。

图 1-9 残留农药危害人体健康

1930年，美国开发出氟利昂，其化学性质稳定，易挥发，制冷效果好，被广泛应用于家用电器、日用化学品、汽车、消防器材等领域。然而随着时间的推移，氟利昂对环境的破坏性慢慢显现出来。1975年美国学者提出含氯的氟利昂中的氯原子会破坏臭氧层，此时人们才明确知道氟利昂对环境的巨大破坏作用。有研究表明，臭氧层的臭氧每减少1%，有害辐射增加2%，其后果是皮肤癌和眼病增加、人体的免疫系统性能下降、海洋生物的食物链被破坏、农作物减产。

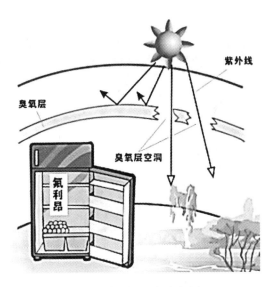

图 1-10 氟利昂破坏臭氧层

二、环境影响的未来性

环境的好坏不仅会直接影响到当代人口的体质和健康，而且会影响到人类子孙后代的体质和健康。

20世纪40年代，广岛、长崎上空原子弹爆炸后存活者后代出现胎儿畸形，以及50年代甲基汞污染水体引起先天性水俣病就是典型的例子，如图1-11。所以说，环境影响具有未来性。从广义角度来说，环境的好坏可以涉及一个民族的素质和国家的兴旺。

三、环境影响的综合性

很长时间以来，近代科学对客观世界进行"分割"研究，不同研究方向的科学家们很少做多学科交叉研究，在单一领域中取得巨大成就的同时，也造成了人们对客观世界认识的局限性、片面性，以致在实践中出现很多问题。在人们对待环境的态度与改造环境的方法上，也犯了这种错误，经过时间的推移，不良结果终于显现出来，人们认识到人类自己的错误，也最终认识到环境的研究本身就应该是一个综合整体。最终，环境科学由分化状态向整体化形态发展，成为了一个综合体。

札记

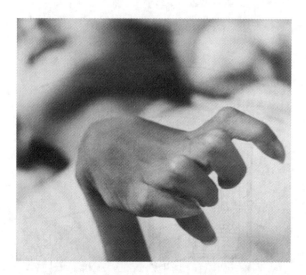

图 1-11　水俣病病人症状

　　生态系统的破坏是在多种环境问题综合作用下产生的，这种综合作用不是各个单一环境问题作用的简单累加，而是综合效应，往往大于简单相加。另外，环境问题都是多种因素综合作用的结果。

　　环境保护工作是一项综合性、社会性很强的工作。除了技术性工作外，还要做许多社会工作，如要协调各行业各种人际关系，发挥有关社会组织和管理系统的职能，动员各种社会力量，进行社会上的通力合作等。

四、环境影响的群体性与全球性

　　环境污染的影响不单针对个体，而且还涉及群体、社区或更大范围甚至全球。全球性环境问题包括全球变暖、臭氧层空洞、酸雨等。近几年来，有机污染物及其对人体健康和生态系统的危害越来越被人们所认识，其中持久性有机污染物由于大多具有"三致"效应(即致畸、致癌、致基因突变)和遗传毒性，能干扰人体内分泌系统引起"雌性化"现象，并且广泛存在于全球范围内的各种环境介质以及动植物组织器官和人体中，已成为人们广泛关注的一个新的全球性环境问题。

　　对全球环境问题，需要全球社会的合作，制定全球公民环境行为准则和全球合作的措施和策略。

第五节 环境污染的特征

环境污染是指由于人类的活动所引起的环境质量下降，而有害于人类及其他生物的生存和发展，造成大气、水、土壤的化学、物理、生物学性质变坏。从影响人体健康的角度来看，环境污染一般具有以下3个特征。

一、影响范围大，人数多

环境污染物通过大气、水体、土壤和食物等多种途径对人体产生不良影响，受影响的对象很广泛，包括老、弱、病、幼、青壮、少年，即整个人群，甚至还包括孕母腹中的胎儿。另外，污染范围广，所涉及的人数也很多。

二、污染物浓度低，危害具有未来性

污染物进入环境后受到大气、水体等的稀释，一般浓度很低，但由于环境中存在的污染物种类繁多，它们不但可通过生物的或物理化学的作用发生转化，产生降解或生物富集作用①，从而改变其原有的性状或浓度，产生不同的危害作用，而且多种污染物同时存在，联合作用于人体，常可发生较复杂的拮抗作用②或协同作用③。接触者长时间不断地暴露在被污染的环境中，由于环境污染物在环境中一般浓度很低，作用时间长，所以对人体的影响往往在短时间不易有较明显的表现，而容易被忽视。

---

① 生物富集作用：又称为生物浓缩，是指生物将环境中低浓度的化学物质，通过食物链的转运和蓄积达到高浓度的能力。化学物质在沿着食物链转移的过程中产生生物富集作用，即每经过一种生物体，其浓度就有一次明显的提高。例如，自然界中一种有害的化学物质被草吸收，以吃草为生的兔子吃了这种草，虽然浓度很低，但这种有害物质很难排出体外，便逐渐在兔子体内累积，鹰吃了兔子，有害物质便在鹰的体内累积。

② 拮抗作用：亦称对抗作用，是指两种或两种以上毒物同时或先后作用于机体所产生的毒作用低于各个化学物质单独毒性效应的总和。即一种物质的作用被另一种物质所阻抑的现象。

③ 协同作用：是指两种或两种以上毒物同时或先后作用于机体所产生的毒作用大于各个化学物质单独对机体的毒性效应的总和。

三、污染容易，治理困难

环境很容易遭受污染，一旦被污染，要想恢复原状，不但费力大，代价高，而且难以奏效，甚至还有重新污染的可能。有些污染物，如重金属和难以降解的有机氯农药，污染土壤后，能在土壤中长期残留，短期内很难消除，处理起来十分困难。现代化农业大量施用农药和化肥，而只有少量被作物吸收，其余大部分都在根部积累或转入地下水，成为潜在环境污染物，治理方法(如淋洗等)资金消耗大且效果不明显。

第二章 环境与健康

在人类赖以生存的环境中，诸多因素可综合作用于人体。环境因素按其来源分为自然的和人为的两类，前者在环境中的分布适量时，对人群健康是必需的；后者多数是环境污染物，对人类生存是不必要或者危险的。环境因素按其对人群健康作用的性质可分为物理性、化学性、生物性三类。

物理因素主要包括微小气候、噪声、振动、非电离辐射、电离辐射等。环境中的化学因素成分复杂、种类繁多。大气、水和土壤中有大量的化学物质，当其成分含量适宜时是人类生存和维持身体健康必不可少的。但是在人类的生产和生活活动中，将大量的化学物质排放到环境中，使其成分含量改变，造成环境污染的严重后果。当今世界已知有1300多万种合成的或已经鉴定的化学物质，每年约有1000多种新的化学物质投放市场。有的是致癌物，有的是内分泌干扰物，对人类健康会造成危害。生物因素主要包括环境中的细菌、真菌、病毒、寄生虫和植物花粉、真菌孢子、尘螨、动物皮屑等生物性变应原。正常情况下，空气、水、土壤中均存在大量微生物，对维持生态系统的平衡具有重要作用。但是当环境中的生物种群发生异常变化或环境中有生物性污染时，该环境可对人体健康带来有害影响。

目前，由于人类活动造成的自然资源破坏和环境污染，环境质量下降比以前更剧烈，加重了人类适应能力的负担。

第一节　环境与健康关系的基本规律

一、新陈代谢与生态平衡

自地球上出现人类以来，人类的生存与自然环境之间就存在着十分密切的关系。人在整个生命活动过程中，通过呼吸、饮水、进食等各种新陈代谢作用与周围环境进行着多种形式的物质和能量交换。

机体与环境不断进行着物质能量和信息的交换和转移，使机体与周围环境之间保持着动态平衡。机体从空气、水、食物等环境中摄取生命必需的物质后，通过一系列复杂的同化过程①合成人体的各种成分，并

---

① 同化作用：是指生物体把从外界环境中获取的营养物质转变成自身的组成物质，并且储存能量的变化过程。简单说，同化作用就是把非己变成自己。

札记

释放出热量保证生命活动的需要；同时机体通过异化过程①进行分解代谢，所产生的分解代谢物经各种途径排泄到外环境(如空气、水、土壤)中，被生态环境的其他生物作为营养成分吸收利用，并通过食物链②作用逐级传递给更高营养级的生物，形成生态系统中的物质循环、能量流动和信息传递。

人体通过新陈代谢③作用，使其化学元素组成与所址的自然地理保持着平衡一致的关系。例如，人体血液中的 60 多种化学元素的含量和岩石中这些元素的含量的分布峰度明显相关，如图 1-8。由此可知，人类是自然环境长期发展与进化的产物。化学物质是人与自然环境之间联系的基本物质。

一个正常、稳定的环境，理应是自然界中各个环境因素与人群生物种群之间，基本上保持着一种相对的生态平衡关系。事实上，各种自然的和人为的环境因素间这种平衡状态并非是静止不变的，而总是处于不断的运动和变化之中，只有当某环境因素的改变导致原有的生态系统出现了不可逆转的变化，仅仅依靠自然净化能力已无法使环境系统再恢复或达到新的生态平衡，而且在一定的人群或生物种群中产生了相应的生态效应，才被认作是出现了环境破坏和污染问题。

二、人体的化学组成

人类是物质世界的组成部分。物质的基本单元是化学元素。人体各种化学元素的含量与地壳中各种化学元素含量相适应。

迄今为止，在人体内已经发现了近 60 种元素。人体 99.9% 以上的重量是由碳、氢、氧、氮、磷、硫、氯、钠、钾、钙和镁等多种元素组成，这些元素称为常量元素，余下不到 0.1% 是由硅、铁、氟、锌、碘、

---

① 异化作用：是指将自身有机物分解成无机物归还到无机环境，并且释放能量的过程，也就是把自己体内的物质变成其他物质然后释放到外界。简单地说，异化作用是把自己变成非己。

② 食物链：生态系统中贮存于有机物中的能量在生态系统中层层传导，通俗地讲，是各种物生通过一系列吃与被吃的关系(捕食关系)彼此联系起来的序列，在生态学上被称为食物链。

③ 新陈代谢：机体与外界环境之间的物质和能量交换以及生物体内物质和能量的自我更新过程叫做新陈代谢。新陈代谢包括合成代谢(同化作用)和分解代谢(异化作用)。

铜、钒、锰、镍、钴、硒、锡等 13 种元素组成。由于这些元素在人体内的含量很微小，故称其为人体的微量元素。微量元素仅占 0.05%，虽然与人体必需大量元素相比，微量元素的含量是微乎其微的，但其对人体健康的保护是必不可少的。必需元素在人体的正常含量见表 2-1。

表 2-1　　　　　　　　　　　人体中必需元素的正常含量

元素	人体内含量（%）	元素	人体内含量（%）	元素	人体内含量（mg/kg）	元素	人体内含量（mg/kg）
氧	65	钾	0.35	铁	40	硒	0.2
碳	18.0	硫	0.25	氟	37	锰	0.2
氢	10.0	钠	0.15	锌	33	碘	0.2
氮	3.0	氯	0.15	铜	1	钼	0.1
钙	2.0	镁	0.05	钒	0.3	镍	0.1
磷	1.0			铬	0.2	钴	0.05
总计	99.95%			总计	0.05%		

环境、微量元素以及人体之间存在十分密切的关系，为了维持人体的正常生理需要，人们必须从生活环境中摄取并排泄适量的微量元素。若人类的正常环境受到污染或破坏，环境中的微量元素就会出现过多或过少的异常情况，于是人体内微量元素的含量比例随之失调，结果机体的功能平衡也遭到破坏，从而导致各种危及人体健康的有害后果。

三、适应性和致病过程

随着现代科学技术的迅速发展和大规模的经济活动，地壳中潜在的物质和能量得到进一步的开发利用，与此同时向大自然排放的污染物质也随之激增，强烈地改变着地壳表面的原始组成，使环境物质存在的状态和数量都产生了显著的变化，大大超出了自然界本身的自净能力①和

---

① 自净能力：自净能力是指环境要素对进入环境中的污染物通过复杂多样的物理过程、化学及生物化学过程，使其浓度降低、毒性减轻或者消失的性能。
自净能力是有限的。如果利用不当，就会导致自净能力的降低。例如生产生活产生的有害物质进入土壤后，就会导致土壤自净性能的衰竭甚至丧失，形成日益严重的土壤污染。

人类生命活动所能调节适应的范围，使些地区的环境质量明显下降，从而给人类健康带来了隐患和威胁。例如汞、镉这类非必需的化学元素污染环境所致的公害病是非传染性疾病，其病区的疆界是非常清楚的。疾病普查材料也揭示某些肿痛的发生、发展可能是一定地区内化学元素含量的增加或减少或比例失调所致的非传染性地方病。

人类在长期发展过程中，对环境的变化形成了极其复杂的适应机能，以保持机体与环境的相对平衡。只要环境条件的改变不引起人体生理机能的剧烈变化就不会造成人体与环境条件的平衡失调，否则将发生疾病或死亡。因为人体适应环境的能力是有限的，由于自然的或人为的原因破坏或污染了环境条件，被改变了的环境超越了人类正常的生理调节范围，就会引起人体某些生理功能与结构发生反应和变化，使人罹患某些疾病或影响寿命。

如人的肾脏就像过滤网，从身体各部回来的血液，混合着许多废物和杂质，经过肾脏的过滤，从尿道排出体外。如果长期饮用被污染的水，很多有害、有毒杂质会在体内积累，日积月累就会造成各种结石症。而部分污染物沉淀在血管壁上，就加速了心脑血管硬化。而高血压、心脏病、脑血栓等疾病与长期饮用不清净的水有着直接关系。

变化了的环境能否引起环境与人体之间的平衡失调，首先取决于环境因素(化学的、物理的、生物的)性质、变化的强度与持续作用的时间。据测定，古代人和现代人体内化学元素的含量，必需元素变化不大，而非必需元素前者比后者低得多，见表2-2。

表2-2　　　　　　　　人体中微量元素的变化/(mg/kg)

元素	古代人	现代人
铁	60	60
铜	1.0	1.2
钴	0.03	0.03
铬	0.6	0.2
碘	0.1~0.5	0.2
铅	0.01	1.7
镉	0.001	0.7
汞	<0.001	0.19

其次，取决于人体的机能状况（如性别、年龄、营养、健康、体质、遗传性等）和接触方式。因此，在一般情况下，并不是只要有环境条件的异常改变，就会对所有人群带来相同程度的有害影响。由于人群敏感性的不同，对环境因素作用的反应性也有差别。

第二节　自然环境对人体健康的影响

人类生活在地球表面，这里包含一切生命生存、发展、繁殖所必需的各种适宜条件，如清洁的空气、丰富的水源、肥沃的土壤、充足的阳光、适宜的气候以及各种自然资源。良好的自然环境因素对控制人体生物节律、维持机体正常代谢、增强免疫功能、促进生长发育等具有十分重要的作用。然而人类环境中也有许多不利的自然因素，如地震、火山爆发、海啸、洪涝、干旱、风灾、虫灾和气候异常等。这些不利因素可分为物理因素、化学因素和生物因素。

一、自然环境物理因素对健康的影响

（一）地质灾害对人类健康的影响

1. 地震

地震是由于地球深处地壳运动能量的突然释放造成的。地震对人类健康的影响既有直接影响，又有间接影响。直接影响是由地面强烈的震动引起的地面断裂、变形导致建筑破坏、倒塌及对人畜造成的伤亡和财物损失等；间接影响是由于地震所引起的山体崩塌、泥石流、水坝河堤决口造成水灾，以及震后的流行瘟疫或地震引起的输油、输气管道破裂、爆炸和有毒有害气体的泄漏，核电站放射性物质的泄漏，这些都严重地威胁到人类的生存与健康。

另外，当强烈地震发生在海底时，可引起海啸，这些巨大的地震引发的海浪能以 1000km/h 或更快的速度扩散，当这些海浪接近海岸时，其高度很容易达到 15m 以上，一些甚至达到 65m。由海啸引起的灾后疫情，还会导致更多的人死亡或健康状况受到严重影响。此外，地震还会给人类造成有种无形的伤害——心理创伤，而且这种创伤可能会持续到地震事件后的很长一段时间。

图 2-1　地震引起的地面断裂和建筑物倒塌

图 2-2　海啸吞噬地面建筑物

2. 火山爆发

火山喷发是在地下深处呈熔融状态的岩浆物质，在高温高压条件下，因地壳运动岩层发生断裂，岩浆从此处涌向地表。火山喷发的有害气体包括氟化氢、氯化氢、二氧化硫、二氧化碳等对人体可造成直接伤害，如图 2-3 所示。

(二)极端天气变化对人类健康的影响

1. 台风、龙卷风、焚风

台风是指中心最大风力在 12 级以上的热带旋风。台风引发的灾害主要表现为暴雨、大风及寒潮、洪水、滑坡等。龙卷风是一种小尺度的

图 2-3　火山喷发产生岩浆和有害气体

强烈漩涡。它来势凶猛，破坏力巨大，除极大的阵风和气压变化外，还常伴有雷暴、冰雹和强阵雨。焚风最早是指气流越过阿尔卑斯山后在德国、奥地利和瑞士山谷的一种热而干燥的风。焚风可能引起严重的自然灾害，常造成农作物和林木干枯，也容易引起森林火灾，造成人员伤亡和经济损失。

图 2-4　台风(左)和龙卷风(右)示意图

2. 洪涝、干旱

洪涝主要指长期降雨和短期大量降雨导致河流过度积水、洪水泛滥，淹没地势较低的地方，造成灾害。干旱是由雨量偏少造成的。严重干旱是持续时间长、影响范围大的自然灾害，也是一种极端的气候灾害。干旱对人类最大的影响是粮食不足，致使人们的抵抗力减弱，易患多种疾病。

图 2-5 "焚风效应"示意图

图 2-6 洪涝(左)和干旱(右)示意图

3. 高温、寒潮、沙尘暴

在气象上一般以日最高气温≥35℃作为高温天气,"热浪"通常指持续多天35℃以上的高温天气。持续高温会导致旱情,给农业生产造成巨大影响。此外,高温天气还造成用水紧张、电量需求猛增。持续高温热浪严重地影响了人体健康,在高温环境下,人体感到不适,工作效率降低,中暑、胃肠道疾病、"空调病"、心血管病的患病人数急剧增加,尤其机体抵抗力较差的老人、病人等因暑热而死亡的人数增加,对人们的生活产生了极大的影响。

按我国气象部门规定,凡使当地24小时降温10℃以上或48小时降温12℃以上,且最低气温降至5℃以下的强冷空气称为寒潮。寒潮常伴有大风、雨雪、冻害等现象,这类灾害主要危及农业生产,并对人畜的健康产生较大的影响。

沙尘暴是强风将地面大量的沙尘吹起，使空气浑浊、水平能见度小于1000m的灾害天气现象。沙尘暴不仅给交通带来不便，也给人们的健康带来危害。此外沙尘还能携带花粉、细菌、病毒以及一些其他有害成分，成为传播某些疾病的媒介。

图 2-7 沙尘暴示意图

(三)高原特殊地理环境对人类健康的影响

自然环境中，大气压或氧分压受到各种因素的影响，如温度、湿度、风速和海拔等方面的改变，其中以海拔的影响最为显著。高海拔导致低大气压、低氧分压的形成，空气稀薄，氧气缺乏。

高原低氧环境可促进人体调动体内的生理功能活动，从而提高心、肺、血功能，增强氧的利用，改善新陈代谢，因此会给健康带来一定好处。但对于一部分人来说，主要是长期生活在平原的高原移居者，可因高原低氧引起高原反应、高原肺水肿、红细胞增多症和高原心脏病等不利于健康的影响。

二、自然环境化学因素对健康的影响

(一)地域分异导致的各元素差异对健康的影响

自然界中地域分异的现象是非常显著的，从赤道到两极，从沿海到内陆，从山麓到高山顶部，甚至在局部地段（如山坡和谷底）都可以观察到不同属性的自然环境的规律性变化。

本书第一章第三节中讲到，生物体化学元素和地壳化学元素具有高度一致性。但是生物圈的化学成分在地理分布上是不一致的，这种差异在某种程度上势必反映到生命体中来，在一定程度上影响和控制着世界各地区人类和生物界的发展，造成区域性差异。当这种地球化学环境超出人类所能适应的范围，就会对人体健康产生不同性质和不同程度的影响。一般来说人类对今天所处的化学环境基本适应，但在有些地区，人对环境化学因素的改变适应较差，出现某些生物地球化学性疾病。

例如，我国亚热带、热带以及草原、荒漠带为富硒区域，而温带森林和森林草原带则为缺硒环境，是我国硒缺乏病的主要分布区域。陕西省的缺硒环境主要分布在案岭口以北落叶阔叶林、森林草原、褐色土地带及其以北的黑垆土地带，与硒缺乏病在陕西的地理分布相一致。

（二）地球化学元素对人体的生物学作用

地球化学元素对生命活动、发育成长、演变和进化、疾病治疗以及许多代谢过程都是必须的。事实表明，人类许多疾病和健康问题与地球化学元素所导致的代谢紊乱①有关。

元素的生态循环，基本是通过食物和饮水进入人体的，约占人体元素总量的70%~90%。地球化学环境作用于人体的化学物质的种类和数量，往往取决于地理环境中各地理要素的综合作用和平衡关系。一般来说，环境给人体提供化学元素是处于一种相对平衡状态的，有其范围。在此范围内，机体的调节功能正常。当某个或某些环境条件发生变化时，就会破坏机体正常调节代谢过程范围内所需要的化学元素浓度的上限或下限，导致体内元素低于下限浓度或高于上限浓度（表2-3）。比例失调，造成机体化学元素及其综合作用失去平衡，干扰机体的调节机制，使该元素在机体的吸收、分布、代谢、排泄等发生紊乱，导致功能障碍，严重的可引起器质性病变。

---

① 代谢紊乱：是身体的一种状态，是机体对物质的消化、吸收、排泄出现病理性，供需不平衡的状态。可以表现为一种物质也可以表现为多种物质的紊乱。

表 2-3　　　　　　　　　　土壤化学元素浓度范围

化学元素	研究次数	元素含量的界限(mg/kg)		
		不足 (低于正常浓度 范围下限)	正常 (在调节功能 正常范围内)	过剩 (高于正常浓度 范围上限)
钴	2400	2~7	7~30	30
铜	3194	6~15	15~60	60
锰	1629	约400	400~3000	3000
锌	1927	约30	30~70	70
铝	1216	约1.5	1.5~4	4
硼	879	3~6	6~30	30
锶	1269	—	约600	600~1000
碘	491	2~5	5~40	40

三、自然环境生物因素对健康的影响

(一)动物与人类健康的关系

地球是一个大的生态系统，由生物群落及其周围的生存环境共同构成，人仅仅是这个大生态系统中的一个组成部分。人类的生存与生态系统中的各个环节密切相关，一些引起人类疾病的病原体①也同样是生态

---

① 病原体：病原体是能引起人或动物感染疾病的微生物和寄生虫的统称。

能感染人的微生物超过 400 种，每个人一生中可能受到 150 种以上的病原体感染，在人体免疫功能正常的条件下并不引起疾病，有些甚至对人体有益，如肠道菌群(大肠杆菌等)可以合成多种维生素。

这些菌群的存在还可抑制某些致病性较强的细菌的繁殖，因而这些微生物被称为正常微生物群(正常菌群)；但当机体免疫力降低，人与微生物之间的平衡关系被破坏时，正常菌群也可引起疾病，故又称它们为条件致病微物生(条件致病病原体)。

机体遭病原体侵袭后是否发病，一方面固然与其自身免疫力有关，另一方面也取决于病原体致病性的强弱和侵入数量的多寡。一般的，数量愈大，发病的可能性愈大。尤其是致病性较弱的病原体，需较大的数量才有可能致病。少数微生物致病性相当强，轻量感染即可致病，如鼠疫、天花、狂犬病等。

系统中生物群落组成的一员。

人畜共患病是人和脊椎动物由共同病原体引起的，在流行病学上有关联的传染病，也就是自然条件下可以在人和其他动物之间互相传染的疾病，其本质就是传染病。传染病的消除是异常困难的，人畜共患病的消除则更加困难。因为这类疾病的种类很多，所涉及的动物范围非常广，包括家畜、野生动物、鸟类、水生动物等，难以控制和消灭。目前已经消灭或近期可能消灭的人畜共患病为数很少。

特别需要指出的是，新发现的病原体及其传染病。由于人类对其缺乏认识，又无天然免疫力，往往会造成对人类生命健康和社会经济更大的损失。2003 年上半年曾一度在我国造成严重危害、引起全球恐慌的传染性非典型肺炎(简称"非典")，国际上称为严重急性呼吸综合征(简称 SARS)，蔓延全球。这是 21 世纪初新发传染病，严重威胁人类健康，是继艾滋病后第二种可能引起全球流行的新发传染病。由于 SARS 具有传播迅速、症状严重且无特效治疗法的特点，已引起了全球的普遍关注。

人畜共患病的流行具有明显的地方特点，因此各个国家或同一国家内的不同地域所发生或流行的人畜共患病的数量、种类及严重程度会有所不同。

此外，某些陆生和水生的有毒动物会产生有毒物质，即动物毒素。许多动物毒素的毒性很强，常见的有毒动物有毒蛇、蝎、蜜蜂、蜘蛛、蜈蚣、刺毒鱼类(鲨、鲶腾、鳜等)等。

(二)植物与人类健康的关系

自古以来，植物一直默默地改善和美化着人类的生活环境。在植物王国里有 7000 多种植物可供人类食用，有不少植物具有神奇的治病效果，民间草药有 5000~6000 多种，现代药物中有 40% 来自大自然。人类的生存离不开植物，植物与人类和其他动物的健康息息相关。

1. 植物对人类健康有利的方面

(1)调节气候：植物影响到空气的组成，可以增加大气中的氧气，有益于健康。植物造林不仅有降温作用，且能提高绿化区空气中的相对湿度。

(2)净化空气：植物是天然的吸尘器，植物有过滤空气和吸附粉尘的作用。例如山毛榉，灰尘阻挡率为 5.9%，杨树为 12.8%，白桦树为 10.59%，一般来说阔叶树比针叶树吸尘能力强。植物还能吸收二氧化碳、氯气、氧化物。

（3）浓集微量元素：在植物参与自然界生物循环过程中，植物依照自身需要从水、土壤中吸取营养。不同的植物群落和不同的植物物种对化学元素的吸收量不同，不同植物有选择性的浓集个别化学元素，如硼、锂、锰、钼、锌、铜、硒等。例如，伏地肤（图 2-8）中的硼含量可增加 34 倍。

图 2-8　伏地肤实物图

（4）抑制噪声的危害：噪声是一项严重的环境公害，对身体健康产生多方面的有害影响。控制或降低噪声的方法很多，其中绿化造林利用植物控制噪声的干扰是一种行之有效的办法。

（5）净化污水：在自然界中，不同的植物对于环境中各种有害的污染物有一定程度的吸收作用。例如，生长在水边的灯心草、盐生灯心草以及水葱等都能净化污水中的酚类化合物，对污水起到良好的净化作用。

（6）其他有益作用：植物是人类和动物的食物，在生物—人类食物链中占有主要地位。例如人类生存所需要的谷类和蔬菜瓜果，以及许多动物性食品，无一不与植物有关。植物能提供建筑材料或工业原料，植物还能做药材用于防病治病。由此可见，植物对人类的生存和健康是极为重要的。

图2-9 灯心草实物图

2. 植物对人类生存的不利影响

（1）变应性接触性皮炎：变应性接触性皮炎是指皮肤接触外环境中致敏物质而引起的皮肤炎症疾患。据报道，观赏性植物引起变应性接触性皮炎影响人们的日常生活和工作，研究者对 73 例因植物所引起的变应性接触性皮炎进行研究。结果显示，引起这些皮炎的植物有 19 种，以酒精桃叶珊瑚、变叶木为多；发病与季节和对花及植物的接触有关，春、夏、秋季多见，停止接触致敏植物后皮肤病情逐渐好转痊愈。

图 2-10 桃叶珊瑚实物图

图 2-11 变叶木实物图

（2）花粉过敏：花粉过敏症是一种严重危害人体健康的常见病和继发病。花粉过敏症患者的临床表现因人而异，主要变现为流鼻涕、流眼泪、打喷嚏等，严重者会诱发气管炎、支气管炎、哮喘、肺心病等。

（3）有毒植物和植物毒素：世界植物有 30 多万种，有毒植物不到2000 种。《中国有毒植物》中介绍了 943 种有毒植物，包括可致人过敏、神经中毒、皮肤糜烂、致癌等有毒植物。植物毒素是天然存在于植物中

图 2-12 伞形毒蕈实物图

对人和动物有毒的化学物质，目前已发现可致癌的植物毒素达百余种。另外，由于误食有毒植物引起的中毒也较为常见，如毒蕈①中毒。我国有可食蕈 300 余种，毒蕈 80 多种，其中含剧毒的 10 余种。常见的由于植物引起的食物中毒还有误食发芽的马铃薯导致有毒生物碱——龙葵素进入人体引起的中毒等。

第三节　环境污染对人体健康的影响

环境污染是指人为因素或者自然因素引起的环境质量下降，对人类及其他生物的正常生存产生了直接的、间接的、潜在的有害影响，或者在某种程度上妨碍了各种生物的生活，使环境条件恶化，影响了生态系统的动态平衡，以致影响了人类及生物的健康。环境污染的产生是一个从量变到质变的过程。环境污染产生的原因主要是人类的活动以及在生产过程中资源的开发和利用所产生的各种污染物，或者由于自然环境运动(如火山爆发、森林火灾等)产生的污染物进入环境所致，尤其人为污染更为重要。环境污染可根据其污染物的属性分为化学性污染、物理性污染和生物性污染。根据环境污染对人体健康损害的性质可分为急性危害、慢性危害和一些特殊危害(包括致癌和生殖发育危害等)。

一、急性危害

环境污染物短时间大量进入环境，或加上不利于环境污染物扩散的环境条件，使局部区域污染物浓度急剧升高，使得暴露人群在较短时间内出现不良反应、急性中毒甚至死亡。环境污染引起的急性危害主要有以下几类原因。

(一)大气污染引发的烟雾事件

在上个世纪，由于工业生产的高速发展，大气烟雾污染事件的发生频率较高。其中重大烟雾事件包括英国的伦敦烟雾事件、美国的洛杉矶光化学烟雾事件和日本的四日市哮喘事件等，见表 2-4。除此之外，在

---

① 　毒蕈：蕈，即大型菌类，尤指蘑菇类。有毒的大型菌类称毒蕈，亦称毒菌，俗语"毒蘑菇"。

世界各国的许多工业城市，都发生过不同程度的烟雾污染事件。在烟雾事件发生时，受影响最大的人群是呼吸系统和心血管系统疾病患者，其病情迅速加重，严重者可引起死亡，还有人群中的老人和儿童，其抵抗力较低，极易受到伤害。

表 2-4　　　　　　　　　　　　重大烟雾事件概况

事件名称	时间	地点	原因	后果
伦敦烟雾事件	1952 年 12 月 5—8 日	英国伦敦	5—8 日气温逆增，取暖用煤排烟积聚大气中不能扩散，烟雾笼罩全市，二氧化硫浓度达 $3.8mg/m^3$，烟尘 $4.5mg/m^3$，分别为平时的 6 倍和 10 倍，雾的硫酸含量为 $680\mu g/m^3$。	1 周之内死亡人数比往年同期多 4000 人，45 岁以上死亡数为平时的 3 倍，1 岁以下婴儿死亡数也增加 1 倍，急诊病人和入院治疗患者大增
洛杉矶光化学烟雾事件	1943 年以来不断出现	美国加州洛杉矶市	洛杉矶市三面环山，一面临海，一年中有 100 天以上出现气温逆增。当时汽车达 250 万辆，每日有 1000t 碳氢化合物，433t 氮氧化合物，4200t 一氧化碳排至大气中。5—10 月阳光强烈，在紫外线作用下形成以臭氧为主的光化学烟雾。	烟雾滞留市内数天不散，引起眼、鼻、喉、呼吸道刺激，出现眼红肿、流泪、喉痛、咳嗽、胸痛、红眼病流行，甚至呼吸衰竭死亡。1953 年一次事件中，1—2 天内，65 岁以上老年人死亡 400 人
四日市哮喘事件	1955 年以来	日本四日市	石油化工和重油燃烧废气严重污染城市空气。	1961 年出现哮喘病人发作；1964 年出现死亡病例；1967 年出现因不堪忍受哮喘而自杀事例

札记

图 2-13　伦敦烟雾事件

图 2-14　1943 年光化学烟雾笼罩下的洛杉矶

(二)生物性污染引发的急性危害

最常见的危害是引起介水传染病①。一切以水源为传播途径的致病微生物和寄生虫污染饮用水源,可能导致腹泻、伤寒、霍乱、甲型肝炎等肠道传染病的暴发流行。

致病微生物也可通过空气传播疾病。例如,室内空气是传播病毒的主要途径。国内外调查表明,呼吸道感染是人类最常见的疾病,其症状可从隐性感染直到威胁生命。迄今为止,已知的能引起呼吸道病毒感染的病毒就有 200 种之多,这些感染的发生绝大部分是在室内通过空气传

---

① 介水传染病:存在于人类粪便、污水和垃圾中的病原体污染水源,人们接触或饮用后所导致的传染病叫做介水传染病。

播的，病原体经空气传播是病毒感染的主要途径之一，病毒在室内空气中积聚到一定的浓度时，就会有传染的危险。据统计，全球因空气污染导致的急性呼吸系统感染，每年夺去大约 400 万名儿童的生命。在我国突发的"非典"疫情中，专家分析发现，非典型性肺炎的传播很大可能是以空气为媒介，通过飞沫、飞沫核和尘埃三种方式进行。

加拿大室内环境专家的一项调查表明，室内空气质量问题 21% 是生物污染造成的。目前造成城市写字楼和家庭室内的生物污染主要有细菌、霉菌和螨虫等，有的如军团菌肺炎、霉菌性肺炎也可致命。

二、慢性危害

环境污染物长时间反复作用于机体所产生的危害，称为慢性危害。慢性危害是由于污染物对机体微小损害的积累（机能积累）或污染物本身在体内的蓄积（物质蓄积）所致。环境污染引起的慢性危害是普遍存在的，严重的可表现为疾病或死亡，但绝大多数影响仅为生理功能的轻微恶化和不易被察觉的代偿①状态，甚至是心理行为学上的改变。环境污染物（因素）所致的慢性危害主要表现为以下三个方面。

（一）非特异性影响

环境污染物（因素）所致的慢性危害，往往不是以某种典型的临床表现方式出现。在环境污染物长时间作用下，机体的生理功能、免疫功能、对环境有害因素作用的抵抗力可明显减弱，健康状况逐步下降，表现为人群中患病率、死亡率增加，儿童生长发育受到影响等。例如，长期工作在通风不良的室内，对机体是一种恶性刺激，可使中枢神经系统功能紊乱、失调，降低机体各系统的功能和抵抗力，使居民情绪恶化、生活质量和工作效率下降，患病率和死亡率增高。

（二）引起慢性疾病

在低浓度环境污染物的长期作用下，可直接造成机体某种慢性疾

---

① 代偿：指某些器官因疾病受损后，机体调动未受损部分和有关的器官、组织或细胞来替代或补偿其代谢和功能，使体内建立新的平衡的过程。代偿对机体是有利的，可以弥补器官已失去的功能。

患。例如，随着大气污染的加重，居民慢性阻塞性肺部疾病①在疾病死亡中的比重增加。又如，长期暴露于甲基汞可导致机体的慢性损害，甲基汞主要损害神经系统，因而出现诸如头痛、疲乏、健忘、情绪异常等一般症状，随后出现感觉异常、语言障碍、运动失调、视野缩小、听力障碍等甲基汞慢性中毒症状。妇女长期接触甲基汞，可导致流产、死产，或分娩的婴儿精神迟钝，甚至患先天性水俣病(病症可见本书第一章图1-10)。20世纪60—80年代，在我国松花江流域，因上游吉化公司电石厂醋酸车间生产乙醛时大量排放含汞废水，致使江中鱼类体内富集了相当量的汞或甲基汞，沿江渔民长期大量食用被汞污染的鱼类发生慢性甲基汞中毒。

(三)持续性蓄积危害

在环境中有些污染物如铅、镉、汞等重金属及其化合物，脂溶性强、不易降解的有机化合物，进入人体后能较长时间贮存在组织和器官中。尽管这些物质在环境中浓度低，但由于他们的生物半衰期②很长，如汞的生物半衰期为72天，镉的生物半衰期为13.7年，长期暴露在污染环境中会导致体内持续性蓄积，使受污染人群体内浓度明显增加，造成对机体的损害。同时，机体内有毒物质还可能传递给胚胎或婴儿，对下一代的健康产生危害。

另一类能引起持续性蓄积危害的污染物是持久性有机污染物，是指人类合成的能持久存在于环境中，通过生物食物链(网)累积，并对人类健康造成有害影响的化学物质。与常规污染物不同，持久性有机污染物对人类健康和自然环境危害更大。在自然环境中滞留时间长，极难降解，毒性极强，能导致全球性传播。被生物体摄入后不易分解，并沿着食物链浓缩放大，对人类和动物危害巨大。很多持久性有机污染物不仅具有致癌、致畸、致突变性，而且还具有内分泌干扰作用。

---

① 慢性阻塞性肺部疾病：是与大气污染物长期作用和气象因素变化有关的一组肺部疾病，包括慢性支气管炎、支气管哮喘、哮喘性支气管炎和肺气肿及其续发病。

② 生物半衰期：简称血浆半衰期，是指药物(污染物)在体内消除半量所需的时间。一般情况下，代谢快、排泄快的药物(污染物)，其生物半衰期短，而代谢慢、排泄慢的药物(污染物)，其生物半衰期较长。

环境污染所致的慢性危害往往是非特异性的效应，发展呈渐进性。因此，出现的有害效应不易被察觉或得不到应有的重视。一旦出现了较为明显的症状，往往已经成为不可逆的损伤，造成严重的健康后果。

三、环境污染对人体健康的远期影响

(一)致癌作用

目前认为，癌症的发生是宿主与环境之间相互作用的结果，主要的环境因素包括环境污染物、食物、职业、生活方式等，据估计 80% ～ 90% 的肿瘤与环境因素有关。国际癌症研究中心对癌症文献进行了系统的审查和评价，在 2003 年 8 月前评价的 885 种因素中证明对人类肯定致癌的因素有 88 种，64 种很可能对人类致癌，236 种可能致癌。而在 88 种人类肯定致癌因素中，化学物 36 种，混合物 7 种，15 种与生产过程有关，5 种与饮酒吸烟等文化生活习惯有关，其他 15 种为物理因素，9 种为生物因素。

目前，恶性肿瘤已成为人类死亡构成的重要病因，全世界每年约有 700 万人死于癌症。我国对 1957—1995 年人口死因统计结果表明，肿瘤在死因构成顺序已从 1957 年的第 7 位上升到 1995 年的第 2 位，部分城市癌症已排在死因首位。不仅在我国，在世界各国肿瘤死亡率呈上升趋势。

(二)生殖发育危害

越来越多的调查研究结果表明，全球性的、日益增加的环境污染与人类多种生殖发育疾病密切相关。排入环境的某些污染物，即使在很低的水平，也能对人类及野生生物的生殖系统产生灾难性的后果，且影响范围极为广泛，能在生命的全过程损伤生殖系统及功能。对野生动物，环境污染物能导致短吻鳄鱼的阴茎萎缩、睾丸畸形；引起雄性哺乳动物、鸟类及鱼类的雌性化发育；造成哺乳动物、贝类、鱼类、鸟类及鳄鱼的生育能力下降，鸟类、鱼类、乌龟的出生缺陷增加，在鱼类和鸟类使其性成熟期延迟；引起哺乳动物和鸟类的免疫系统功能降低；由于环境污染致使某些生物种群濒于灭绝，造成一些地区出现生物性锐减。

20 世纪 60 年代发生的"反应停"①致出生婴儿"海豹畸形"悲惨事件，揭示了外源性物质特别是化学物能够引发人类出生缺陷的秘密。随着研究不断深入，发现外源性物质所致的发育危害，不仅仅是来自对胚胎发育期影响的结局，对亲代(父母)生殖系统组织和功能的损伤，同样也可以导致子代发育障碍。

---

① 反应停：是妊娠的母亲为治疗怀孕早期呕吐的一种口服药物。在怀孕 1、2 个月，服用了反应停的母亲便生出畸形儿，这种畸形婴儿手脚比正常人短，甚至根本没有手脚。截至 1963 年，在世界各地，如美国、荷兰和日本等国，由于服用该药物而诞生了 1.2 万多名这种形状如海豹一样的可怜的婴儿。

第三章 大气污染与人体健康

大气是环境的重要组成要素，也是维持地球上一切生命赖以生存的物质基础。大气给生活在地球上的生命体以营养物，并保护它们免遭来自外层空间的有害影响。人体通过呼吸与外界环境进行着气体交换，摄取氧气，呼出二氧化碳，以保持生命活动的正常进行。大气也可将水分从海洋运输到陆地。因此，大气的清洁程度及其物理、化学性状和生物学性状等与人类健康的关系十分密切。

札记

第一节 大气污染来源及归转

一、大气污染的来源

大气污染是指大气中各种污染物浓度增加，超过大气的自净能力，对人体的生存和健康造成直接、间接甚至潜在的危害，对自然生态系统的平衡造成破坏。大气污染的来源包括天然污染和人为污染两大类。天然污染主要由于自然原因形成，例如火山爆发、森林火灾等。目前，全球各地的大气污染主要是人们的生产和生活活动造成的。大气污染源主要包括以下 4 种。

(一) 工农业生产

工业企业是大气污染的主要来源，其排放的污染物主要来源于燃料的燃烧和工业生产过程。农业生产中化肥的施用、农药的喷洒以及秸秆的焚烧也会造成大气的污染。

1. 燃料的燃烧

燃料的燃烧是大气污染的主要来源。煤、石油是我国目前的主要工业燃料，用煤量最大的是火力发电站、冶炼、化工、机械、轻工和建筑材料等部门，他们的用煤量占总消耗量的 70% 以上。煤的主要杂质是硫化物，煤炭燃烧时约有 80%~90% 硫化物转化为二氧化硫排入大气中。对大气污染的形成有重要作用，此外还有氟、砷、钙、铁、镉等的化合物。石油的主要杂质是硫化物和氮化物，其中也含少量的有机金属化合物。燃料所含杂质与煤炭品种和产地有关。我国煤中硫的含量一般在 0.2%~4.0%，但是重庆地区所产煤的硫含量高达 8%。我国石油的含硫量一般在 0.1%~0.8%，而中东地区的一般为 1.5%~2.5%，有的甚至高达4%以上。

图 3-1 火力发电厂

煤炭和石油在燃烧过程中，会有大量的燃烧产物排放到大气中。产生污染物的种类和排放量除与燃料中所含的杂质种类和含量有关外，还受燃料的燃烧状态、燃烧设备、除尘净化设施等影响。燃料完全燃烧①时的主要污染物二氧化碳、二氧化硫、二氧化氮、水汽和灰分。不完全燃烧②时，则会生成一氧化碳、硫氧化物、氮氧化物、碳粒、多环芳烃、挥发性有机物以及金属氧化物等。

2. 工业生产过程的排放

工业生产中由原材料到产品的各个环节都有可能有污染物排放出来，组分复杂，其中很多是生产工艺流程中的中间产物。污染物的种类与原料种类及其生产工艺有关。

(二)采暖锅炉和生活炉灶

城镇集中采暖锅炉以煤或石油产品为燃料，是采暖季节大气污染的重要原因。生活炉灶使用的燃料有煤、液化石油气、煤气和天然气。污

---

① 完全燃烧：燃烧后的燃烧产物(烟气、灰渣)中不再含有可燃物，即灰渣中没有剩余的固体可燃物(固体碳)，烟气中没有可燃气体(一氧化碳、氢气、碳氢化合物)存在时，称为完全燃烧烧。

② 不完全燃烧：旧称"未安全燃烧"，指燃料的燃烧产物中还含有某些可燃物质的燃烧。

染大气最严重的是煤制品，城市居民大量炉灶和锅炉较密集，由于煤炭质量和炉灶结构不合理，燃烧设备效率低，燃烧不完全，烟囱高度低，有些生活炉灶甚至无烟囱，可造成大量污染物低空排放。烟囱废气成分复杂，其主要成分见图3-2。

图3-2 烟囱废气的主要成分

各种燃煤小炉灶是居民区大气污染物的重要来源。目前，我国城镇的露天集贸市场、大量饮食摊点使用煤炉或烤炸食品，造成附近低空空气中烟尘或油烟弥漫，污染居民区空气。

(三) 交通运输

近年来，交通运输事业迅速发展，机动车辆不断增加，主要是飞机、汽车、火车、轮船和摩托车等交通运输工具，其主要燃料是汽油、柴油等石油制品，燃烧后能产生大量的颗粒物、氮氧化物、一氧化碳、多环芳烃和挥发性有机物等。

札记

图 3-3　机动车排放大量尾气

21 世纪全球大气污染的主要特征是机动车废气污染成为主要的污染来源。我国近年来随着经济的快速发展，机动车数量每年以 12.24% 的速度递增。城市机动车排放废气污染问题日益突出。我国机动车单车排放水平是日本的 10~20 倍，是美国的 1~8 倍。尾气排放管理滞后，大量的机动车上路使汽车废气的排放总量迅速增加，加之国内的道路条件较差，交通阻塞不断，汽车减速行驶或空挡停车频繁；汽车燃料的质量又不好，造成严重的汽车废气污染，对大气污染的分担率逐年升高。在北京、上海、广州等大城市中汽车废气对大气污染的"贡献"已超过一半以上，北京市大气中 74% 的挥发性有机物、63% 的一氧化碳、50% 的氮氧化合物来自"机动"车尾气污染。随着人民生活水平的提高，汽车工业飞速发展，汽车进入家庭在我国正方兴未艾，国内的部分大城市中汽车废气污染已取代工业企业成为大气污染的主要来源之一。

（四）其他

城市居民区及街道由于路面铺装不好，绿化面积少，道路清扫不及时及车辆行驶、建筑工地尘土等使地面尘土飞扬。此外，土壤及固体废弃物被大风刮起，均可将铅、农药等化学性污染物以及结核杆菌、粪链球菌等生物性污染物转入大气。水体和土壤中的挥发性化合物也易进入大气，车辆轮胎与沥青路面摩擦还可以扬起多环芳烃和石棉。

近年来意外的污染事故也成为大气污染的重要来源之一。例如工厂爆炸、火灾、油气田发生喷井、核泄漏等，均能严重污染大气。这类事件虽然偶发，但是一旦发生造成的危害很严重。此外，秸秆和树枝等焚烧、火葬场、垃圾焚烧炉产生的废气也影响大气环境。

二、大气污染物的类型

大气污染物的种类很多，目前已知有100多种。随着人类不断开发新的物质，大气污染物的种类和数量也在不断变化。

(一)按大气污染物属性分类

1. 物理性污染物

噪声、电离辐射、电磁辐射等。

2. 化学性污染物

化学性污染物是种类最多、污染范围最广的污染物，是大气污染物中的重点。如各种有害气体二氧化硫、一氧化碳、氮氧化合物和光化学烟雾等。

3. 生物性污染物

经空气传播的病原微生物和植物花粉等。

(二)按污染物在大气中的存在状态分类

1. 气态污染物

气态污染物包括气体和蒸气，可分为含硫化合物、含氮化合物、碳氧化合物、碳氢化合物、卤素化合物。含硫化合物主要有二氧化硫、三氧化硫、硫化氢等；含氮化合物主要有一氧化氮、二氧化氮、氨等；碳氧化合物主要有二氧化碳和一氧化碳；碳氢化合物主要有烃类、醇类、酯类、胺类和酮类等；卤素化合物主要有含氯和含氟化合物，如氯化氢、氟化氢、氟化硅等。

2. 颗粒污染物

大气颗粒物是大气中存在的各种固态和液态颗粒状物质的总称。与人体健康的关系非常密切，也是近年大气污染研究关注的焦点。

粒径是大气污染物最重要的性质。颗粒物由于来源和形成条件不同，其形状多种多样，有球形、菱形、方形等。不同粒径的颗粒物在呼吸道各部位的沉积率是不相同的，因而不同粒径的颗粒物对人体健康的影响也就有所不同。

颗粒物按粒径可分为总悬浮颗粒物(TSP)、可吸入颗粒物(PM_{10})、细颗粒物(PM2.5)和超细颗粒物(PM0.1)。

(1)总悬浮颗粒物:是指空气动力学直径≤100μm的颗粒物,包括液体、固体或者液体和固体结合存在的,并悬浮在空气介质中的颗粒。TSP是评价大气质量的常用指标之一。

(2)可吸入颗粒物:是指空气动力学直径≤10μm的颗粒物,能进入人体呼吸道,又因其能够长期漂浮在空气中,也被称为飘尘。

(3)细颗粒物:是指空气动力学直径≤2.5μm的颗粒物。它在空气中悬浮的时间更长,可直接被吸入人体呼吸道深部,易于滞留在终末细支气管和肺泡中,其中某些较细的组分还可穿透肺泡进入血液。$PM_{2.5}$更易于吸附各种有毒的有机物和重金属使其毒性增强,对健康的危害极大。

(4)超细颗粒物:是指空气动力学直径≤0.1μm的颗粒物。$PM_{0.1}$的来源主要是交通废气或大气中的二次污染物,是霾形成的主要原因。

海滩细砂石平均直径约为90μm,人类头发的直径为50~70μm,$PM_{2.5}$的直径约为头发直径的1/20,PM_{10}的直径约为头发直径的1/5,如图3-4所示。

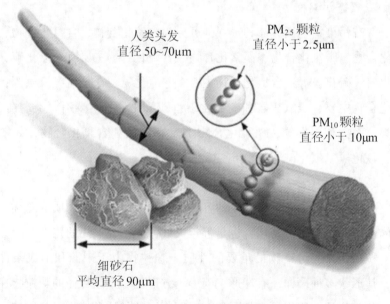

图3-4　$PM_{2.5}$和PM_{10}与其他物质直径的对比图

（三）按大气污染物形成过程分类

1. 一次污染物

从各种污染源直接排入大气环境中，其物理和化学性质均未发生变化的污染物称为一次污染物。这些污染物包括各种从排放源排出的气体、蒸气和颗粒物，如二氧化硫、一氧化碳、二氧化氮、颗粒物、碳氢化合物等。

2. 二次污染物

有污染源排入大气的污染物在物理、化学等因素的作用下发生变化，或与环境中的其他物质发生反应所形成的理化性质不同于一次污染物的新的污染物，称为二次污染物。常见的有二氧化硫在环境中氧化遇水形成的硫酸；汽车尾气中的氮氧化合物和挥发性有机污染物在太阳紫外线的照射下，发生光化学反应生成的光化学烟雾（主要有臭氧、醛类以及各种过氧酰基硝酸酯）。某些二次污染物对环境和人体的危害比一次污染物大。

三、大气污染物的自净

大气的自净是指大气中的污染物在物理、化学和生物学作用下，逐渐减少到无害程度或者消失的过程，主要包括以下三种方式。

1. 扩散和沉降作用

扩散和沉降是大气污染物自净的主要方式。当污染物的排出量并不大，气象因素又处在不利于污染物扩散的状态下，扩散作用是很好的。一方面能将污染物稀释，另一方面可以将部分污染物转移出去。污染物也可依靠本身的重力，从空气中逐渐降落到水、土壤等环境介质中。沉降作用的本质是将大气中的污染物转移到其他环境介质中（水、土壤），原来大气中的污染物本身并未真正得到净化。

2. 氧化和中和反应

大气中的氧化合物或某些自由基可以将某些还原性的污染物氧化。例如，含氮物质燃烧或燃料燃烧时生成的一氧化氮排入大气后，部分转化为二氧化氮；二氧化硫可以与氨或其他碱性灰尘发生中和反应。

3. 植物吸附和吸收作用

树木对尘粒有明显的的吸附作用，某些植物能吸收大气污染物，对空气起到净化作用。如樱树叶片可吸收二氧化氮，樟树叶片富集氟。

四、大气污染物的归转

(一) 转移

当大气污染物不能完全自净时，可随气流的运动向其他环境领域转移，扩大了污染范围。

1. 向下风侧更远的方向转移

由于大气稀释作用不彻底或污染物浓度极高，污染源周围的局部气流可将污染物迁移到距离污染源很远的地区，造成远距离污染。

2. 向平流层转移

许多气体可以垂直性扩散上升，如甲烷、二氧化碳等气体可以垂直上升至平流层，还可以被超音速飞机直接带入平流层。

3. 向其他环境介质中转移

例如酸雨可以直接降落到土壤和地面水体中。

(二) 形成二次污染和二次污染物

二次污染是指某些大气污染物转移到其他环境介质后，在某些条件下又回到大气环境。如由汽车尾气排入大气的铅可随尘土降落在公路两旁，遇大风天气时，铅尘可被刮起，再次进入大气。由各种污染源直接排入大气中的一次污染物受到理化等作用发生化学反应，转化成毒性比一次污染物更大的新化合物，即为二次污染物。例如，二氧化硫和二氧化氮转化为硫酸雾和硝酸雾，挥发性有机物和二氧化氮转化为光化学烟雾。

第二节　大气污染对人体健康的危害

一、大气污染对健康的直接危害

(一) 急性危害

大气污染物的浓度在短期内急剧升高，使当地暴露人群因吸入大量的污染物而引起急性中毒，按其形成的原因可以分为烟雾事件和生产事故。

1. 烟雾事件

烟雾事件是大气污染造成急性中毒的主要类型，主要是由于燃料燃烧产生的烟雾以及生产过程中排出的污染物过多，而气象和地形等因素不利于污染物的扩散稀释而引起的。根据烟雾形成的原因，可将烟雾事件分为煤烟型烟雾事件和光化学烟雾事件。

(1)煤烟型烟雾事件：主要由煤烟产生的烟雾和工业废气等大量污染物排入大气，在不良气象条件下不能充分扩散所致。著名的煤烟型烟雾事件见表3-1。

表3-1　　　　　　　　　　　著名的煤烟型烟雾事件

名称	马斯河谷事件	多诺拉事件	伦敦烟雾事件
地点	比利时	美国宾州	英国伦敦
时间	1930年12月	1948年10月	1952年12月
污染源	钢铁厂、炼锌厂、玻璃加工厂	炼锌、钢铁、硫酸制造厂	家庭及工业燃煤
污染物	二氧化硫	二氧化硫、硫酸雾	二氧化硫、一氧化碳、烟雾
形成条件	高气压、逆温、无风、河谷、低温	高气压、逆温、无风、河谷	高气压、逆温、无风、湿度大、低温、盆地
健康影响	60人死亡，数千人患呼吸道疾病	5910人(43%)有眼、鼻、喉的刺激症状及其他呼吸道疾病	2周内有4000多人死亡，死者以老人居多。死因主要为呼吸系统疾病和心脏病。

在这类烟雾事件中，引起人群健康危害的主要大气污染物是烟尘、二氧化硫以及硫酸雾。烟尘含有的三氧化二铁等金属氧化物，可催化二氧化硫氧化成硫酸雾，而后者的刺激作用是前者的10倍左右。

(2)光化学型烟雾事件：光化学烟雾是以汽油作为动力燃料以后出现的一种新型大气污染，是由汽车尾气中的氮氧化物(NO_X)和挥发性有机物在日光紫外线的照射下，经过一系列的光化学反应生成的刺激性很强的浅蓝色烟雾，是一种二次污染物。光化学烟雾的成分非常复杂，具有强氧化性，刺激人们眼睛和呼吸道黏膜，伤害植物叶子，加速橡胶老化，并使大气能见度降低。对人类、动植物和材料有害的主要是臭氧、丙烯醛、甲醛和各种过氧酰基硝酸酯等二次污染物。其中臭氧占90%以上、过氧酰基硝酸酯约占10%，其他物质的比例很小。臭氧会对人体健康造成很大的伤害。

煤烟型烟雾事件和光化学型烟雾事件的发生除与污染物的种类有关外，还受当时的气候和气象条件等影响。两类烟雾事件的比较见表3-2。

表 3-2 煤烟型烟雾事件和光化学型烟雾事件发生条件的比较

	煤烟型烟雾事件	光化学型烟雾事件
污染来源	煤和石油制品燃烧	石油制品燃烧
主要污染物	颗粒物、二氧化硫、硫酸雾	挥发性有机物、氮氧化合物、臭氧、二氧化硫、一氧化碳、过氧酰基硝酸酯
发生季节	冬季	夏秋季
发生时间	早晨	中午或午后
气象条件	气温低（-1~4℃）、气压高、风速很低、湿度85%以上、有雾	气温高（24~33℃）、风速很低、湿度70%以下、天气晴朗、紫外线强烈
逆温类型	辐射逆温	下沉逆温
地理条件	河谷或盆地易发生	南北纬度60℃以下地区易发生
症状	咳嗽、喉痛、胸痛、呼吸困难伴有恶心、呕吐、发绀等，死亡原因多为支气管炎、肺炎和心脏病	眼睛红肿流泪、咽喉痛、咳嗽、喘息、呼吸困难、头痛、胸痛、疲劳感和皮肤潮红等，严重者可出现心肺功能障碍或衰竭
易感人群	老年人、婴幼儿以及心、肺疾病病人	心、肺疾病病人

2. 事故性排放引发的急性中毒事件

生产性事故造成的大气污染急性中毒事件虽然发生较少，而一旦发生对人群健康的危害和社会影响往往非常严重。世界上发生的代表性事件有印度博帕尔毒气泄漏事件和切尔诺贝利核电站爆炸事件。

　　印度博帕尔毒气泄漏事件发生于 1984 年 12 月 2 日深夜和 3 日凌晨，发生地为印度中央邦首府博帕尔市。该市人口 80 多万，美国联合碳化物公司博帕尔农药厂建在该市的北部人口稠密区，工厂设备年久失修，一座储有 45t 异氰酸甲酯的安全阀出现漏缝，近 l 小时内几十吨异氰酸甲酯排入大气，毒气泄漏时，微风自东北吹向西南，白色的烟雾顺着风向弥漫在博帕尔市区狭长地带的上空，毒气笼罩了约 40km 的地区，酿成迄今世界最严重的化学污染事件。爆炸后残骸见图 3-5。

图 3-5　博帕尔毒气泄漏农药厂的残骸

　　在这次惨剧中，有 521262 人暴露毒气，其中严重暴露的有 32477 人，中度暴露的有 71917 人，轻度暴露的有 416868 人，2500 人因急性中毒死亡。该事件导致的各种后遗症、并发症不计其数，给当地居民的健康和社会政治经济造成无法弥补的损失。暴露者的急性中毒症状主要有咳嗽、呼吸困难、分泌物多、眼结膜分泌物增多、视力减退，严重者出现失明、肺水肿、窒息和死亡。事件发生后当地的流产和死产率明显增加。事件后 10 年的调查显示，当年暴露人群的慢性呼吸道疾病患病率高、呼吸功能降低、免疫功能降低。暴露者中神经、精神系统症状如失眠、头痛、头晕、记忆力降低、动作协调能力差、精神抑郁等的发生率增高。

　　这一世界惨剧的发生，是工业国的"公害输出"带来的严重恶果。某些发达国家将本国已禁止使用或严格限制使用的化学品及国内已不使用的设备(或者设备较先进，但无配套的环保设备)向发展中国家倾销，特别是不预先向进口国提供基本的技术资料，结果给发展中国家带来了严重的后果。

近年来随着我国经济的快速发展，事故性大气污染事件时有发生，应当引起高度重视，在发展经济的同时，应当加大环境保护的投入和环境污染的防制。

(二)慢性危害

1. 对呼吸系统的影响

大气中高浓度的 SO_2、NO_2、硫酸雾、硝酸雾及颗粒物可对机体产生急性刺激作用。低浓度长期作用时则对呼吸系统产生慢性刺激，出现咽炎、喉炎和气管炎等炎症。呼吸道炎症反复发作，可以造成气道狭窄，气道阻力增加，肺功能不同程度的下降，最终形成以气流阻塞为特征的慢性支气管炎、肺气肿等慢性阻塞性肺部疾病。

城市居民呼吸系统疾病的患病率和死亡率与大气污染程度有密切关系。瑞士的一项研究表明，大气的 SO_2、NO_2 和 PM_{10} 与人群肺功能降低及慢性支气管炎发病率增高有关。我国上海、重庆、沈阳、本溪等城市的调查都发现，大气污染与呼吸系统症状以及慢性支气管炎、肺气肿等疾病的发生有明显的相关关系。北京和上海的研究还发现，大气污染可影响儿童的一些肺功能指标和神经行为功能。中国的总悬浮颗粒物(TSP)污染与儿童的呼吸系统症状和疾病之间存在明显的剂量-反应关系。

2. 降低机体免疫功能

免疫系统受大气污染的影响是很敏感的，机体免疫水平的变化可以反映出大气污染的早期影响程度。在大气污染严重的地区，居民唾液溶菌酶和分泌型免疫球蛋白的含量均明显下降，血清中的其他免疫指标也有下降，表明大气污染可使机体的免疫功能降低。

3. 引起变态反应

除花粉等变应原外，大气中某些污染物如甲醛、臭氧、二氧化硫、氮氧化合物、石油制品的分解产物等均能使机体产生变态反应[1]，引起

---

[1] 变态反应：变态反应也叫超敏反应，是指免疫系统对一些物质如花粉、动物皮毛等过于敏感，发生免疫应答，对机体造成伤害。
正常的免疫反应，对异体物质产生排斥，使机体得到保护，而变态反应，则是机体对异物的过强反应，它导致组织损伤，产生轻重不等的危害。人们日常遇到的皮肤过敏，皮肤瘙痒、红肿，就是一种变态反应。

支气管收缩、气道反应性增强，加重机体的过敏反应。在日本四日市发生的四日市哮喘事件就是典型的例子(见本书第二章表2-2)。

在荷兰进行的出生队列研究发现，交通污染与出生后2年内幼儿喘鸣、哮喘发生的相对危险度增加有关。中国台湾省的一项研究显示交通废气污染与中学生的变应性鼻炎发病率有密切关系，瑞典12079名成人的问卷调查表明，变应性鼻炎症状发生率与居住地和距交通干线的距离有关，距交通干线越近，变应性鼻炎症状发生率越高。

4. 对心血管疾病的影响

大量研究表明，大气中的颗粒物、臭氧等污染物的暴露对人群的心血管疾病可产生短期和长期影响，与人群心血管疾病死亡率和发病率的增加有关。欧洲环境污染与健康研究计划对欧洲29个城市4300万人的资料分析表明，PM_{10}每升高$10\mu g/m^3$，每日总死亡率与心血管疾病死亡率分别增加0.6%和0.69%。对美国哈佛等六个城市开展的队列研究首次提出，大气污染的长期暴露与心血管疾病死亡率增加有关。我国北京、上海、太原、沈阳等地的研究显示，大气颗粒物的暴露与心血管疾病死亡率和发病率增加有关。还有研究表明，大气臭氧浓度增加与心血管疾病的发生有关。

5. 致癌作用

大气污染物特别是可吸入颗粒物中含有很多种已经证实或可能的人类致癌物。例如砷、苯并(a)芘等。

近几十年来，国内外许多研究表明，大气污染程度与肺癌的发生和死亡率呈正相关关系。与农村人群相比，城市人群的肺癌死亡率较高，大气污染是肺癌发生的危险因素之一。在我国人群死亡率前10位中，因呼吸系统疾病而死亡者居城市总死亡率的第3位，肺癌是最常见的癌症死亡原因。美国癌症协会对约50万居民的前瞻性调查资料分析表明，大气中$PM_{2.5}$污染与居民肺癌死亡率之间呈正相关关系，$PM_{2.5}$浓度每增加$10\mu g/m^3$，肺癌死亡率增加8%。我国北京、上海、天津等26城市大气污染与居民死亡情况调查结果显示，26个城市大气市区总悬浮颗粒物(TSP)日均浓度超标率93%，苯并(a)芘日均浓度超标率86%，SO_2日均浓度超标率29%。市区大气污染程度较对照区(近郊或郊县)严重，市区居民肺癌死亡率高于对照区，大气污染严重程度与居民肺癌死亡率高低分布一致。

6. 其他影响

大气的颗粒物中含有多种有毒物质如铅、镉、铬、氟、砷、汞等。美国 28 个大城市的调查发现，大气中镉、锌、铅以及铬浓度的分布与这些地区的心脏病、动脉硬化、高血压、中枢神经系统疾病、慢性肾炎等疾病的分布趋势一致。铝厂、磷肥厂和冶炼厂排出的废气中含有高浓度的氟，可引起当地居民的慢性氟中毒。含铅汽油的使用可污染公路两旁大气及土壤，对公路周边的学校学生的健康产生影响，血铅含量增高，血铅含量与学生的智力发育和神经行为功能有明显的负相关关系。

二、大气污染对健康的间接危害

(一) 温室效应

由于生产和生活中大量燃料的燃烧，产生大量的二氧化碳（CO_2）等气体排入大气近地面上空。又因大面积森林的砍伐而缺乏足够的植物来吸收它们，使大气中 CO_2 含量上升。CO_2 能吸收地表发射的红外线等长波辐射，使近地面的气温扩散受到阻滞，地表大气温度逐渐增加，对地球起到保温作用，地球如同温室一般，称为温室效应。这些气体统称为温室气体，主要包括 CO_2、甲烷、氧化亚氮和氯氟烃（氟里昂）等。

我国温室气体年排放总量已经超过全球总量的 10%，居美国之后列第二位。化石燃料消费是最主要的 CO_2 排放源，占我国人为 CO_2 排放的 95% 在右。我国是世界上排放甲烷最多的发展中国家，其主要排放源为煤矿瓦斯、稻田、家畜、城市垃圾等。

CO_2 增加是造成全球变暖的主要原因。全球气温升高，气候变暖，近 100 年来，地球表面的温度升高了 0.3~0.6℃。据测算，到本世纪中叶时，大气中 CO_2 的浓度将达到产业革命前的一倍，全球年平均气温比现在要高出 1.5~4.5℃，到 2100 年，地球表面气温将增加 6℃。气候变暖对环境产生巨大影响。全球海平面出现变化，南北极冰山融化速度加快，北冰洋的冰川面积比过去 25 年的平均水平小了 20%。近年全球海平面正以每年 3.9mm 的年平均速率上升，海平面已上升了 10~25cm。海平面上升会淹没沿海低地，浸湿海滩，改变河口和海湾的性状及海洋水文特征，增加热带气旋、洪涝和风暴潮的危害。

气候变暖对人类健康会产生很多危害。①气候变暖可导致与暑热相关疾病的发病率和死亡率增加。1988 年夏季，我国的南京、武汉等地受热浪袭击，中暑病人和死亡人数明显增高；1995 年 7 月 12 日起两周左右，美国的芝加哥受热浪袭击，其间最高气温达 33.9~40.0℃，许多人发生中暑，其中 465 人因中暑而死亡；2003 年夏季，全世界不少地区气温创百年之最，仅法国因热致死 13632 人；2006 年，我国西北东部和华北及其以南地区、新疆、内蒙古西部等地均出现 35℃以上的高温天气，其中四川东部、重庆、湖北西部、陕西南部等地极端最高气温达 38~45℃，高温日数普遍较常年同期偏多 15~30 天。②气候变暖有利于病原体及有关生物的繁殖，从而引起生物媒介传染病如疟疾、血吸虫病、丝虫病、登革热、黄热病等的分布发生变化，扩大其流行的程度和范围，加重对人群健康的危害。在热带、亚热带地区，由于气候变暖对水分布和微生物繁殖产生影响，一些介水传染病的流行范围扩大，强度加大。③气候变暖还会使空气中的一些有害物质如真菌孢子、花粉等浓度增高，导致人群中过敏性疾患的发病率增加。

(二) 臭氧层破坏

臭氧(O_3)是太阳光的紫外线作用于氧分子而产生的，臭氧层位于大气的平流层中(见本书第一章图 1-2-2)，是平流层大气的最关键组成成分。臭氧几乎可全部吸收来自太阳的短波紫外线，使人类和其他生物免遭紫外线辐射的伤害。

大气层中没有其他化学物质存在时，臭氧的形成和破坏速度大致相等，处于动态平衡状态。在平流层中臭氧的形成完全取决于阳光进入平流层的辐射能的多少而定，人类几乎不能干扰它。如果大气层中存在一些气体，能促进或加快臭氧的分解速度，便会造成臭氧的破坏。

尽管臭氧层损耗的原因和过程还有待进一步阐明，但人们一致认为由于人类活动排入大气的某些化学物质与臭氧作用，是导致臭氧损耗的重要原因。温室效应增强使地球表面变暖而平流层变冷，也是臭氧层减少和臭氧层空洞形成的原因之一。

消耗臭氧层的物质包括全氯氟烃、溴氟烷烃类、甲基氯仿、四氯化碳、甲基溴和含氢氯氟烃六大类物质。破坏作用最大的是全氯氟烃和溴氟烷烃类物质。全氯氟烃在工业上用作制冷剂、气溶胶喷雾剂、发泡剂、洗涤剂、溶剂以及氟树脂生产的原料。全氯氟烃在对流层中降解缓慢，进入平流层后，受短波紫外线辐射发生光降解而释放出游离氯，游离氯可与 O_3 反应破坏臭氧层。溴氟烷烃类主要用作灭火剂和熏蒸剂，在大气中可释放出溴离子加速臭氧的损耗。

臭氧层受破坏形成空洞以后，减少了臭氧层对短波紫外线和其他宇宙射线的吸收和阻挡功能，会对人类产生不良的影响：①皮肤癌等病的发病率增加。据美国环保局估计，平流层臭氧浓度减少 1%，UV-B 辐射量将增加 2%，人群皮肤癌的发病率将增加 3%。②大气中光化学氧化剂增加，使大气质量恶化，居民的呼吸道疾病、眼睛炎症、白内障的发病率增加。据估计臭氧浓度减少 1%，白内障病人将增加 0.2%～1.6%。③对地球上其他动植物的杀伤作用，如果臭氧层继续变薄，切断紫外线的效果减弱，紫外线可通过消灭水中微生物导致淡水生态系统发生变化，将使 50% 的海洋植物机能低下，并使农作物减产，从而破坏整个地球的生态系统。

（三）酸雨

在没有大气污染物存在的情况下，降水的 pH 值①在 5.6～6.0 之间，主要是大气中 CO_2 形成的碳酸组成。酸雨是指 pH 小于 5.6 的酸性降水，包括雨、雪、雹和雾。酸雨的形成受多种因素影响，起主要作用的是强无机酸——硫酸、硝酸，硫酸和硝酸的主要前体物质是二氧化硫（SO_2）和氮氧化合物（NO_x），SO_2 和 NO_x 气体可被热形成的氧化剂或光化学反应产生的自由基氧化转变为硫酸和硝酸。此外，吸附在液态气溶胶中的 SO_2 和 NO_x 也可被溶液中的金属离子、强氧化剂所氧化。其中 SO_2 对全球酸雨沉降的贡献率为 60%～70%，NO_x 约占 30%。但随着交通运输的不断发展，NO_x 对酸雨形成的影响将会越来越重要。我国酸雨中硫酸根和硝酸根之比约为 10∶1，表明酸雨主要由 SO_2 污染造成。

酸雨最初发生于 19 世纪中叶，1852 年英国化学家 Smith 在研究时发现，曼彻斯特市区大气中含有硫酸和硫酸盐，导致雨水的 pH 降低。他后来于 1872 年在专著《大气和降雨：化学气候学的开端》中，首次提出"acid rain"的概念。1930 年以后，美国、瑞典、挪威等国相继出现

---

① pH 值：液体的酸、碱性的强弱程度称为酸碱度，一般用 pH 值表示。pH 值<7 为酸性，pH 值=7 为中性，pH 值>7 为碱性。

酸雨。

　　我国 1974 年开始在北京西郊监测酸雨，1979 年在上海、南京、重庆、贵阳等城市进行监测。1982—1984 年开展了全国酸雨普查，发现我国西南和华南部分城市出现了酸雨污染。随着经济的迅速发展，20 多年来我国的酸雨区逐渐扩大，已达国土面积的 30%，成为继欧洲、北美之后的第三大酸雨区。

　　2006 年中国环境状况公报显示，全国酸雨分布区域主要集中在长江以南，四川、云南以东的区域，主要包括浙江、江西、湖南、福建、贵州、重庆的大部分地区，以及长江、珠江三角洲地区。

　　本次调查同时显示，全国酸雨发生频率在 5% 以上的区域占国土面积的 32.6%，酸雨发生频率在 25% 以上区域占国土面积的 15.4%。全国参加酸雨监测统计的 524 个城市（县）中，出现至少 1 次以上酸雨的城市 283 个（占 54.0%），酸雨发生频率在 25% 以上的城市 198 个（占 37.8%），酸雨发生频率在 75% 以上的城市 87 个（占 16.6%）。浙江建德市、象山县、湖州市、安吉县、嵊泗县，重庆江津市酸雨频率为 100%。

　　酸雨的危害主要表现在以下几个方面：

　　1. 对土壤和植物产生危害

　　酸雨使土壤 pH 降低，土壤酸化，磷酸盐转化为难溶化合物，影响植物对磷肥的吸收；土壤中的营养元素如钾、钠、钙、镁会被溶出，受酸雨侵蚀的植物叶片，叶绿素合成减少，出现萎缩和果实产量下降；在降水 pH 值小于 4.5 的地区，马尾松林、华山松和冷杉林出现大片黄叶并脱落，森林成片死亡；酸雨还可抑制土壤微生物的繁殖，特别是对固氮菌①的伤害，使土壤肥力下降，农作物产量降低。

　　2. 影响水生生态系统

　　酸化的水体会影响鱼类的繁殖，使鱼群密度，甚至种群消灭；降低

---

① 固氮菌：是细菌的一科。空气中的氮气很难被植物直接利用，固氮菌能固定空气中的氮素，将氮分子变为能被植物消化、吸收的氮原子。固氮菌对土壤酸碱度反应敏感，其最适宜 pH 为 7.4~7.6，酸性土壤会对固氮菌产生强烈的抑制作用。

　　固氮菌肥料多由固氮菌属的成员制成，适用于各种作物，特别是对禾本科作物和蔬菜中的叶菜类效果明显。

微生物分解有机物的活性；水生植物的叶绿素合成降低，浮游动物种类减少，影响水生食物链。

3. 对人体健康的影响

硫酸雾的危害要比 SO_2 的毒性大得多，对眼睛、呼吸道等的刺激作用更强；酸雨增加土壤中有害重金属如汞、铅、镉、砷和铝的溶解度，加速其向水体、植物和农作物的转移，通过食物链在水产、粮食、蔬菜中富集，危害人体健康。研究显示，在酸化水区内，水体和鱼肉中汞的含量明显增加。

4. 其他影响

酸雨可腐蚀建筑物、文物古迹（见图3-6），可造成地面水 pH 值下降，而使输水管材中的金属化合物易于溶出等。

图 3-6　酸雨严重腐蚀石雕

酸雨给世界各国带来了巨大的经济损失。据估计，美国每年因酸雨危害造成的损失达50亿美元。测算显示，20世纪90年代中期我国由于酸雨和 SO_2 造成的农作物、森林和人体健康损失达1100亿元，占当时国民生产总值的2%左右。我国对酸雨污染问题十分重视，1990年开始实施《关于控制酸雨发展的意见》，在酸雨污染重点区域开展综合防治试点工作。1995年将控制酸雨和 SO_2 污染纳入新修订的《中华人民共和国大气污染防治法》。为进一步遏制酸雨和 SO_2 污染的发展势头，同时考虑我国的实际情况，国家环境保护总局制定了"二氧化硫污染控制区和酸雨控制区"的综合防治规划。目前酸雨污染控制区包括 112 个地级以上的城市和地区，占全国的 14.8%，其控制面积占国土面积的 8.4%。

(四)影响大气能见度和太阳辐射

大气污染能改变大气的性质和气候的形式，在空气污染严重的地区，颗粒物能吸收和散射太阳辐射，到达地面的太阳辐射明显减少，影响紫外线的生物学活性，因此，在大气污染严重的地区，儿童佝偻病(图 3-7)的发病率增加，某些通过空气传播的疾病易于流行；大气中的细颗粒物和气体污染物增加云雾的形成，对光的吸收和散射减弱了光信号，降低大气能见度(见图 3-8)，使交通事故增加。据气象局的资料北京市市区的能见度在 20 世纪 80 年代大于 10km，而现在通常为 2～3km。

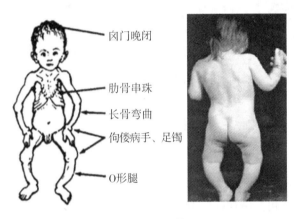

囟门晚闭

肋骨串珠
长骨弯曲
佝偻病手、足镯

O形腿

图 3-7 佝偻病体征

图 3-8 大气能见度低

大气污染物直接阻挡太阳光抵达地球表面，使气温明显降低，造成"冷化效应"，全球本底不透明度增加四倍，将使全球温度降低 3.5℃，这么大的降温幅度如维持若干年，相信会足以引起一个冰河期。1991年海湾战争时，科威特数百口油井的大火，见图 3-9，使地表温度比往年同期下降了约 10℃。

图 3-9 科威特遮天蔽日的油井大火

（五）其他

大气污染能影响居民的生活卫生条件，例如灰尘使环境污秽，恶臭或刺激性气体可影响居民户外运动、开窗换气，以及晾晒衣物等。

第三节 大气中几种主要污染物对健康的危害

一、悬浮颗粒物污染与人体健康

（一）来源

1. 自然界来源

自然因素所产生的颗粒可来源于自然界的风沙尘土、火山爆发、森林火灾、宇宙灰尘和海水喷溅等。其中沙尘天气是影响我国北方一些地区大气颗粒物浓度的重要季节性因素。按照中国气象局的分类标准，沙尘天气分为浮尘、扬沙、沙尘暴和强沙尘暴四类，见表3-3。

表 3-3　　　　　　　　　　　沙尘天气的分类

类别	定义	产生原因
浮尘	在无风或风力较小的情况下，尘土、粉沙均匀地飘浮在空中，使水平能见度小于10km的天气现象。	多为原地沙尘经高空气流传播而来，或为本地沙尘暴、扬沙出现后尚未下沉的尘土和细沙
扬沙	由于风力较大，将地面沙尘吹起，使空气相当混浊，水平能见度在1~10km的天气现象。	扬沙和沙尘暴都是由于本地或附近尘沙被风吹起而造成的
沙尘暴	强风将地面大量沙尘卷入空中，使空气特别混浊，水平能见度小于1km的天气现象。	
强沙尘暴	强风将地面大量沙尘卷入空中，使空气特别混浊，水平能见度小于500m的天气现象。	

沙尘暴是风与沙相互作用的灾害性天气现象，它的形成与地球温室效应、森林锐减、植被破坏、物种灭绝、气候异常等因素有着不可分割的关系。其中，人口膨胀导致的过度开发自然资源、过量砍伐森林、过度开垦土地是沙尘暴频发的主要原因。沙尘暴是各大洲时常发生的自然灾害，我国是沙尘危害最严重的国家之一。

2. 燃料的燃烧

人类的生产和生活活动中使用的各种燃料如煤炭、液化石油气、煤气、天然气和石油的燃烧构成了大气颗粒物的重要来源。钢铁厂、有色金属冶炼厂、水泥厂和石油化工厂等工业生产过程也会造成颗粒物的污染。这些来源的颗粒物常含有特殊的有害物质，如铅、氟和砷等。交通运输中汽油和柴油的燃烧会产生大量细颗粒物。

3. 扬尘及焚烧

颗粒物是我国大多数城市的首要污染物，是影响城市空气质量的主要因素，公路扬尘、建筑扬尘、垃圾焚烧等也是我国一些城市大气中颗粒物的重要来源之一。研究发现，不同季节大气颗粒物的来源有所差异。例如，北方城市冬季燃煤排放的烟尘对空气颗粒物的贡献较大，但非采暖期的颗粒物来源中，沙尘暴、公路扬尘、建筑扬尘的贡献却比较高。

(二)健康影响

颗粒物进入呼吸道后，由于粒径不同，沉积部位不同。粒径大于 $10\mu m$ 颗粒物大部分被阻留在鼻腔或口腔内；经过气管的 PM_{10} 中的 $10\% \sim 60\%$ 可沉积于肺部；粒径大于 $5\mu m$ 的多沉积于上呼吸道；粒径小于 $5\mu m$ 的多沉积于细支气管和肺泡；粒径在 $2.5\mu m$ 以下的颗粒物中，75% 在肺泡中沉积，颗粒物越小，进入肺的部位就越深。粒径在 $1\mu m$ 以下的颗粒物在肺泡内沉积率最高。但一般粒径小于 $0.4\mu m$ 的颗粒能较自由的进出肺泡并可随呼气排出体外，沉积较少。如图 3-10 所示。

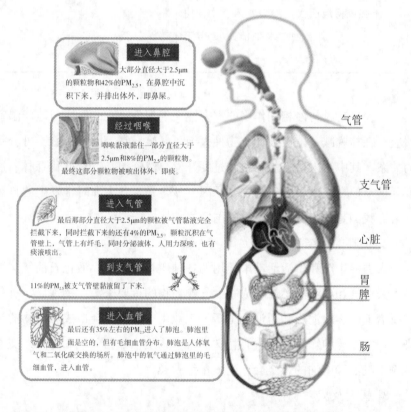

图 3-10　不同粒径的颗粒物在人体内的沉积部位不同

颗粒物本身含有多种有毒有害物质，如氧化硅、金属微粒及其化合物，并且又是其他污染物的载体。60%～90%的有害物质存在于 PM_{10} 中，如铅和汞等重金属、苯系物、烃类化合物(多环芳烃类为主)。甲醛及病原微生物等可吸附在 $2\mu m$ 以下颗粒物上，所以对人的危害是多方面的。$PM_{2.5}$ 对人体健康的伤害见图3-11。

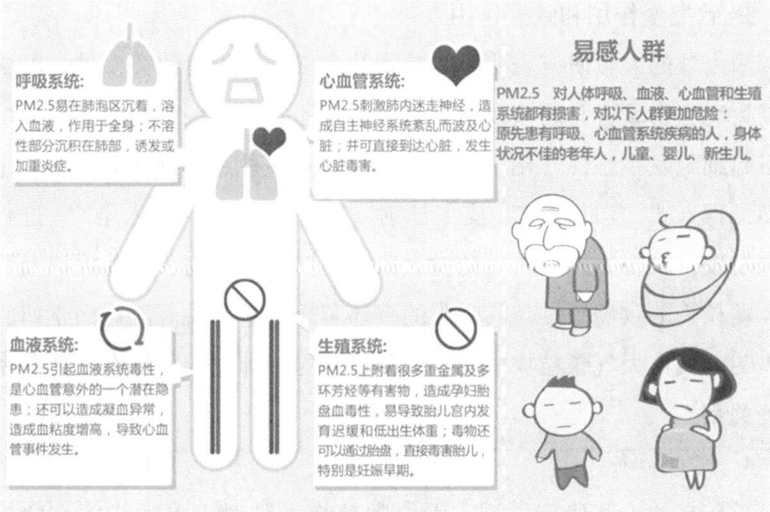

图3-11　$PM_{2.5}$ 对人体健康造成多种伤害

1. 对呼吸系统的影响

大量的颗粒物进入肺部对局部组织有堵塞作用，可使局部支气管的通气功能下降，细支气管和肺泡的换气功能丧失。吸附着有害气体的颗粒物可以刺激或腐蚀肺泡壁，长期作用可使呼吸道防御机能受到损害，发生慢性支气管炎、肺气肿和支气管哮喘等疾病。吸附大量重金属的颗粒物可加重其毒性，并且起到催化作用，使大气中的一次污染物如 SO_2 转化为 SO_3，亚硫酸盐转化为硫酸盐。颗粒物可作为其他污染物如 SO_2、NO_x、酸雾和甲醛等的载体，这些有毒物质都可以吸附在颗粒物上进入肺脏深部，加重对肺的损害。此外，颗粒物上的多种化学成分还可以有联合毒作用。

长期居住在颗粒物污染严重地区的居民，呼吸道疾病的患病率及呼吸道疾病有关症状如咳嗽、咳痰、气急的出现率增加。可出现肺活量降低、呼气时间延长。颗粒物还可以增加动物对细菌的敏感性，导致呼吸系统对感染的抵抗力下降。

2. 免疫毒性

PM_{10}可以引起机体免疫功能下降，长期暴露在颗粒物污染环境下（$0.47mg/m^3$），小学生的免疫功能受到明显的抑制。动物实验也证实，颗粒物可以影响局部淋巴结和巨噬细胞的吞噬功能，导致免疫功能下降，颗粒物粒径越小，其免疫毒性越大。

3. 致突变作用和致癌作用

国内外的大量研究表明，颗粒物的有机提取物有致突变性，既含有直接致突变物又含有间接致突变物。研究还发现，颗粒物的有机提取物可引起细胞发生恶性转化。颗粒物中还含有多种致癌物和促癌物。采用不同染毒方式（皮肤涂抹、皮下注射、气管内注入、吸入染毒）进行的研究发现，颗粒物提取物可诱发大鼠、小鼠皮下肉瘤、皮肤癌以及肺癌等。颗粒物的致癌活性与其吸附的多环芳烃含量有关。流行病学研究调查表明，城市大气颗粒物中的多环芳烃与居民肺癌的发病率和死亡率呈相关关系。

4. 其他影响

近年来的一些研究发现，大气颗粒物污染对人群死亡率有急性影响。美国国家空气污染与死亡率和发病率关系研究计划对美国20个城市近5000万人资料分析显示，人群死亡率与死亡前日颗粒物浓度相关，PM_{10}浓度每增加$10mg/m^3$，可引起总死亡率和心肺疾病死亡率分别上升0.21%和0.31%。欧洲29个城市4300万人资料分析显示，PM_{10}浓度每增加$10mg/m^3$，可引起总死亡率和心肺疾病死亡率分别上升0.60%和0.69%。最近研究表明，大气颗粒物的污染与人类生殖功能的改变显著相关，大气颗粒物的浓度与围产儿、新生儿死亡率的上升、低出生体重、宫内发育迟缓及先天功能缺陷的发生具有相关性。

(三)防制措施

1. 控制污染

(1)改革生产工艺，采用新型的除尘设备进行清洁生产，减少工业生产中烟尘的排放。

(2)改善能源结构和燃料结构，开发太阳能、天然气、电能等清洁能源。

(3)采取严格措施，控制汽车尾气排放，特别是使用柴油为燃料的机动车。

（4）发展区域集中供暖、减少分散烟囱。

（5）加强对建筑扬尘、道路扬尘的管理，对裸露地面进行绿化和铺装。

2. 加强环境监测和健康影响评价

建立更为广泛的城市大气颗粒物（尤其是细颗粒物）污染监测网。在弄清我国大气颗粒物污染与人群健康的剂量—反应关系的基础上，完善现有的大气颗粒物环境质量标准，提出保护易感人群、防止颗粒物污染对健康危害的预警系统。空气质量等级如图3-12所示。

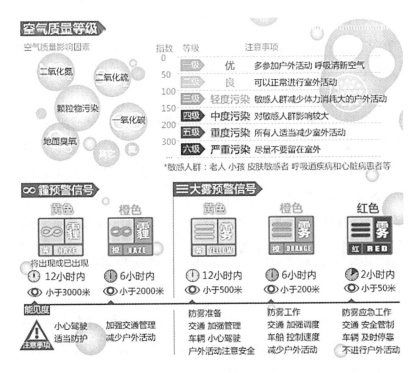

图 3-12　空气质量等级

二、氮氧化物污染与人体健康

(一)来源

1. 自然界来源

氮氧化物（NO_x）是氧化亚氮（N_2O）、一氧化氮（NO）、二氧化氮

（NO_2）、三氧化二氮（N_2O_3）、四氧化二氮（N_2O_4）及五氧化二氮（N_2O_5）等含氮气体化合物的总称。除了 NO_2 以外，其他 NO_x 均极不稳定，遇光、湿、热变成 NO_2 和 NO，造成大气严重污染的 NO_x 主要指 NO_2 和 NO。NO 性质不稳定，易被氧化成 NO_2。大气中的氮受雷电或高温作用，易合成 NO_x。火山爆发、森林失火以及土壤和海洋微生物分解含氮有机物都会向环境释放 NO_x。尽管自然界氮的循环产生的 NO_x 大于人为活动的排放量，但是由于其广泛分布于大气层，所以大气中 NO_x 的本底很低。

2. 各种矿物燃料的燃烧

当温度达到 1500℃ 以上时，空气中的 N_2 和 O_2 可以直接合成 NO_x。温度越高，NO_x 的生成量越大。火力发电、石油化工、燃煤工业等排放 NO_x 的量很大，硝酸、氮肥、炸药、染料等生产过程排出的废气中也含有大量的 NO_x。

3. 交通运输

机动车尾气是城市大气 NO_x 污染的主要来源之一。随着机动车数量的增加，我国一些大城市的大气 NO_x 污染水平呈明显上升趋势，大气污染类型正在逐步从煤烟型向汽车尾气型转变，这意味着汽车尾气污染对大气污染的贡献已逐步占主导地位。一些城市的大气 NO_x 污染来源中，机动车尾气的分担率已占到 80% 左右，广州、北京、乌鲁木齐、深圳、兰州等大城市 NO_2 浓度相对较高。

（二）健康影响

NO_2 的毒性比 NO 高 4~5 倍。有关 NO_x 健康影响的评价多来自于对 NO_2 的研究结果。目前国内外的流行病学研究发现，长期慢性的暴露 NO_2 可对人体健康产生一系列的健康危害。

1. 对呼吸系统的影响

NO_x 难溶于水，故对眼睛和上呼吸道的刺激作用较小，而主要是作用于深部呼吸道、细支气管及肺泡。长期吸入低浓度 NO_x 可引起肺泡表面活性物质过氧化，损害细支气管的纤毛上皮细胞和肺泡细胞，破坏肺泡组织的胶原纤维，并可发生肺气肿的症状。当它通过相对干燥的气管和支气管而到达肺泡时，缓慢地溶于肺泡表面的水分中，形成亚硝酸和硝酸，对肺组织产生强烈的刺激作用和腐蚀作用，而引起肺水肿，其作用的大小取决于接触时间长短和浓度大小。一些研究提示，长期暴露年平均浓度高于 $50 \sim 75mg/m^3$ 的 NO_2 下，儿童的呼吸系统症状会显著增加，肺功能也会受到一定程度的损害。NO_2 可损伤肺泡巨噬细胞和上皮细胞的功能，削弱机体对细菌、病毒感染的抵抗力，增加呼吸道感染的机会。

2. 引起组织缺氧

在肺中形成的亚硝酸盐进入血液后，能与血红蛋白结合生成高铁血红蛋白，降低血红蛋白的携氧能力，引起组织缺氧。一般当污染物以 NO_2 为主时，肺的损害比较明显；当污染物以 NO 为主时，高铁血红蛋白血症及中枢神经系统影响较明显。

3. 促癌作用

动物实验表明 NO_2 具有促癌作用，当动物暴露于 $102.8mg/m^3\ NO_2$ 和苯并(a)芘环境中，能促使苯并(a)芘诱发的支气管鳞状上皮癌的发病率增加。NO_2 与多环芳烃共存时，可使多环芳烃发生硝基化作用，形成硝基多环芳烃。目前研究认为硝基多环芳烃可能较多环芳烃有更强的致突变性和致癌性。

4. 其他效应

NO_2 以亚硝酸根离子和硝酸根离子的形式通过肺而进入血液，经过全身循环后最后由尿排出，因此其影响不仅表现在呼吸道，而且在其他器官如肾脏、肝脏、心脏等亦可发生继发病变。NO_2 与挥发性有机物(VOCs)共存时，在强烈日光照射下，可发生光化学反应，生成一系列光化学氧化物，对机体产生各种危害。NO_2 和 O_3 共存时，可产生协同作用，可以显著地降低动物对呼吸道感染的抵抗力。

Colvile 对近几十年的相关研究综述认为，NO_2 暴露有可能造成人群总死亡率、心血管疾病死亡率和婴儿死亡率增加，哮喘发作、心血管疾病和慢性阻塞性肺病(COPD)等的住院人数显著增加，并与胎儿宫内死亡、儿童咽喉炎和老年人猝死有一定相关性。

(三)防制措施

(1)控制并减少机动车尾气排放，控制来自工业污染源的 NO_x 排放。

(2)加强环境监测和预报，预防光化学烟雾的发生。

三、二氧化硫污染与人体健康

(一)来源

二氧化硫(SO_2)是大气中最常见的污染物。生活上或工业上一切含硫燃料的燃烧都能产生 SO_2。主要来源有以下 3 个方面。

1. 固定污染源的燃煤污染

大气中的 SO_2 70%来自火力发电厂等固定污染源的燃煤污染,我国目前燃煤 SO_2 排放量占 SO_2 排放总量的 90%以上。煤的燃烧排放 SO_2 的数量,决定于煤的消耗数量和含硫量。

2. 生产工艺过程排放

采用含硫原料的工艺过程会产生 SO_2,如冶炼含硫矿石、有色金属冶炼、钢铁、化工、炼油和硫酸厂等生产过程,约占 26%。

3. 其他来源

小型燃煤锅炉、工业炉窑和民用煤炉是地面低空 SO_2 污染的主要来源,仅占 4%左右。

我国近年 SO_2 污染水平有所降低,但排放总量仍呈逐年增加趋势。2006 年中国环境状况公报显示,2006 年 SO_2 排放量为 2588.8 万 t,以工业排放量为主,生活燃煤排放 SO_2 量增加较少。

(二)健康影响

1. 对眼睛和呼吸道的刺激作用

SO_2 是一种无色、具有水溶性、有臭味的刺激性气体,在一定浓度($57mg/m^3$)时眼睛有不适感,对鼻腔和上呼吸道的刺激作用明显增强。SO_2 吸入后大部分被上呼吸道和支气管黏膜的富水性黏液所吸收,黏液中的 SO_2 转化为亚硫酸盐或亚硫酸氢盐后吸收入血迅速分布于全身。SO_2 主要作用于上呼吸道,人在暴露较高浓度的 SO_2 后,很快会出现喘息、气短等症状。此外,SO_2 在大气中可被氧化成三氧化硫(SO_3),SO_3 再溶于水汽中便形成硫酸雾;SO_2 还可先溶于水汽中生成亚硫酸雾,然后再氧化成硫酸雾。硫酸雾是 SO_2 的二次污染物,对呼吸道的附着和刺激作用更强。

但是，个体对 SO_2 的耐受性差异较大。一般来说，患有肺功能不全及呼吸循环系统疾病的病人、哮喘病人、老年人和儿童对 SO_2 比较敏感。

2. 引起急慢性呼吸道炎症

人长期暴露或高浓度暴露在 SO_2 中，会使支气管黏液变稠，上皮细胞损伤坏死，导致呼吸道抵抗力减弱，久之可诱发各种炎症。如慢性支气管炎、慢性鼻炎，严重时造成局部炎症或腐蚀性组织坏死，是造成慢性阻塞性肺病（COPD）的主要病因之一。

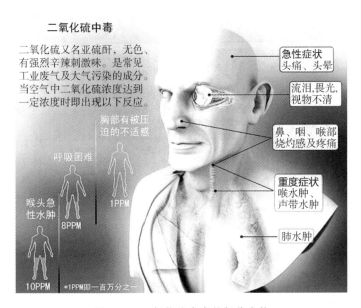

图 3-13　二氧化硫中毒的部分症状

3. SO_2 和颗粒物的联合作用

SO_2 很少单独存在于大气中，往往和颗粒物一起进入人体。SO_2 吸附在 $PM_{2.5}$ 上，则可随之进入细支气管和肺泡，而且在 $PM_{2.5}$ 的表面吸附的锰和铁等金属氧化物，可以催化 SO_2 氧化成 SO_3 和硫酸，硫酸的刺激作用比 SO_2 大 4~20 倍。吸附 SO_2 的颗粒物到达肺的深部时，一部分被吸收，再随血流到达全身各个器官而造成危害，另一部分则沉积在肺泡内或黏附在肺泡壁上，产生刺激和腐蚀作用，引起细胞破裂和纤维断裂，形成肺气肿。在长期作用下亦会造成慢性的肺部炎症。吸附 SO_2 的可吸入颗粒物是变态反应原（详见本章第二节中"大气污染对健康的直接危害"），能引起支气管哮喘。

4. 促癌作用

动物实验研究表明 SO_2 可与苯并(a)芘①联合作用，增强苯并(a)芘的致癌作用。

5. 降低动物对感染的抵抗力

研究表明 SO_2 损害巨噬细胞②参与的杀菌过程(见图3-14)，降低机体的免疫力。

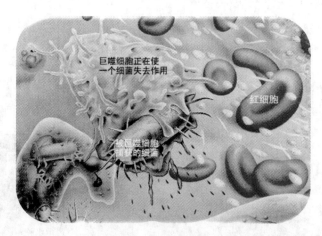

图 3-14　巨噬细胞吞噬细菌

(三) 防制措施

严格按照国家环境保护总局制定的"二氧化硫污染控制区和酸雨控制区"的综合防治规划进行 SO_2 控制。

1. 燃料脱硫

采用低硫燃料是控制 SO_2 污染的一项根本性措施。包括降低煤炭含

----

① 苯并(a)芘：是一种五环多环芳香烃类化学物质。这种物质是在300℃到600℃之间的不完全燃烧状态下产生。苯并芘存在于煤焦油中，而煤焦油可见于汽车废气(尤其是柴油引擎)、烟草与木材燃烧产生的烟、以及炭烤食物中。
苯并芘为一种突变原和致癌物质，其在体内的代谢物二羟环氧苯并芘，是产生致癌性的物质。

② 巨噬细胞：巨噬细胞属免疫细胞。它们的主要功能是对细胞残片及病原体进行噬菌作用(即吞噬以及消化)，并激活淋巴球或其他免疫细胞，令其对病原体作出反应。

硫量，限制高硫煤的开采和使用，限产关停高硫煤矿，加快发展动力煤洗选加工。

2. 控制火电厂 SO_2 排放

关停污染严重的小火电机组，降低发电煤耗；新建火电厂需同步安装脱硫设施严格控制 SO_2 排放；火电厂锅炉必须安装烟气脱硫设施，有效削减现有火电厂 SO_2 排放量；合理布局电厂，逐步提高水电和核电比例，大力发展清洁发电技术。

3. 控制锅炉 SO_2 排放

选用低硫煤、洗后动力煤和固硫型煤；烟气脱硫；对工业锅炉和窑炉应采用湿式除尘或采用排碱废水的除尘脱硫等工艺。

4. 控制生活 SO_2 排放

实行区域集中供热，高烟囱排放，以高效率的锅炉代替分散的低矮烟囱排放方式；限制城市燃料含硫量，促进天然气、煤气和石油液化气等清洁能源的推广使用；推广节能型建筑、绿色照明技术。

5. 控制工艺过程中的 SO_2 排放

逐步淘汰各类 SO_2 污染严重的生产工艺和设备。

四、一氧化碳污染与人体健康

一氧化碳（CO）是含碳物质不完全燃烧的产物，无色、无臭、无刺激性，吸入时不为人们察觉。人为污染物主要有以下 3 方面来源。

（一）来源

1. 交通废气

机动车多使用汽油、柴油等燃料作为动力，发达城市中 90% 的 CO 来自汽车废气。近年来，我国一些大城市机动车数量急剧增加，由于汽车技术水平相对较低，应用排气净化技术的步伐迟缓，使目前单车污染物的排放量高于发达国家的数倍。再加上汽车维修保养差、道路建设相对滞后等，导致汽车排气污染问题日益突出，汽车尾气排放的 CO 日益严重。我国一些城市的机动车尾气对 CO 的贡献率正在逐步升高。对 CO 的源解析表明，北京市大气中 63.4% 的 CO 来自机动车排放，特别是非采暖期机动车排气的污染所占的比例更高，机动车排放的 CO 占 80.3%。因为机动车的排放位置低，接近呼吸带和采样点，实际对环境浓度的分担率达 84%，主要街道路口和人行横道 CO 污染物全部超标。

2. 工业来源

工业生产中炼钢、炼铁、炼焦炉、煤气发生站生产过程中会排放 CO。

3. 生活来源

主要是采暖锅炉、民用炉灶、固体废弃物焚烧排出的废气。已有的研究表明，采暖季节 CO 浓度最高。吸烟也是 CO 的污染来源，吸一支烟约排出 100mg CO。

a.交通废气　　　　　　b.工业废气　　　　　　c.垃圾焚烧

图 3-15　CO 污染的主要来源

（二）健康影响

CO 易通过肺泡、毛细血管以及胎盘屏障，吸收入血以后，80%~90% 的 CO 与血红蛋白结合形成碳氧血红蛋白（COHb），CO 与血红蛋白的亲和力比氧大 200~250 倍，形成 COHb 后其解离速度比氧合血红蛋白慢 3600 倍，阻碍氧的释放，影响血液的携氧能力，影响对供氧不足最为敏感的中枢神经（大脑）和心肌功能，造成组织缺氧，从而使人产生中毒症状。暴露于高浓度的 CO 时，吸收入血的 CO 还可与肌红蛋白、细胞色素氧化酶结合。与其他空气污染物不同，除职业因素外，因取暖不当，造成的室内 CO 浓度过高所致的 CO 急性中毒也经常发生。

CO 对机体的危害程度，主要取决于空气中的 CO 的浓度和机体吸收高浓度 CO 的时间长短。CO 中毒者血液中的 COHb 的含量与空气中 CO 的浓度成正比关系，中毒的严重程度则与血液中的 COHb 含量有直接关系。

1. 对神经系统的影响

长期低浓度接触 CO 对神经系统有一定损害，出现头痛、头昏、耳鸣、无力、记忆力减退、注意力下降等神经系统症状，出现神经行为功能的改变，时间辨别能力受到障碍，警觉性降低、光感敏感度和理解力等下降。CO 中毒对大脑皮层的伤害最为严重，常常导致脑组织软化、坏死，出现视野缩小、听力丧失等。深度中毒者出现惊厥，脑部出现水肿，如抢救不及时，极易导致死亡。不同 COHb 含量对机体造成不同程度的伤害，见表 3-4。

表 3-4　　**血液中不同 COHb 含量引起的机体症状**

血液内的 COHb 含量	症　　状
2%以上	引起神经系统反应，例如行动迟缓，意识不清
5%左右	导致视觉和听力细微功能障碍
10%以上	机体出现严重的中毒症状，例如头痛、眩晕、恶心、胸闷、乏力、意识模糊等
25%~30%	显示中毒症状，几小时后陷入昏迷
30%~40%	血液呈现樱红色，皮肤、指甲、黏膜及口唇部均有显示，同时，还出现头痛、恶心、呕吐、心悸等症状，甚至突然昏倒
70%	即刻死亡

2. 对心血管功能的影响

CO 中毒对心脏也能造成严重的伤害。流行病学调查发现，CO 暴露与人群心血管疾病的发病率和死亡率增加有关。低浓度 CO 暴露还可诱发冠心病病人心率不齐、心电图异常等。CO 中毒还会引起血管内的脂类物质累积量增加，使原有的动脉硬化加重，慢性心脏病病人、贫血者更容易出现 CO 中毒。

3. 其他影响

由于 CO 在肌肉中的累积效应，即使在停止吸入高浓度的 CO 后，在数日之内，人体仍然会感觉到肌肉无力。胎儿对 CO 的毒性比成人敏感。研究证实，妊娠妇女吸烟可引起胎儿血中 COHb 浓度上升至2%~10%，其结果是导致低体重儿、围生期①死亡增高以及婴幼儿的神经行为障碍。

———————

① 围生期：也称围产期，是指孕妇围绕生产过程的一段特殊时期。分为产前、前时和产后三个阶段。一般是指自怀孕第 28 周到出生后 1 周这段时期。

（三）防制措施

1. 控制机动车尾气的排放

进一步强化对新车、在用车和车用燃料的监督管理，装置可催化尾气中 CO 的净化器。同时加大对机动车生产企业的环保生产的监督管理。

2. 控制固定污染源的 CO 排放。

五、臭氧污染与人体健康

臭氧（O_3），又名三原子氧，是一种淡蓝色的气体，因其类似鱼腥味的臭味而得名。自然界本底的 O_3 浓度很低。

（一）来源

形成 O_3 的挥发性有机物污染物（VOCs）和氮氧化合物（NO_x）的主要来源是汽车排放的尾气和工业废气的排放。汽车保有量的增加使大气中挥发性有机物和氮氧化物等污染物增加，为大气中 O_3 的形成提供了条件。

O_3 是光化学烟雾的主要成分，O_3 约占烟雾中光化学氧化剂的 90% 以上，是光化学烟雾的指示物。其刺激性强并有很强的氧化性，属于二次污染物。1943 年美国洛杉矶市发生的世界上最早的光化学烟雾事件，大气中 O_3 浓度最高达 $1mg/m^3$。

目前，由于我国内地汽车油耗量高，污染控制水平低，造成日益严重的汽车污染。一些城市 O_3 浓度严重超标，已具有发生光化学烟雾污染的潜在危险。我国兰州西固地区自 1974 年以来也出现过多次光化学烟雾。近年来我国一些地区大气 O_3 污染日益严重。近几年来北京市夏季在 NO_x 浓度相对较低的情况下光化学污染却日趋严重，其代表物北京市 O_3 超标天数已经由 20 世纪 80 年代末期的 43 天发展到 70 天以上，1 小时均值超标的地域也有所扩大，2000 年最高 1 小时均值高达 $448\mu g/m^3$，超过国家二级标准一倍以上，且超过某些发达国家的报警水平，O_3 超标日趋严重，潜在着发生光化学烟雾的危险。

（二）健康影响

1. 对眼睛和呼吸系统影响

O_3的水溶性较小，易进入呼吸道的深部，主要刺激和损害深部呼吸道和眼睛。由于它的高反应性，人吸入的O_3约有40%在鼻咽部被分解。人短期暴露于高浓度的O_3可出现呼吸道症状、肺功能改变、气道反应性增高以及呼吸道炎症反应、哮喘发作，引起眼结膜炎，使视觉敏感度和视力下降。在长期低浓度作用下可引起慢性呼吸道疾病，如慢性支气管炎和支气管哮喘等。

2. 对免疫系统的毒性作用

长期暴露于低浓度O_3下，对 T 淋巴细胞和 B 淋巴细胞的功能可产生损伤作用，从而造成免疫功能下降，呼吸道对感染的敏感性增加。

3. 致突变作用

O_3对微生物、植物、昆虫和哺乳动物具有致突变作用，引起染色体畸变。

4. 其他影响

O_3可阻碍血液的输氧功能，造成组织缺氧；损害甲状腺功能，损害某些酶的活性；产生溶血反应，长期吸入O_3氧化剂会影响细胞新陈代谢，加速人体衰老，胸骨和肋骨早期钙化。

O_3对人体健康具有多方面的影响，如图 3-16 所示。

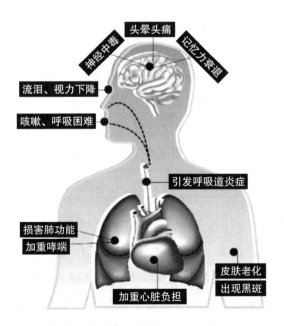

图 3-16 臭氧超标引发病症示意图

（三）防制措施

（1）控制并减少机动车尾气排放：加大机动车污染治理力度，严格机动车排放标准，对市场销售和在用车辆施行严格的标准限值。

（2）加强对大气 O_3 污染及光化学烟雾形成条件的监测，建立光化学烟雾发生的预警系统。

六、大气铅污染与人体健康

（一）来源

1. 含铅汽油的使用

城市大气铅污染的主要来源是含铅汽油的使用。含铅汽油燃烧后，85%的铅排入大气，机动车废气排放的贡献率达 80%~90%。四乙基铅被用作动力汽油的抗爆剂，目前世界上每年有 200 万~400 万吨四乙基铅加到汽油中。汽油燃烧过程中，四乙基铅随汽车废气排入大气，大部分被分解成无机铅盐及其氧化物。1/3 大颗粒铅迅速沉降于道路两旁数千米区域内的地面上（土壤和作物中），其余 2/3 的无机铅烟雾的粒子很小，则以气溶胶状态悬浮在大气中。据估计，目前城市大气中的铅污染 90%以上是由汽油燃烧造成的。

2. 工业铅

铅锌矿开采、铅等有色金属冶炼、蓄电池厂、船业、机械制造业等废气排放，是城乡大气环境铅污染的又一重要来源。蓄电池工业需要大量的氧化铅，我国电池年产量上百亿只，而其回收率只有 1%。我国的工业性铅污染远较传统工业国家严重，是造成儿童铅中毒的主要原因之一。

3. 含铅涂料使用

铅化合物用于颜料的有铅白（碱式碳酸铅），一般用作木器底漆中的颜料及塑料的稳定剂。铅丹、高铅酸钙和铬酸铅等也在涂料中广泛应用，油漆涂料含有一定量的铅，是环境铅污染的一个来源。涂料大部分用在建筑物上，其中约有 50%在七年内因日晒雨淋，风蚀而剥脱下来，约1/4 沉落在地面土壤中，这对近地面空气的含铅量有一定影响，国内市场上供应的儿童学习用品和用具表面多数涂有油漆。

4. 燃煤

目前许多家庭仍以煤及煤制品作为家庭主要燃料，尤其在严寒的北方和产煤地区尤为普遍。

据统计，我国近 10 年来已累计有 15000t 铅排入大气等环境中。大气铅污染对城乡居民，尤其是儿童的健康已产生了不良的影响。调查显示，我国城市儿童血铅的平均水平为 88.3μg/L（正常血铅水平为 0～99μg/L），一些城市 50% 以上儿童的血铅浓度大于 100μg/L。大气铅浓度与血铅浓度关系密切。据估计，大气铅浓度每升高 1μg/m³，血铅浓度将增加 50μg/L。

(二) 健康影响

人体铅露的途径是多方面的，儿童还可通过手—口方式从大气中降落的含铅尘土、室内墙壁、学习用品或玩具中脱落的含铅油漆皮摄入铅。母亲孕期或哺乳期的铅露也可增加婴幼儿体内的铅含量。血铅反映近期铅的摄入量，常作为铅内暴露水平的重要指标。

铅中毒主要发生在工业生产环境中的铅蒸气及烟尘所引起，环境铅污染引起的中毒事件较少见，而且多为局部地区发病。但自 1969 年日本东京牛柳町因汽车废气污染环境而发生居民慢性铅中毒事件后，已引起各国的重视。铅是全身性的毒物，对神经系统、消化系统、造血系统、泌尿系统、心血管系统、免疫系统、内分泌系统和男性生殖系统等均有不良影响。

1. 神经系统

铅对中枢和外围神经系统中的特定神经结构有直接的毒害作用。铅可使大脑皮质的兴奋和抑制过程发生紊乱，从而出现皮质-内脏调节障碍。主要表现为类神经症、中毒性多发性神经炎以及中毒性脑病。成人铅中毒后会出现忧郁、烦躁、性格改变等心理方面的症状；铅中毒会导致感觉功能障碍，例如很多铅中毒病人会出现视觉功能障碍（如视网膜水肿、视神经萎缩、弱视或视野改变等）、嗅觉和味觉障碍等；铅对周围神经系统的主要影响是降低运动功能和神经传导速度，肌肉损害是严重铅中毒的典型证明之一。

儿童的户外活动多，单位体重的呼吸次数、体表面积、饮水量和食物摄入量都高于成人。研究发现，儿童的胃肠道对铅的吸收率比较高。

1~3 岁幼儿的胃肠道对铅的吸收率为 50% 左右，而成人的吸收率仅为 10%。特别是儿童的血-脑屏障和多种机能发育尚不完全，大脑处于神经系统发育敏感期，对铅有特殊的敏感性。铅可以选择性的蓄积并作用于脑的海马部位，损害神经细胞的形态和功能，造成儿童神经行为功能和智力的损害。低浓度铅使胎儿神经系统发育迟缓，出生后神经行为智能发育落后。儿童铅中毒主要表现为注意力不集中、记忆力降低、思维判断能力差、多动、易冲动、学习能力和学习成绩低于同龄儿童等。研究表明儿童的智力低下发病率随铅污染程度的加大而升高，儿童体内血铅每上升 $10\mu g/L$，儿童智力则下降 6~8 分。环境铅暴露还可引起儿童视觉运动反应时间延长、视觉辨别力下降、听力下降、听觉传导速度降低等。严重中毒可伴有痉挛、昏迷、惊厥等铅中毒脑病表现。

2. 消化系统

表现为食欲不振、恶心、口有金属味、隐性腹痛、腹胀、腹泻或便秘。

3. 造血系统

可出现轻度贫血，多呈低色素正常细胞型贫血。铅中毒时，出现骨髓增生性贫血，外周血象中可见较多未成熟的幼稚红细胞——点彩红细胞、网织红细胞、碱粒红细胞。

4. 其他影响

慢性铅中毒还可造成心肌损伤，引发心脏病。铅对肾脏的损害多见于急性、亚急性铅中毒或较重慢性病例，出现氨基酸蛋白尿、糖尿、磷酸盐尿，红细胞、白细胞和管型及肾功能减退，提示中毒性肾病，伴有高血压。女性对铅较敏感，特别是孕妇和哺乳期，可引起不育、流产、早产、死胎及婴儿铅中毒。男性可引起精子数目减少、活动减弱及形态改变。此外尚可引起甲状腺功能减退。

(三) 防制措施

(1) 控制交通废气的污染。严格推广使用无铅汽油，改进发动机构造提高燃油利用率，开展对车用燃料的监督管理，降低大气中铅污染的程度。根据《大气污染防治法》的规定，我国已从 2000 年 1 月 1 日起停止生产含铅汽油，7 月 1 日起停止销售和使用含铅汽油。

(2) 加强对排铅工业企业的监督管理。

（3）加强健康教育，保护儿童和孕妇等高危险人群。

（4）在铅污染地区注意发现儿童铅中毒，并及时进行驱铅治疗。

七、多环芳烃污染与人体健康

大气中的多环芳烃（PAH）是含有两个或两个以上苯环并以稠合形式连接的芳香烃类化合物的总称，是人类发现最早的致癌物，种类很多，目前已达400多种。有一部分已被证明对动物有致癌作用，其中苯并(a)芘是第一个被发现的环境化学致癌物，广泛地存在于人类生活环境中，而且致癌性很强，研究得也比较深入，故常以其作为PAH的代表。多环芳烃种类繁多，分析方法复杂，因此，往往以测定环境中的苯并(a)芘作为大气中多环芳烃污染的指标。

（一）来源

（1）含碳有机物的热解和不完全燃烧

煤、木柴、烟叶和石油产品的燃烧，工业企业（炼焦、石油化工、合成橡胶，制造炭黑素、沥青油毡厂）排出的废气；热电站、工业锅炉、采暖用锅炉及生活炉灶的烟尘、交通工具排出的废气。

（2）沥青路面与车轮摩擦

车辆轮胎与沥青路面摩擦可扬起多环芳烃。

（3）烹调油烟以及各种有机废物的焚烧等也可产生多环芳烃。

（二）健康影响

大气中的大多数PAH吸附在颗粒物表面，尤其是小于$5\mu m$的颗粒物上，大颗粒物上的PAH很少。PAH可与大气中的其他污染物反应形成二次污染物。例如，PAH与O_3作用，生成多种具有直接致突变作用的氧化物；与大气中的NO_2或HNO_3形成硝基多环芳烃，后者有直接致突变作用。苯并(a)芘占大气中致癌性多环芳烃的$1\% \sim 20\%$。研究表明，一些PAH还有致畸和致突变作用、免疫毒性、生殖和发育毒性。现有资料表明，多环芳烃主要与皮肤癌、肺癌、胃癌的发生关系比较密切。

1. 皮肤癌

皮肤癌与多环芳烃关系的研究由来已久，至今已确信无疑。1775

年英国 Pott 医生报道了清扫烟囱工人的阴囊癌就是这方面最早的科学记载。目前已有大量流行病学调查资料证明，接触沥青、煤焦油、矿物油等富有多环芳烃的工人，易于发生职业性的皮肤癌。

2. 肺癌

苯并(a)芘是唯一的经过吸入毒性①实验被证实可引起肺癌的 PAH，同时暴露香烟烟雾、石棉、颗粒物等可增强苯并(a)芘的致癌活性。

苯并(a)芘需要在体内经代谢活化后才能产生致癌作用。关于大气中苯并(a)芘与肺癌的关系，国内外均有不少报导。许多国家的调查表明，工业城市中肺癌死亡率与空气中苯并(a)芘的浓度呈正相关。早在 1950 年代英国、日本的统计结果就表明，肺癌死亡率与大气中苯并(a)芘的浓度有显著的正相关。我国的流行病学研究显示，肺癌的死亡率与空气中苯并(a)芘水平呈显著的正相关。美国提出大气中苯并(a)芘浓度每增加 $0.1\mu g/100m^3$，肺癌死亡率相应升高 5%。国内经多年研究发现，云南宣威肺癌高发的主要危险因素是燃烧烟煤所致的室内空气苯并(a)芘污染。

(三)防制措施

防止并控制大气和室内空气环境的污染，如能源政策、居民区规划、工艺改革、"三废"治理、个人防护、改变个人生活习惯如控制吸烟等。

八、二噁英污染与人体健康

二噁英是一类有机氯化合物，包括多氯二苯并-对-二噁英(PCDD)和多氯二苯并呋喃(PCDF)，共 210 种。一般将一些呈平面分子结构、毒性特征与二噁英类似的多氯联苯(PCBs)，即共面多氯联苯(Co-PCBs)也包括在二噁英的范围内。二噁英的毒性因氯原子的取代位置不同而有差异，二噁英中以 2，3，7，8-四氯-二苯并-对-二噁英(2，3，7，

---

① 吸入毒性：吸入毒性是外来化合物经呼吸道染毒引起的毒作用。研究气体、挥发性液体和气溶胶的吸入毒性，可为研究该外来化合物经呼吸道进入人体而对健康引起的潜在危害提供资料。

8-TCDD)的毒性最强，研究也最多。二噁英毒性非常强，严重危害生态环境和人类健康，属于全球性污染物。

(一)来源

1. 城市和工业垃圾焚烧

大气环境中90%的二噁英来源于城市和工业垃圾焚烧。含铅汽油、煤、防腐处理过的木材以及石油产品、各种废弃物特别是医疗废弃物在燃烧温度低于300~400℃时容易产生二噁英。城市和工业垃圾焚烧过程中二噁英的形成机理仍在研究之中。

一般垃圾中常含有氯苯、氯酚、氯乙烯等合成塑料，这是形成二噁英的前体物。其他含氯、含碳物质如纸张、木制品、食物残渣等经过铜、钴等金属离子的催化作用不经氯苯生成二噁英。发达国家的二噁英污染中，95%左右是由于垃圾等废弃物焚烧造成的。

2. 生产过程释放

聚氯乙烯塑料、纸张、氯气以及苯氧羧酸除草剂等农药的生产环节、钢铁氯化冶炼、催化剂高温氯气活化、工业废渣热解、氯碱生产等过程都可向环境中释放二噁英。二噁英还作为杂质存在于一些农药产品中，如五氯酚、落叶剂(2，4，5，-涕)等。

大气中的二噁英浓度一般很低。与农村相比，城市、工业区或离污染源较近区域的大气中含有较高浓度的二噁英。一般人群通过呼吸途径暴露的二噁英的量是很少的，但在一些特殊情况下，经呼吸途径暴露的二噁英量也是不容忽视的。有调查显示，垃圾焚烧从业人员血中的二噁英含量是正常人群水平的40倍左右。二噁英主要通过大气扩散传播，排放到大气环境中的二噁英可被植物吸收，吸附在颗粒物上，沉降到水体和土壤，然后通过食物链的富集作用进入人体。食物是人体内二噁英的主要暴露途径。经胎盘和哺乳可以造成胎儿和婴幼儿的二噁英暴露。

(二)健康影响

1. 内分泌干扰作用

二噁英是环境内分泌干扰物的代表。它们能干扰机体的内分泌功能，是雌雄双向侵袭的毒物。二噁英能引起雌性动物卵巢功能障碍，抑制雌激素的作用，使雌性动物不孕、胎仔减少、流产等。美国妇女子宫内膜异位症发病率增加，有调查显示可能与二噁英污染的饮食暴露有关。接触二噁英的雄性动物会出现精细胞减少、成熟精子退化、雄性动物雌性化等。流行病学研究发现，在生产中接触 2，3，7，8-TCDD 的男性工人血清睾酮水平降低与 2，3，7，8-TCDD 水平呈负相关，提示它可能有抗雄激素和使男性雌性化的作用。

2. 致癌性

二噁英是强致癌物，可引起多系统多部位的恶性肿瘤。2，3，7，8-TCDD 对动物有极强的致癌性。用 2，3，7，8-TCDD 染毒，能在实验动物诱发出多个部位的肿瘤。流行病学研究表明，二噁英暴露可增加人群患癌症的危险度。根据动物实验与流行病学研究的结果，1997 年国际癌症研究机构将 2，3，7，8-TCDD 确定为 I 类人类致癌物。

3. 免疫毒性

二噁英可抑制体内的体液免疫和细胞免疫，引起动物胸腺萎缩、细胞免疫与体液免疫功能降低等，对感染和肿瘤的易感性增加。

4. 皮肤黏膜损害

在暴露的实验动物和人群中可观察到皮肤接触二噁英，可改变皮脂代谢，使皮肤增生、过度角化、色素沉着以及发生氯痤疮等。

5. 其他影响

二噁英染毒动物可出现肝脏肿大、实质细胞增生与肥大、严重时发生变性和坏死。二噁英暴露还可引发心血管疾病和呼吸系统疾病，受到二噁英污染的地区慢性缺血性心脏病、风湿性心脏病、高血压的发病率和死亡率上升。

(三)防制措施

(1)积极提倡垃圾分类收集和处理。

(2)控制无组织的垃圾焚烧。通过采用新的焚烧技术，采用控气型热分解焚烧工艺，提高燃烧温度(1200℃以上)，降低二噁英类的排放量。

(3)制定大气二噁英的环境质量标准以及每日可耐受摄入量对大气中的二噁英浓度的监测是全球环境监控的重要组成成分和依据。一些发达国家对于垃圾焚烧炉烟气有严格的排放标准，并制定或修订了 2，3，7，8-TC-DD 或二噁英的每日可耐受摄入量。我国由国家环境保护总局制定了《生活垃圾焚烧污染控制标准》(GB 18485—2001)和《危险废物焚烧污染控制标准》(GB 18484—2001)，对焚烧炉废气中二噁英制定了排放限值。

第四节　大气污染的防护措施

一、规划措施

1. 合理安排工业布局和城镇功能分区

结合城镇规划，全面考虑工业布局；功能分区应统一规划、合理配置；工业区应配置在当地最大频率风向的下风侧；在工业区与生活区之间设置一定距离的卫生防护带。

2. 加强对居住区内局部污染源的管理

对居住区内饭店的烟囱、公共浴室的烟囱、集中暖锅炉的烟囱、废品堆放处、垃圾箱、公共厕所等污染源要加强监督管理。

3. 加强绿化

植物具有连续调节气候，阻挡、滤除和吸附灰尘，吸收大气中有害气体、调节二氧化碳和氧气比例等重要功能，是天然的空调器，应将绿地面积作为地区性生态环境建设的主要内容。建立绿化带是成本较低，且行之有效的生物防治措施，在我国应该积极推行。

二、工艺措施

1. 控制燃煤污染

改革燃煤结构，发展清洁能源；集中供热；改造锅炉；合理选用燃料；原煤脱硫；适当增加烟囱高度。

2. 控制机动车尾气污染

通过发动机改进、燃料改进与替代以及采取机内、机外净化措施，从根本上控制废气的排放。

3. 加强工艺措施

改革工艺过程，实行密闭化生产，鼓励生产企业引进新技术；加强生产管理，加大企业环保投入，杜绝和减少跑、冒、滴、漏现象和事故性排放；大力发展综合利用，倡导废物回收利用。最大限度地降低污染物的排放量和毒害程度。

三、净化措施

针对大气污染物的特性采取积极的净化措施，坚持净化设备与生产企业建设同时设计、同时施工、同时使用的"三同时"方针，减少污染物的排放。

大气颗粒物的控制与电除尘器、袋式除尘器等的普及应用关系很大。有效控制颗粒物特别是微细颗粒物污染，仍然是今后我国城市大气污染防治的重点，其主要技术手段就是普及使用电除尘器、袋式除尘器。

对于不同性质有害气体的控制技术各异，如目前烟气脱硫主要采用湿法，而近年发展的除尘脱硫一体化技术是今后大气污染治理的发展方向，它强调在除尘的同时必须进行脱硫，在烟气排放达标的前提下，实行 SO_2 污染物总量控制。

四、个人防护措施

(一) 佩戴防护口罩

佩戴防护口罩可挡住空气颗粒物，是最有效的防护方法。防颗粒物口罩和面部越密合，过滤效率越好，呼吸阻力有可能较高，对于儿童、老人、心血管疾病和呼吸系统疾病患者特别是呼吸功能受损的人需要谨慎使用，佩戴前应咨询医师。

值得一提的是，一次性医用口罩只用于遮挡口罩佩戴者的口鼻，阻挡其说话、咳嗽等产生的飞沫(有可能含有细菌、病毒)进入环境，进而起到保护他人的作用，不用于呼吸防护，对细菌、$PM_{2.5}$ 这样的细小颗粒不具有呼吸防护的作用。纱布口罩虽然厚，例如增加厚度到 8 层甚至 12 层，但是由于纱布本身空隙较大，阻挡作用更是微乎其微。更重要的是，一次性医用口罩和纱布口罩的结构设计无法和人脸达到有效密合，颗粒物很容易从口罩边缘不密封的地方泄漏进去。

(二) 关闭门窗

正常情况下，开窗通风是改善室内空气质量的最佳方法，但在室外

图 3-17 雾霾天气应佩戴专用口罩

空气质量较差时，应关闭门窗。同时要定期清扫除尘，不要积灰，保持室内干净清洁。

（三）摆放绿色植物

可以在自家阳台、露台、室内多种植绿萝、万年青等绿色冠叶类植物，因其叶片较大，吸附能力相对较强。不过在家中摆放绿植的时候，不仅要考虑到植物的功能，还要考虑居室面积、光线、通风等现状。

多数植物白天在阳光的光合作用下吸收二氧化碳排出氧气，而夜间则相反。但仙人掌等原产于热带干旱地区的多肉植物从来不会与居室的主人争夺氧气，其肉质茎上的气孔白天关闭，夜间打开在吸收二氧化碳的同时，使室内空气中的负离子浓度增加。

虎皮兰、虎尾兰、龙舌兰以及褐毛掌、伽蓝菜、景天、落地生根、栽培凤梨等植物对太阳光的依赖也很小，能在夜间净化空气的同时实现杀菌的目标。美国宇航局列出的净化空气的头号植物是散尾葵，被誉为"最有效的空气加湿器"。这些植物对阴霾天清洁居室空气有一定的辅助作用。

吊兰、芦荟、虎尾兰能适量吸收室内甲醛等污染物质，改善室内空气污染状态；茉莉、丁香、金银花、牵牛花等花卉分泌出来的杀菌素能够杀死空气中的某些细菌，抑制结核、痢疾病原体和伤寒病菌的生长，使室内空气清洁卫生。

札记

a.落地生根　　　　　b.虎皮兰　　　　　　c.散尾葵

图 3-18　具有净化空气作用的植物

（四）安装空气净化器

若选择安装空气净化器，在使用过程中应选择不产生臭氧及其他副产物的净化器。但是并非购买了空气净化器就一劳永逸，同净水器一样，空气净化器需要定期维护，需要定期更换过滤网、滤芯等来维持其净化效果。否则，净化器的过滤网本身就会成为污染源，对空气进行二次污染。

（五）减少外出/户外锻炼

雾霾一般在早上比较严重，到了下午和傍晚，会逐渐减轻，因此，遇上雾霾天气最好暂停晨练，尽量把户外锻炼改在室内进行。特别是患有慢性呼吸道疾病，如哮喘、慢性咽喉炎、过敏性鼻炎，心血管疾病的患者，以及老人、小孩、孕妇等。

同时，应避开主干道路，尽量不去人多地方，例如超市、商场和医院，这些地方空气流通差，易造成呼吸系统疾病交叉感染。

（六）注意个人卫生

雾霾天出门后进入室内时，要及时洗脸、洗手、漱口、清理鼻腔，

以防止 $PM_{2.5}$ 对人体的危害。清洗时最好用温水，利于洗掉皮肤上的颗粒；清理鼻腔时可以用干净棉签沾水反复清洗，或者反复用鼻子轻轻吸水并迅速擤鼻涕，同时要避免呛咳。

(七)宜清淡饮食

多吃维生素及抗氧化食品，可帮助清除 $PM_{2.5}$ 携带的致癌物在体内形成的自由基；少吃刺激性食物，多吃新鲜蔬菜和水果，以补充各种维生素和无机盐，并润肺除燥、祛痰止咳、健脾补肾；除此之外，自制润喉茶也是不错的选择，可以解决嗓子干燥、咳嗽的问题，同时减少空气污染对肺部的危害。

(八)减少吸烟甚至不吸烟

吸烟可导致 $PM_{2.5}$ 浓度瞬间升高，并对周围人群有直接或间接的健康危害。吸烟者应尽可能减少吸烟频率或者改掉吸烟习惯，不吸烟者应尽量远离烟雾。

第四章　室内空气污染与人体健康

第一节　室内空气污染的来源及主要污染物

全世界有半数以上人口依靠家畜粪、木柴、庄稼秸秆或煤来满足其最基本的能源需求。用此类固体燃料在明火或没有烟囱的开放炉灶上做饭和取暖导致室内空气污染。

每年室内空气污染造成 160 万人死亡，即每 20 秒就有 1 人死亡。因此，使用产生污染的燃料对发展中国家贫穷家庭的健康造成严重负担。根据国际能源机构 2004 年评估，依靠木柴、家畜粪和农作物残留物等生物质燃料做饭和取暖的人数将继续增加。

随着现代工农业的发展，目前，空气污染日益严重。现代人有 90% 的时间生活和工作在室内，因此室内空气污染是人们接触空气污染物总量的重要来源，室内空气污染是关系人们身体健康的重要问题。

我们所指的"室内"主要是指居室内。广义上讲也包括办公室、会议室、教室、医院等室内环境和旅馆、影剧院、图书馆、商店、体育馆、健身房、舞厅、候车室（飞机、火车、汽车，电车、地下铁道）等各种室内公共场所以及飞机、火车、汽车等交通工具内。另外还包括室内的工作场所和生产场所。因此室内空气污染是指人们接触的所有室内场所的空气污染，不仅仅指人们居住场所的空气污染。

专家们已较早地认识到了大气污染会影响人体健康。20 世纪中期，逐渐认识到内空气污染有时比室外更严重。因为室内空气污染物的种类更多，污染源更广泛，影响因素也很复杂，对人体健康造成的危害也是多方面的。近些年来，人们更加意识到研究室内空气质量的重要性和迫切性，其主要原因有以下 3 点。

首先，室内环境是人们接触最频繁、最密切的外环境之一。人们有80% 以上的时间是在室内度过的，与室内空气污染物的接触时间多于室外。因此，室内空气质量的优劣能够直接关系到每个人的健康。尤其是老、弱、病、残、幼、孕等体弱人群，在室内活动的时间更长，室内空气的质量则对他们更为重要。

其次，室内污染物的来源和种类日趋增多。由于人们生活水平的提高，家用燃料的消耗量、食用油的使用量、烹调菜肴的种类和数量等都在不断增加；随着化工产品的增多，大量的会发出有害物质的各种建筑材料、装饰材料、人造板家具等民用化工产品进入室内。因此，人们在室内接触有害物质的种类和数量比以往明显增多。据统计，至今已发现室内空气污染物有 300 多种。

最后，建筑物密闭程度的增加，使得室内污染物不易扩散，增加了室内人群与污染物的接触机会。随着世界能源的日趋紧张，包括发达国家在内的许多国家都十分重视节约能源。许多建筑物都被设计和建造的非常密闭，以防室外的过冷或过热空气影响了室内的适宜温度。使用空调的房间也尽量减少新风量的进入以节省耗电量。这些均严重影响了室内的通风换气。室内的污染物不能及时排出室外，在室内造成大量聚积，而室外的氧气也不能正常进入室内，造成室内氧气含量偏低，这些都会严重影响室内人群的健康。

一、室内空气污染的主要来源

室内环境污染的来源很多。根据各种污染物形成的原因和进入室内的不同渠道，目前认为主要来源为以下几个方面。

(一)室外来源

这类污染物原本存在于室外环境中或其他室内环境中，一旦遇到机会，则可通过门窗、孔隙或其他管道缝隙等途径，进入室内。其具体来源如下：

1. 大气

大气中很多污染物均可通过上述途径进入室内。主要污染物有二氧化硫、氮氧化物、氯气、烟雾、油雾、氨、硫化氢、花粉等。这类污染物主要来自工业企业、交通运输工具，花草树木以及住宅周围的各种小锅炉、小煤炉、垃圾堆、臭水坑等多种污染源。

2. 房基地

有的房基地的地层中含有某些可逸出或挥发性有害物质，这些有害物可通过地基的缝隙进入室内。这些有害物质的来源主要有三类：一是地层中固有的，例如氡及其子体；二是地基在建房前易遭受工农业生产废弃物的污染而没有得到彻底清理即盖建房屋，例如某些农药、化工燃料、汞等；三是该房屋原已受污染，原使用者迁出后未予以彻底清理，使后迁入者遭受危害。

3. 质量不合格的生活用水

这类用水往往用于室内淋浴、冷却空调、加湿空气等方面，以喷雾形式进入室内。水中可能存在的致病菌或化学污染物可随着水雾喷入室内空气中，例如军团菌、苯、机油等。

4. 人为带进室内

例如人为地将工作服带入家中，使工作环境中的污染物转入居室内。例如苯、铅、石棉等。

5. 从邻居家传来

例如在院内拍打含有铍尘的工作服，能引起"邻居铍肺"；又如某仓库使用磷化氢熏蒸杀虫，造成隔壁数人中毒；再如由于楼房内的厨房排烟道受堵，下层厨房排出的烟气进入上层住户厨房内，造成上层住户急性一氧化碳中毒。

(二) 室内来源

1. 燃料

居民做饭、取暖所用燃料的燃烧产物是室内空气污染的重要来源。全世界95%以上的能源来自矿物燃料，如煤、石油、天然气。在城市民用燃料中，煤、天然气占很大比例，是最主要的能源。煤主要是以碳、氢两种元素组成，其中尚含有不同量的无机元素。当煤完全燃烧时(高温氧化)生成二氧化碳、水蒸气并释放出大量的热，而受温度、煤质等因素的影响，以至很多情况下煤不完全燃烧产生大量的煤烟、二氧化硫、氮氧化物、一氧化碳等污染物。而天然气比煤容易燃烧完全，污染比煤相对要小得多。由于城市居民厨房面积小、排风设备不好，因此室内空气污染也常常超出国家相应标准。特别是在冬季由于门窗紧闭，室气流通不好，室内空气污染物浓度相对会升高，从而对人的身体健康产生危害，如果长期处在室内高浓度污染空气的状态下，会诱发呼吸系统疾病。

2. 人的活动

吸烟是社会的一大公害，也是室内空气污染的重要来源。吸烟者直接吸入烟雾的10%，90%的烟雾弥散在空气中被周围人被动吸入。烟草的烟雾成分复杂，其中有不少物质具有致癌性，如尼古丁、丙烯醛和其他多环芳烃等，严重危害人体健康。长期处于烟雾污染状态中的妇女和儿童更容易患呼吸道疾病，而且患肺癌的可能性也会比其他人群增加30%~50%。

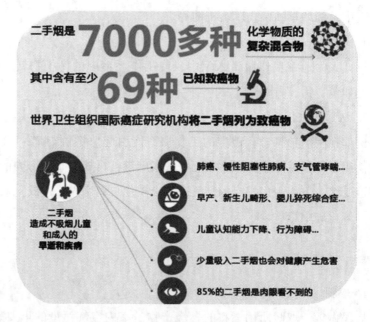

图 4-1　二手烟对人体的危害更大

人在室内活动，通过呼吸道、汗腺也可排出大量的污染物，从事接触有害物质工作的人可从其呼吸道、皮肤向室内排放各种有害工业物质。一般不接触有害物质的人呼出气体中还有大量二氧化碳、有机化合物等气体。因此，当室内房间人数过多时，人们会感到头晕、恶心、疲倦甚至休克。

浴室、厕所、地毯、空调等地方是细菌微生物大量繁殖的场所，众多细菌、病毒可造成室内微生物污染，引起过敏、呕吐甚至传染病。

3. 建筑材料

一些建筑材料中含有放射性物质，其中最常见的来自自然界的氡辐射污染。氡气是一种无色、无味放射性惰性气体，由放射性铀蜕变而成。氡主要来自土壤和岩石，室内氡污染主要有两个来源，一是建筑物地基和建筑材料，二是居室内使用的装饰石材。

室内氡的污染受房屋位置、建筑材料、通风情况的影响。一般地下室和建筑物一层的氡浓度较高。长期受氡产生的射线照射易使人患气管癌和肺癌，接触皮肤可使皮肤癌发病率升高。室内氨污染主要来自建筑施工中使用的混凝土外加剂，这些含有大量氨类物质的外加剂会随着温度、湿度等环境因素的变化而从墙体中缓慢释放出氨气。氨会刺激呼吸道系统和感官系统，可引起咽痛、头晕、恶心等症状。

4. 装饰材料

装修这个词在人们工作和生活中常常被提及，无论是办公室、新房，还是许多公共场所都要装修，室内装饰材料的大量应用使室内各种有害物质种类不断增加，浓度逐渐升高，其中不少物质具有较强的毒性和致癌性。

人造板材和木质家具等胶粘制品中可释放出甲醛，甲醛是一种无色强烈刺激性气味的气体，甲醛易溶于水，可引起皮肤、口腔黏膜的刺激和过敏反应。长期接触低浓度甲醛气体，可出现头痛、头晕、乏力等症状，浓度较高时，对黏膜、上呼吸道、眼睛具有强烈刺激性，对神经系统、肝脏等产生危害。

一些油漆、涂料常含有甲苯、二甲苯等苯系污染物(挥发性有机物 TVOC 的一类)。苯具有芳香气味，易被人们忽视，但苯对人体的危害也极大。一般苯的毒性是通过新陈代谢产生的，对人的神经系统和血液系统具有毒害作用。在高浓度状态下，人可能在短时间内出现头痛、恶心、呕吐等症状，重者中毒而死，长期吸入会导致血液系统疾病，严重影响人的身体健康。

5. 花卉污染

养殖花卉会美化环境，但不是所有的花卉都适合室内养殖，有些花卉对人身体有害，如含羞草(如图 4-3)内的含草碱会引起人的毛发脱落。室内养殖花卉太多也会导致氧气减少而二氧化碳增多。

6. 室内生物性污染

由于建筑物的密闭，使室内小气候更加稳定，温度更适宜，湿度更湿润，通风极差，这种密闭环境很容易孳生尘螨、真菌等生物性变态反应源，还能促使生物性有机物(例如农副产品、秸秆柴草、生活污水、有机垃圾等)在微生物作用下产生很多有害气体，常见的有二氧化碳、氮气、硫化氢等。

7. 家用电器的电磁辐射

近年来，电视机、组合音响、微波炉、电热毯等多种家用电器进入

札记

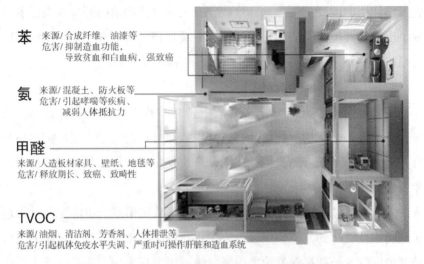

苯
来源/ 合成纤维、油漆等
危害/ 抑制造血功能，
　　　导致贫血和白血病，强致癌

氨
来源/ 混凝土、防火板等
危害/ 引起哮喘等疾病、
　　　减弱人体抵抗力

甲醛
来源/ 人造板材家具、壁纸、地毯等
危害/ 释放期长、致癌、致畸性

TVOC
来源/ 油烟、清洁剂、芳香剂、人体排泄等
危害/ 引起机体免疫水平失调、严重时可操作肝脏和造血系统

图 4-2　建筑材料和装修材料释放的污染物及其危害

图 4-3　含羞草实物图

室内，导致人们接触电磁辐射的机会增多。由此产生的健康影响已开始在国内外进行研究，报道结果尚不一致。最令人关注的是认为微波能引起畸胎和肿瘤，而电热毯能引起孕妇早期流产和男性精子畸形。

8. 光电反应产物

例如紫外灯照射产生臭氧等。

室内有害因素的来源是十分广泛的，以上所述的仅是几个主要的来源，而且一种污染物也可以有多种污染来源、同一个污染源也可产生多种污染物。室内污染物浓度的高低，除了与产生的数量有关以外，还与污染物进入室内空气后受到的环境影响，以及污染物自身的理化特性有关。例如建筑物密闭程度、室内小气候状况、空调系统的性能、污染物氧化还原性能等因素，均能影响其室内浓度。

二、室内空气污染物的种类及危害

室内空气污染物的来源较多，见表4-1。

表4-1 室内环境污染物

类型	主要物质
化学性污染物	主要包括氡、臭氧、氮氧化物、硫氧化物、碳氧化物等无机污染物及甲醛、苯系物、挥发性有机物、苯并(a)芘(B(a)P)等有机物
放射性污染物	主要是来自混凝土和天然石材等释放的氡气和α、β、γ射线
物理性污染物	包括噪声、室内光线不足或过亮、温湿度过高或过低以及粉尘、颗粒物等污染
生物性污染物	包括细菌、真菌、病毒和尘螨等，主要来源于空气中微生物气溶胶，动、植物的生产，人群活动

根据室内空气污染物的种类和性质可分为以下3类。

（一）可吸入颗粒物

如烟雾、粉尘、花粉。室内可吸入颗粒物大部分被阻挡在上呼吸道，部分颗粒物能穿过咽喉部进入下呼吸道，沉积在肺泡内，影响人体免疫力。

（二）有害气体

如燃料产生的一氧化碳、二氧化硫、氮氧化物，还有一些有机有害气体，如甲醛和苯系物。

1. 氡
氡是一种放射性惰性气体，无色无味，主要来源于室内地基土壤中和建筑装修材料，装修材料中析出的氡是对人体造成辐射危害的主要来源。若氡衰变过程中释放的 α 粒子通过呼吸进入人体，则会破坏细胞组织的 DNA，从而诱发癌症。

室内的氡主要来自两大方面：一是由于房屋的地基土壤内含有镭，一旦衰变成氡，即可通过地基或建筑物的缝隙、建筑材料结合处、管道入室部位的松动处逸入室内；也可以从下水道的破损处进入管内再逸入室内。另一个来源是从含镭的建筑材料中衰变而来。如果石块、花岗岩、黏土、石煤渣、砖瓦、墙壁、地面、水泥以及再生砖瓦、再生水泥等材料中含有镭，一旦这些材料用于地基、墙壁、地面、屋顶等的建造，衰变出来的氡即可逸入室内。

2. 甲醛

室内甲醛主要来自装修材料及家具、吸烟、燃料燃烧和烹饪。在室内装修和家具粘合过程中大量使用以甲醛为主要材料的脲醛树脂，导致甲醛在室内大量挥发。使用脲醛树脂装修的室内甲醛含量高于不用脲醛树脂进行装修的几倍到几十倍。长期低剂量接触甲醛，可降低机体免疫水平，引起神经衰弱，出现嗜睡、记忆力减退等症状，严重者可出现精神抑郁症。呼吸道长期受到刺激后，可引起肺功能下降。

3. 苯

苯是一种无色、具有特殊芳香气味的液体。长期吸入苯能导致再生障碍性贫血。

4. 挥发性有机化合物

挥发性有机化合物（VOCs）是一大类重要的室内空气污染物，这类污染物主要来源于室内装修过程使用的产品，包括装饰材料、胶黏剂、涂料、空气清新剂等。近年研究表明，在已确认的 900 多种室内化学物质和生物性物质中，VOCs 至少有 350 种以上，其中 20 多种为致癌物或致突变物，如苯、甲苯能损伤造血系统，引起白血病。

5. 氨气

氨气极易溶于水，对眼、喉、上呼吸道刺激性强，可引起喉炎、声音嘶哑、肺水肿、血管疾病，长时间接触低浓度氨导致中枢神经紊乱。

6. 二氧化碳

当室内 CO_2 浓度达 0.07% 时，少数敏感的人就会感觉到不良气味，并产生不适感。CO_2 浓度的高低可以用来表示室内空气清洁程度，以及通风换气是否良好，居室内 CO_2 浓度应保持在 0.07% 以下，最高不超过 0.1%。

7. 一氧化碳

室内 CO 主要来源于吸烟、含碳燃料的不完全燃烧等。CO 对人体健康的伤害详见本书第三章第三节。

(三) 生物性污染

生物污染物包括细菌、霉菌、病毒、动物皮屑及唾液、灰尘微粒及花粉等。其来源各异，生物污染物可以触发过敏反应(如过敏性肺炎、过敏性鼻炎及哮喘)及某些传染病。尤其是儿童、老人有呼吸问题、过敏及肺部疾病时，要特别确定是否是由室内空气中的生物污染引起。

1. 军团菌属

军团菌又称退伍军人杆菌，属需氧型杆菌，其最适宜培养温度为 35℃。该菌在自然界的抵抗力较强，广泛存在于土壤、水体中，也可存在于贮水槽、输水管道等供水系统中以及冷却塔、各种存水容器中。空气加湿器的水槽和吸氧装置的洗气瓶，如果不经常更换新鲜的清洁水，也可能生长这类细菌。该菌可通过淋浴喷头、各种喷雾设备、曝气装置等随水雾喷入室内空气中。人一旦吸入，轻则在体内产生反应，重则引起军团菌病，简称军团病。

军团病潜伏期一般为 2~10 天，最短 36 小时，前期症状为发热、不适、肌痛、头痛等，一天后出现寒战、高烧、咳嗽、胸痛，一周内出现实质性肺炎症状。年老者死亡率高，除肺部受损外，有时也可出现肺以外其他病患，如使肝脏、肾脏、心脏、神经系统等受损，出现多种临床症状，死亡率高。

2. 尘螨

尘螨属于节肢动物，普遍存在于人类居住和工作的环境中，具有强烈的变态反应原性，可引起哮喘、过敏性鼻炎、荨麻疹等。其扫描电镜图如图 4-4 所示。不论是活螨虫还是其尸体，甚至是蜕皮，都具有极强的变态反应原性，是室内主要的生物型变态反应原。

尘螨的种类很多，室内最常见的是屋尘螨，而且尘螨易在空气不流通处生存，气流大时易死亡。在我国寒冷地区，为了保暖，门窗很少打开，也不经常清洗被褥，因此，极易孳生尘螨。

札记

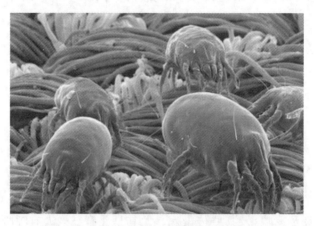

图 4-4　尘螨扫描电镜图

第二节　室内空气污染与儿童疾病

室内空气是人们接触最密切的外环境之一，人们有 70%～90%的时间是在室内度过的，尤其是儿童，在室内活动时间更长，所以室内环境空气质量的优劣对儿童健康更加重要。

一、室内空气污染与儿童白血病的关系

儿童肿瘤中白血病所占的比例最大、死亡率最高，但其具体的病因并不清楚。大多数认为是多种因素联合作用的结果，室内空气污染对儿童白血病致病发病可能起着比较重要的作用。

室内装修材料中释放的苯是研究者研究的重点，室内空气中苯浓度的日益增加可能是儿童白血病致病病因之一，但目前并无其两者之间的直接关系。英国学者研究发现，居住在交通要道或加油站周围 100m 以内的儿童接触苯和其他碳氢化合物的浓度比其他地区的儿童高，儿童发生白血病的危险度比其他地区略有增加。

我国学者对儿童白血病的研究发现，在一些大气污染严重的地方，白血病的患儿数量较多。调查发现，90%的白血病患儿家庭在 6 个月至 1 年内曾经进行过装修，而且大部分曾用了豪华石料和时尚型装修材料。孙晓东等研究显示，居住在油漆过的房屋中的儿童发生急性淋巴细

胞性白血病的危险度比对照组略有增加，且随油漆房屋数量的增加危险度呈逐渐增加趋势。其他的室内空气污染物如杀虫剂、染发剂、家用电器产生的辐射等对儿童也造成了不同程度的身体上损害。

二、室内空气污染与儿童哮喘的关系

孙凤英等研究显示，母亲怀孕期和孩子出生后的被动吸烟均可增加儿童哮喘的危险性，随着吸烟人数和时间的增加，儿童哮喘发生的危险性增大。在母亲怀孕期，家中有1、2~3和3人以上亲属在母亲面前吸烟，可使儿童哮喘的危险性增加10%、20%和2~3倍，每天吸烟时间1~30min或超过30min可增加危险性10%和40%。同时也发现在孩子出生后，家中有1、2~3和3人以上亲属在孩子面前吸烟也可增加危险性30%、40%和1.6倍。每天吸烟时间1~30min或超过30min可增加危险性30%和70%。因此，无论是母亲怀孕期还是孩子出生后，家中只要有1人吸烟或每天吸烟时间1~30min或超过30min就会增加儿童哮喘的危险性。所以，被动吸烟是儿童哮喘发生的主要危险因素。

另外，有调查显示，在家中以煤炉取暖而造成的空气污染可增加儿童哮喘危险性50%，若烹调也以煤作燃料可增加危险性60%。在厨房烹调时，偶尔使用或不使用排风扇，可增加危险性40%和60%。

第三节　室内空气污染的防护

一、室内空气净化、通风和采光

对于人的生活和活动场所的空气污染，可在客厅、卧室安装空气净化器，以达到净化空气的目的，安装良好的通风装置，保持室内空气良好；厨房要采用通风良好的油烟机，浴室可安装排风扇；公共场所要安装大型通风、换风装置。整个房屋要保持空气通畅，阳台要保持敞开式，最好不要封阳台，从而增加室内空气含氧量和阳光照射。通风可减少污染物浓度蓄积，充足的阳光可减少致病菌的密度，从而最大限度地减少污染物和有害微生物对人体的危害。

对于装修刚结束、污染程度较轻的居室，通风是最简单、有效的污染防治方法，一般通风 2~3 个月，就可挥发大部分有害污染物。

二、合理绿化

在居室内合理养殖花卉不仅可美化环境，又起到净化空气、除尘、杀菌和吸收有害气体的作用。吊兰可吸收甲醛，茉莉的芳香可起到杀菌作用，仙人掌、芦荟也都能起到净化空气的作用。但如果室内养殖花卉过多，花卉进行呼吸作用必然和人争夺氧气，因此室内不宜养殖太多的花卉，以合理为佳。

三、绿色装饰

随着人们生活水平的提高，居室装修已进入千家万户，装修带来的室内空气污染日益严重。要想把装修污染降到最低，控制污染源是关键。首先要从源头抓起，采用无味、无毒、无害的符合国家标准并带有环境标志的环保型装饰材料，这是降低室内有毒、有害污染物的最有效措施。其次是选择正规装修公司进行科学合理的装修，装饰装修以自然、简单为好，装饰材料以少用为佳，即使所用材料都是环保材料，用得过多，也会造成叠加污染。在家具的选择上，要选择绿色环保家具，如全木质家具，尽量少选购胶合板和密度板家具。

四、污染治理

对于装修后污染严重的居室，仅靠通风、绿化是不能解决问题的，必须进行专业、合理的集中治理后才能居住。室内空气污染治理不能盲目进行，要对症下药。在进行污染治理前，首先要请具有监测资质的机构对室内空气进行现场监测，从而确定污染物的种类和浓度，然后根据污染物的成分和超标情况选择适当的治理产品和合理的治理方法。

根据室内污染治理的原理来划分，室内污染治理的方法主要有两种。一种是物理方法，其原理是利用某些物质具有吸收、吸附的功能，将其放置室内，从而吸收异味、吸附有害物质，达到去除污染物的效果，如竹碳、活性炭。在此过程中，治理产品不与污染物产生化学反应，无二次污染，这种方法对于污染较轻的居室可长期应用。另一种是化学方法，在治理过程中，治理产品与污染物产生化学反应，生成对人体无害的物质。对于释放较缓慢的污染物要采用集中和长期治理相结合的方法达到最佳效果。不同的污染治理方法有不同的利弊特点，选择哪种治理方法，要根据具体污染情况而定，不能盲目选择。

札记

第五章　水体污染与人体健康

水是生命之源。数十亿年以前，最简单的生命就产生于海洋。所有的生物体内，大多数质量都是由水构成。例如，人体约有 70% 是水，水母和某些水生植物体内则含有 95% 的水。在人体内，骨髓含有 20% 的水，而脑则含有 80% 的水，在胚胎细胞和较年轻的细胞内，水的含量较多。当年纪愈大，人体内水的含量就慢慢减少。水是生物体内最主要的构成物质，也是影响生物的主要环境因素。因此许多生物都生活在海中，或是淡水的河川、湖泊。水具有独特的物理性质和化学性质，使得生命能够在地球上出现，繁衍，演化。

水是一种极为宝贵的具有多种用途的自然资源，是维持人类生存和保证社会经济发展最基本的物质条件之一。近一个世纪以来，由于社会生产力的发展和全球人口的急剧增长，全球范围内的水消耗量不断上升。近年来世界年用水量几乎每年以 4% 左右的速度递增。目前，水资源严重缺乏已成为当前最为突出的全球性环境问题之一。缺水问题，除了地球降水本身分布不平衡外，水环境污染和生态破坏、不合理用水也是重要原因。所以，合理利用和保护水资源已经成为一项具有重要意义的全球性战略措施。

第一节 水体污染的来源及归转

水体因某种物质的介入，而导致其化学、物理、生物或者放射性等方面特征的改变，从而影响水的有效利用，危害人体健康或者破坏生态环境，造成水质恶化的现象称为水污染。

一、水体污染的来源及特点

(一) 工业废水

1. 工业废水的污染来源

工业废水是指在工业生产中，因热交换、产品输送、产品清洗和管理、选矿、除渣等过程而产生的大量废水。不同工业企业，其工业废水的污染物是不同的，表 5-1 列举了常见工业企业废水的污染物。

表 5-1 主要工业废水中的有害物质

工厂类型	废水中的主要有害物质
钢铁厂	酚、氰化物、吡啶
石油化工厂	油、氰化物、砷、酸、碱、吡啶、酮类、芳烃
电镀厂	氰化物、铬、锌、铜、镉、镍
电池厂	汞、锌、酚、焦油、甲苯、锰、氰化物
氮肥厂	硫酸、砷化物、硫化物、氰化物、酚
农药厂	乐果、有机磷、无机磷、硫化物、苯、氯仿、氯苯
人造纤维厂	二硫化碳、硫化氢、硫酸、硫化钠
造纸厂	木质素、纤维素、酸、碱、二硫化碳、硫化氢
制革厂	大量畜毛皮屑、硫化物、砷化物

2. 工业废水的污染特点

（1）工业废水污染量大，而且排放集中，容易形成公害事件。

（2）工业废水的水质和水量因生产品种、工艺和生产规模等的不同而有很大差别。即使在同一工厂，各车间废水的数量和性质也会有很大差异；生产同类产品的工业企业，其废水的质和量也因工艺过程、原料、药剂、生产用水的质量等条件不同而相差很大。

（3）工业废水多为点污染，污染易于控制。工业废水的排放一定是通过排污口完成的，因此，控制住企业的排污口，就能有效控制工业废水的污染。

（二）生活污水

1. 生活污水的污染来源

生活污水是指人们日常生活的洗涤废水和粪尿污水等，水中含有大量的氮、磷化合物和有机物如纤维素、淀粉、糖类、脂肪、蛋白质等，以及生物污染物包括肠道病原菌、病毒、寄生虫卵等。

生活污水主要来源于城市。我国城市人口密度不断增加，城市范围不断扩大，生活污水的排放量逐渐增加，而相应的生活污水处理设施却远远不能满足需要，导致城市生活污水成为水污染的一个重要来源。

农村生活污水的污染也开始引起人们的关注。农村大量生活污水的无序排放，已成为农村重要的污染源，而污水处理率又极低，带来的严重后果是地表水质严重下降，危害人身健康，破坏生态平衡。目前，我国农村及城镇基本没有污水集中处理设施，许多人畜粪便污水、厨房产生的生活污水基本上不作处理，直接排入江河、池塘，严重污染了水源和环境。

2. 生活污水的污染特点

(1)生活污水排放量超过工业废水。工业废水的污染虽然排放量大且集中，但我们在思想认识上已有高度重视，国家也配套有相关法律和法规予以控制。相对生活污水而言，我们的思想认识和实际措施都存在很大差距。今天，我国生活污水的排放量已超过工业废水，生活污水污染的严重危害已开始突现。

(2)生活污水中氮、磷化合物已形成严重的水体富营养化污染，治理相当困难。近年来由于大量使用合成洗涤剂，其中磷酸盐含量高达30%~60%，使污水中磷含量显著增加，为水生植物提供了充足的营养物质。水体受含氮、磷等污水污染是造成水体富营养化的主要原因。目前，我国内陆湖泊都存在不同程度的富营养化，沿海海域也多次出现赤潮，水体的功能正在逐渐退化。鉴于此原因，我国已开始限制洗涤剂中磷的使用量。

(3)生活污水中粪便水源的生物污染容易造成介水传染病的流行，在管网质量差、饮用水无消毒处理的地区仍然严重。

(三)农业污水

1. 农业污水的污染来源

农田水的径流和渗透形成了农业污水。我国广大农村习惯使用未经处理的人畜粪便、尿液浇灌菜地和农作物，形成了以生物污染为主要污染物的传统水体污染。近几十年来，化肥、农药的用量正在迅速增加，土壤经施肥或使用农药后，通过雨水或灌溉用水的冲刷及土壤的渗透作用，使残存的肥料及农药通过农田的径流进入地面水，形成了现代农业以化肥、农药及分解产物为主要污染物的水体污染。

化肥以氯、磷、钾等为主要成分，容易形成水体富营养化污染(详见本章第二节"植物营养污染")。农药的种类很多，性质各异故毒性大小也不相同。有的农药无毒或毒性小，有的可引起急慢性中毒，有的则具有致癌、致突变和致畸作用，有的还可能对生殖和免疫功能产生不良影响。

2. 农业污水的污染特点

（1）农药造成水体的全球性污染，意义深远。20世纪60至70年代，农业上大量使用有机氯农药如DDT、六六六，由于有机氯农药的化学稳定性，导致此类农药的污染已遍及全球。在南北极极地的积雪，珠穆朗玛峰顶的积雪，以及几乎全球生物的脂肪组织中，都检测到有机氯农药。有机氯农药污染对人类健康造成了深远影响。目前，高残留有机氯农药已被低残留、低毒性农药取代。

（2）水体中农药的残留正在危害人群健康。农业上使用的很多农药对人群健康都有不良影响，有些属于内分泌干扰物，如五氯酚钠、有机氯农药等，长期接触和使用上述污染水源的人群已在流行病学上呈现出发病率上升的结果。

（四）医院污水

1. 医院污水的污染来源

医院污水主要由医院在治疗病人时产生的医疗污水和生活污水两大部分。由于医院污水容易引起人群疾病流行，因此，国家对医院污水的排放有专门的规定。

2. 医院污水的污染特点

（1）医院污水中富含致病性生物污染物。一般综合性医院、传染病医院、结核病医院等排出的污水含有大量的病原微生物，如伤寒杆菌、痢疾杆菌、结核杆菌、肠道病毒、肝炎病毒、钩蛔虫卵等。这些病原微生物在外环境中往往可生存较长时间。因此，医院污水污染水体或土壤后，能在较长时间内通过饮水或食物传播疾病。受害人群通常表现出与致病微生物一致的疾病，如肠道疾病、结核病等。

（2）医院污水中可能存在放射性污染物。由于医疗技术的发展，很多医院都采用放射性物质进行疾病的诊断和治疗，如同位素技术、放疗等。相应科室的污水中会含有放射性污染物质，一旦有人群接触和饮用，会呈现出放射性损伤。国家法律规定医院放射性污水应该处理后，专用管网排放。

(五)其他污水

除了上述来源明确、污染物排放量较大污染源外，还有一些其他污水也不容忽视。

废物堆放、掩埋和倾倒、垃圾处理等间接引起水体污染。一些暂时堆放于露天的废物可以因雨水淋浸或刮风等原因被带入水中，一些废弃物被人为地倒入水中，这都会直接污染水环境。另一些难以处置的废弃物被人们掩埋在地下，又未经处理，这也会影响周围的地质环境，然后再经风雨就可能污染水体。

航运量激增带来大量船舶污染。长江是横贯我国东西的水上运输大动脉，航运业十分发达，常年在水上运营的船舶有 21 万艘，这些船舶每年向长江排放的含油废水和生活污水达 3.6 亿 t，排放生活垃圾 7.5 万 t。另外，因海损事故造成的油品、化学品污染事件也时有发生，对水环境构成了极大威胁。

二、水体污染物的自净

水体受污染后，污染物在水体的物理、化学和生物学作用下，使污染成分不断稀释、扩散、分解破坏或沉入水底，水中污染物浓度逐渐降低，水质最终又逐渐恢复到污染前的状况，这一过程称为水体自净。

水体自净的结果是使水体污染减轻或消失。影响水体自净过程的因素很多，如受纳水体的地形、水文条件、水中微生物的种类和数量、水温和复氧状况以及污染物性质和浓度等。可见，水体的自净能力是有一定限度的。

水体自净的机制包括稀释、混合、吸附沉淀等物理净化过程；氧化还原、分解化合等化学净化过程；生物分解、生物转化和生物富集等生物学净化过程。各种净化作用可相互影响，同时发生并交互进行。一般而言，自净的初始阶段以物理和化学净化作用为主，后期则以生物学净化作用为主。

(一)物理净化过程

物理净化过程是指水体中的污染物通过自然沉降、水流稀释和混合的作用，使污染物浓度降低的过程。

进入水体的悬浮颗粒物可以靠其自身重力作用逐渐下沉，参与底泥的形成。颗粒物进入底泥后，水体变清、水质改善。但沉入底泥的污染物可因降雨时流量增大或其他原因搅动河底污泥而使已沉入底泥的污染物再次悬浮于水中，形成水体的二次污染。

此外，水中的污染物也可被固体(如悬浮性的矿物成分、黏土、泥沙、有机碎屑等)吸附，并随同固相迁移或沉降。

稀释实际上只是将污染物扩散到水体中，从而降低这些物质的相对浓度，并不能去除污染物质。水体中的推流和扩散是同时存在而又相互影响的运动形式，这种作用是污染物逐渐与水体相混合，使得污染物质的浓度从排污口往下游逐渐降低和稀释。

污染物在水体中的稀释程度主要取决于参与混合稀释的水体水量与废水流量之比例(即稀释比)。水体流量越大，其稀释比越大，稀释效果也就越好。污染物在水体中的稀释和混合作用，还与水体流速、河床形状、污水排放口的位置与形式等因素有关。对湖泊、水库、海洋来说，影响水稀释的因素还有水流方向、风向、风力、水温、潮汐等。

物理净化过程虽然只是改变了污染物的浓度分布，并不减少污染物的绝对量，但在很大程度上有助于后续化学和生物净化过程的进行。

(二)化学净化过程

进入水体的污染物与水中成分发生化学作用，使污染物浓度降低、或化学性质发生改变、或其毒性降低的现象，称为化学净化。包括污染物的分解与化合、氧化与还原、酸碱中和等作用。

例如，酚在 pH 较高时与钠生成苯酚钠，氰化物在酸性条件下易分解而释出氢氰酸，后者可挥发至大气中；重金属离子可与阴离子发生化合反应生成难溶的重金属盐而沉淀，如硫化汞、硫化镉等；水体中酸性废水和碱性废水可相互中和。有些水体污染物，可发生光解反应和光氧化反应，如杀虫剂乙拌磷在光敏剂腐殖酸和富里酸存在下可发生光解反应。酚在水中也可发生光解反应，反应速度随季节有很大变化，其光解半减期春季为 69 小时，夏季为 43 小时，秋季 63 小时；氨基甲酸酯在天然水中通过氧化剂(如自由基)作用形成光氧化产物。

此外，水中的化学反应有些是在微生物的参与下完成的，如有机氮化合物分解成氨，再转化成亚硝酸盐和硝酸盐就是在相应细菌的参与下完成的。化学净化过程改变了污染物的绝对量，但需要注意的是，污染物在水体中发生的化学反应可生成减毒或增毒的两种产物。

(三)生物净化过程

水体中生存的细菌、真菌、藻类、水生植物、原生动物和微生物等生物，通过它们的代谢作用可以使水体中的有机污染物逐步被分解为二氧化碳、水、硝酸盐等稳定的无机物，原来的污染物浓度逐渐减少或消失，此过程被称为生物净化作用。生物净化作用在地表水中最为重要，也最为活跃。

在溶解氧充足和需氧微生物的参与下，水体中的有机物可分解成简单的无机物，如二氧化碳、水、硫酸盐、硝酸盐等，使水体得以自净。水中某些特殊的微生物种群和高级水生植物(如浮萍、凤眼莲、芦苇等)还能吸收、分解或浓缩水体中的汞、镉、锌等重金属及难于降解的人工合成有机物，使水体逐渐净化。如芦苇能分解酚类，每100g 新鲜芦苇在 14 小时能分解 8mg 酚；浮萍对镉具有很强的富集能力，其干重可达 17mg/kg。

水体中的微生物在分解有机物的同时，水中的溶解氧也被消耗，此为耗氧过程。空气中的氧气可通过水面不断溶解补充到水中，水生植物的光合作用释放的氧也补充到水体，这就是水体的复氧过程。有机物进行生物净化的过程中，复氧与耗氧同时进行，水中溶解氧含量即为耗氧过程与复氧过程相互作用的结果。

进入水体的生物性污染物，由于受阳光紫外线照射、水生生物间的拮抗作用、噬菌体的噬菌作用以及不适宜的环境条件等因素的影响而逐渐死亡。寄生虫卵进入水体后，除血吸虫卵、肺吸虫卵、姜片虫卵等能在水中孵化外，大多虫卵沉入水底而逐渐死亡。

生物净化是水体的主要净化途径，对降低水体中的有机污染物至关重要。合理利用水体中微生物对有机污染物的降解特性，是目前污水处理的重要技术手段之一。

三、水体污染物的归转

污染物在水体中的转归是指污染物在水环境中的空间位移和形态改

变。空间位移是指污染物迁移、富集，表现为量的变化；形态改变是指污染物性质的改变，表现为质的变化。

(一)污染物的迁移

迁移是指污染物从某一地点转移到另一地点，从一种介质转移到另一种介质的过程。包括污染物随水流机械迁移的过程、在重力作用下的沉降过程、污染物被固体颗粒物和胶体物的吸附和凝聚过程，以及通过水生生物的吸收、代谢和食物链的传递过程。通过水生生物的生物富集作用，可以使污染物在生物体内达到相当高，甚至引起其他生物(或人)中毒的浓度，如甲基汞、有机氯农药等均可通过食物链在各级生物之间传递、转移，最终在高位营养级生物体内达到很高浓度。此外，有些污染物(如挥发性酚、氢氰酸、氮等)可经挥发进入大气。

污染物的迁移过程通常伴随着物质形态的转化，如生物体吸收水中的有机物质，通过代谢作用，将有机物转化为无机物或简单的有机物，或存留在体内或排出体外。

(二)污染物的转化

污染物的转化指污染物在水体中所发生的物理、化学、光化学和生物学作用，改变了原有的形态或分子结构，以致改变了污染物固有的化学性质、毒性及生态学效应。转化可导致污染物毒性降低，也可导致其毒性升高。

物理学作用主要通过挥发、吸附、凝聚及放射性元素的衰变等作用来实现转化。

化学作用主要通过水解、化合、氧化还原等作用来实现转化。水解可能是有机物(如卤代烃、磷酸盐、氨基甲酸酯等)在水中最重要的反应，但某些有机官能团(如烷烃、多环芳烃等)较难水解；有害物质可与水中所含各种有机和无机配位体或螯合剂结合而改变形态；水环境中发生的化学转化还与水体的氧化还原状态有关，在一定的氧化还原状态下，重金属可接受或失去电子，出现价态的变化，如在氧化条件下三价铬可转变成六价铬，在还原条件下五价砷可转化成三价砷，均使其毒性增大。

光化学作用是指有机化合物在水中吸收太阳辐射大于290nm的光

能而发生分解反应。在天然水体中，污染物的光分解率取决于水环境的
性质(如太阳辐射强度、光敏剂的存在等)及有机物质的性质(如污染物
的种类及对太阳辐射的吸收程度等)。

札记

生物转化是指水中污染物通过生物学作用，转变为无毒或低毒化合
物。水中微生物对有机物的生物降解起着关键作用。简单的有机物(如
单糖)、复杂的有机物(如纤维素、木质素等)、石油、农药等，均可在
不同条件下被微生物利用、降解，并最终分解成简单的二氧化碳和水
等。此外，微生物还可参与矿物质的转化，如一些微生物能将无机汞转
化成甲基汞，而另一些微生物(如极毛杆菌等)能将二价汞还原成元素
汞，后者易挥发，促进水中汞的净化。在水生生物体内可通过代谢酶的
催化作用将污染物分解或转化成另一种物质，但这种作用较微生物的降
解作用弱得多。

第二节　水体污染的类型及危害

我国目前90%以上城市水域受到污染，其中地表水流经城市的河段
有机污染问题尤其严峻。城市居民日常生活排放的污水和很多工业废水
都含有大量的有机污染物，有的工业废水还含有有毒有害的人工合成有
机污染物等，使国内大多数城市河流都存在严重的有机污染，导致城市
水源水质下降和处理成本增加，严重威胁到城市居民的饮水安全和人民
群众的身体健康。水污染造成的灾害影响范围大，历时长，其危害往往
要在一个相当长的时期后才能表现出来，而且水污染会加重水资源的短
缺，使生态环境恶化。

一、水体污染的类型

根据引起水污染的物质的不同，可将水体污染分为以下9个类型。

(一)病原体污染

生活污水、畜禽饲养场污水以及制革、洗毛、屠宰业和医院等排出
的废水，常含有各种病原体，如病毒、病菌、寄生虫。水体受到病原体
的污染会传播疾病，如血吸虫病、霍乱、伤寒、痢疾、病毒性肝炎等。
历史上流行的瘟疫，有的就是水媒型传染病。如1848年和1854年英国

两次霍乱流行，死亡万余人；1892 年德国汉堡霍乱流行，死亡 750 余人，均是水污染引起的。

受病原体污染后的水体，微生物激增，其中许多是致病菌、病虫卵和病毒，它们往往与其他细菌和大肠杆菌共存，所以通常规定用细菌总数和大肠菌群指数及菌值数为病原体污染的直接指标。

病原体污染的特点是：（1）数量大；（2）分布广；（3）存活时间较长；（4）繁殖速度快；（5）易产生抗药性，很难绝灭；（6）传统的二级生化污水处理及加氯消毒后，某些病原微生物、病毒仍能大量存活。常见的混凝、沉淀、过滤、消毒处理能够去除水中99%以上病毒，如出水浊度大于 0.5 度时，仍会伴随病毒的穿透。病原体污染物可通过多种途径进入水体，一旦条件适合，就会引起人体疾病。水体微生物污染引起的疾病如表 5-2 所示。

表 5-2　　　　　　　　　　　**水体微生物污染引起的疾病**

微生物种类	可能引起的疾病
细菌类	霍乱、伤寒、痢疾、肠炎等
原生动物	阿米巴痢疾
多细胞寄生虫	蛔虫病、血吸虫病

（二）耗氧性污染

生活用水、造纸和食品工业污水中，含有蛋白质、油脂、碳水化合物、木质素等有机物。这类物质随污水进入水体后，在微生物对它们的分解过程中，需要消耗水体中的溶解氧，使水体含氧减少，从而影响鱼类和其他生物的生长繁殖。当水中的溶解氧耗尽后，水中的有机物即产生厌氧消化，生成甲烷、硫化氢等，使水体出现臭味，危害水生生物的生存。

耗氧有机物来源多，排放量大，所以污染范围广，大多数污水中都含有这类污染物质。

（三）植物营养污染

造纸、皮革、食品、炼油等工业污水和含有合成洗涤剂的生活污水以及施用磷肥、氮肥的农田水，含有氮、磷等营养物。如果这类污水大量的排入水体，会使水体营养物质过多，引起水体的富营养化。

富营养化是指在人类活动的影响下，生物所需的氮、磷等营养物质大量进入湖泊、河口、海湾等缓流水体，引起藻类及其他浮游生物迅速繁殖，水体溶解氧量下降，水质恶化，鱼类及其他生物大量死亡的现象。在自然条件下，湖泊也会从贫营养状态过渡到富营养状态，沉积物不断增多，先变为沼泽，后变为陆地。这种自然过程非常缓慢，常需几千年甚至上万年。而人为排放含营养物质的工业废水和生活污水所引起的水体富营养化现象，可以在短期内出现。当水体出现富营养化时，大量繁殖的浮游生物往往使水面呈现红色、棕色、蓝色等颜色，这种现象发生在海域称为"赤潮"，发生在江河湖泊则叫做"水华"，如图5-1所示。

图5-1 赤潮(左)和水华(右)实景图

在富营养化水体中藻类大量繁殖聚集成团块，漂浮于水面，影响水的感观性状，在用作自来水水源时常常堵塞水厂的滤池，并使水质出现异臭异味。藻类产生的贴液可贴附于水生动物的腮上，影响其呼吸，导致窒息死亡。有些赤潮藻大量繁殖时分泌的有害物质如氨、硫化氢等可危害水体生态环境并使其他生物中毒及生物群落结构异常。

由于藻类大量繁殖死亡后，在细菌分解过程中不断消耗水中的溶解氧，使氧含量急剧降低，引起鱼、贝类等因缺氧大量死亡，并能通过食物链，危害人体健康。

(四)油污染

油污染是水体污染的重要类型之一，特别在河口、近海水域更为突出。工业排放，清洗石油运输船只的船舱、机件及发生意外事故、海上采油等均可造成石油污染，如图5-2。其中，油船事故属于爆炸性的集中污染源，危害是毁灭性的。每年排入海洋的石油高达数百万吨，约占世界石油总产量的千分之五。

图5-2　油运输船只在海上泄漏石油

石油是烷烃、烯烃和芳香烃的混合物，进入水体后的危害是多方面的。如在水上形成油膜，能阻碍水体复氧作用，油类粘附在鱼鳃上，可使鱼窒息，如图5-3所示；粘附在藻类、浮游生物上，可使它们死亡。油类会抑制水鸟产卵和孵化，严重时使鸟类大量死亡。石油污染还能使水产品质量降低，破坏海滨疗养、旅游地的使用价值。

图5-3　石油泄漏致使鱼类死亡

（五）剧毒污染

剧毒污染物指的是进入生物体后累积到一定数量能使体液和组织发生生化和生理功能的变化，引起暂时或持久的病理状态，甚至危及生命的物质。如重金属和难分解的有机污染物等。

污染物的毒性与摄入机体内的数量有密切关系。同一污染物的毒性也与它的存在形态有密切关系。价态和形态不同，其毒性可以有很大的差异。如铬（Ⅵ）的毒性比铬（Ⅲ）大；砷（Ⅲ）的毒性比砷（Ⅴ）大；甲基汞的毒性比无机汞大得多。

另外，污染物的毒性还与若干综合效应有密切关系。从传统毒理学来看，有毒污染物对生物的综合效应有三种：（1）相加作用，即两种以上毒物共存时，其总效果大致是各成分效果之和。（2）协同作用，即两种以上毒物共存时，一种成分能促进另一种成分的毒性急剧增加。如铜、锌共存时，其毒性为它们单独存在时的 8 倍。（3）拮抗作用，两种以上的毒物共存时，其毒性可以抵消一部分或大部分。如锌可以抑制镉的毒性；又如在一定条件下硒对汞能产生拮抗作用。总之，除考虑有毒污染物的含量外，还须考虑它的存在形态和综合效应，这样才能全面深入地了解污染物对水质及人体健康的影响。

有毒污染物主要有以下几类。

1. 重金属

如汞、镉、铬、铅、钒、钴、钡等。其中汞、镉、铅危害大，砷、硒和铍的毒性也较大。重金属在自然界中一般不易消失，它们能通过食物链而被富集，这类物质除直接作用于人体引起疾病外，某些金属还可能促进慢性病的发展。

2. 无机阴离子

主要是 NO_2^-、F^-、CN^- 离子。NO_2^- 是致癌物质。剧毒物质氰化物主要来自工业废水排放。

3. 有机农药、多氯联苯

目前世界上有机农药大约 6000 种，常用的大约有 200 多种。农药喷在农田中，经淋溶作用①等方式进入水体，产生污染作用。有机农药可分为有机磷农药和有机氯农药。有机磷农药的毒性虽大，但一般容易降解，积累性不强，因而对生态系统的影响不明显。而绝大多数的有机氯农药，毒性大，几乎不降解，积累性甚高，对生态系统有显著影响。

多氯联苯(PCBs)是联苯分子中一部分氢或全部氢被氯取代后所形成的各种异构体混合物的总称。多氯联苯剧毒，脂溶性大，易被生物吸收，化学性质十分稳定，难以和酸、碱、氧化剂等作用，有高度耐热性，在 $1000 \sim 1400℃$ 高温下才能完全分解，因而在水体和生物中很难降解。

4. 致癌物质

致癌物质大体分三类：稠环芳香烃(PAHs)，如 3, 4-苯并芘等；杂环化合物，如黄曲霉素等；芳香胺类，如甲苯胺，乙苯胺，联苯胺等。

5. 一般有机物质

如酚类化合物就有 2000 多种，最简单的是苯酚，均为高毒性物质；腈类化合物也有毒性，其中丙烯腈的环境影响最为注目。

(六)放射性污染

放射性污染是由于放射性物质进入水体造成的。放射性污染物主要来源于核动力工厂排出的冷却水，向海洋投弃的放射性废物，核爆炸降落到水体的散落物，核动力船舶事故泄漏的核燃料；开采、提炼和使用放射性物质时，如果处理不当，也会造成放射性污染。水体中的放射性污染物可以附着在生物体表面，也可以进入生物体蓄积起来，还可通过食物链对人产生内照射。

(七)盐类污染

各种酸、碱、盐等无机物进入水体(酸、碱中和生成盐，它们与水体中某些矿物相互作用产生某些盐类)，使淡水资源的矿化度提高，影响各种用水水质。盐污染主要来自生活污水和工矿废水以及某些工业废渣。另外，由于酸雨规模日益扩大，造成土壤酸化、地下水矿化度

---

① 淋溶作用：是指一种由于雨水天然下渗或人工灌溉，上方土层中的某些矿物盐类或有机物质溶解并转移到下方土层中的作用。

增高。

水体中无机盐增加能提高水的渗透压，对淡水生物、植物生长产生不良影响。在盐碱化地区(图5-4)，地面水、地下水中的盐将对土壤质量产生更大影响。

图 5-4　盐碱地实景图

(八)热污染

热污染是一种能量污染，它是工矿企业向水体排放高温废水造成的。一些热电厂及各种工业过程中的冷却水，若不采取措施，直接排放到水体中，均可使水温升高。水中化学反应、生化反应的速度随之加快，使某些有毒物质(如氰化物、重金属离子等)的毒性提高，溶解氧减少，影响鱼类的生存和繁殖，加速某些细菌的繁殖，助长水草丛生，厌气发酵，产生恶臭。

鱼类生长都有一个最佳的水温区间。水温过高或过低都不适合鱼类生长，甚至会导致死亡。不同鱼类对水温的适应性也是不同的。如热带鱼适于15~32℃，温带鱼适于10~22℃，寒带鱼适于2~10℃的范围。又如鳟鱼虽在24℃的水中生活，但其繁殖温度则要低于14℃。一般水生生物能够生活的水温上限是33~35℃。

(九)恶臭

恶臭是一种普遍的污染危害，日本及我国环保法均将其列为公害之一，它也发生于污染水体中。人能嗅到的恶臭物多达 4000 种，危害大的有几十种。它们主要来自金属冶炼、炼油、石油化工、塑料、橡胶、造纸、制药、农药、化肥、颜料、皮革等化学制品厂的生产过程及产生的废水、废气、废渣中，还可从城市污水、粪便、垃圾中散发出来。

水体恶臭多属有机质在厌氧状态腐败发臭，属综合性的恶臭。恶臭分级见表 5-3。

表 5-3　　　　　　　　　　恶臭的强度分级

分级	嗅觉强度	表现
0	无	完全感觉不到
1	很弱	一般感觉不到，仅有经验者才能察觉
2	弱	用水者注意时能察觉
3	显著	容易察觉，并对用水不满
4	强	引起注意，不愿饮用
5	很强	气味强烈，不愿饮用

恶臭的危害表现为使人憋气，妨碍正常呼吸功能、厌食、恶心，甚至呕吐、消化功能减退，精神烦躁不安，工作效率降低，判断力、记忆力降低。严重的可把人熏倒，头晕脑涨、头疼、眼疼等。长期在恶臭环境中工作和生活会造成嗅觉障碍，损伤中枢神经、大脑皮层的兴奋和调节功能。

二、水体污染的危害

(一)水体污染对生态环境的危害

自然界中生物与生物，生物与环境之间在物质和能量上维持着一种动态的平衡。当污染物质排放到水体中后，一方面是有害物质对一些水生生物构成直接的毒害，而一些耐污的水生生物大量繁殖，另一方面是有机污染造成水体的富营养化，水中的生化需氧量剧增，溶解氧含量降低，大量生物因缺氧而大量死亡，使水生生态系统平衡遭到破坏。

此外水污染还加剧了我国水资源短缺的状况，加大了我国城镇供水难度等。

(三)水体污染对农业的危害

农业生产需要足够的水量，对水质也有一定的要求。一些水污染物蓄积在土壤中，使土壤中的微生物活动受抑制，进而恶化土壤的理化性质，破坏土壤的团粒结构，易使作物苗期枯萎死亡、生长期长势弱、早衰(早熟)或子粒不够饱满，降低产量，影响农作物的生长发育。同时污水灌溉使得大量有害物质在农产品中积累，造成残留超标，严重影响农产品质量。各种酸性污水还腐蚀农机具，缩短机械使用寿命。

(三)水体污染对工业的危害

水质受到污染同样会影响工业产品的产量和质量，造成严重的经济损失。如食品、餐饮、纺织等工业需要利用水作为原料进行加工生产，水质污染直接影响产品的质量。水质下降造成水处理费用增大、原材料及能耗增加，增加生产成本。工业冷却水，如锅炉中的循环水，由于水中的硬度、碱度、硫酸盐过高，造成系统结垢、堵塞、腐蚀，严重影响工业生产的正常运行和仪器的使用寿命。

(四)水体污染对人体健康的危害

生活污水、医院排出的废水、畜禽饲养场污水、屠宰业污水等，常含有病毒、病菌、寄生虫等各种病原体。水体一旦遭受污染，居民常通过饮用、接触等途径引起介水传染病的暴发流行。根据报道，世界上有2.5亿人口被水传播的病原体感染，其中有1000万~2000万人死亡。水体受致病因子污染后，对人体健康造成危害。最常见的疾病包括霍乱、伤寒、痢疾、肝炎等肠道传染病及血吸虫病、贾第虫病等寄生虫病。

有些藻类能产生毒素，而贝类(蛤、蚶、蚌等)能富集此类毒素，人食用毒化了的贝类后可发生中毒，甚至死亡。富营养化湖泊中的优势藻，如蓝藻(又称蓝细菌)的某些种可产生藻类毒素。藻类毒素对人体健康的影响已受到人们的重视，一般供水净化处理和家庭煮沸不能使之全部失活。

水体受工业废水污染后，水体中各种有毒化学物质如汞、砷、铬、酚、氰化物、多氯联苯及农药等通过饮水或食物链传递使人体发生急、慢性中毒。

水中胶体颗粒、悬浮物、泥土细粒、浮游生物等能吸附汞，而后通过重力沉降进入底泥，底泥中的汞在微生物的作用下可转变为甲基汞或二甲基汞，甲基汞能溶于水，又可从底泥返回水中。因此，无论汞或甲基汞污染的水体均可造成危害。汞中毒损害神经系统，尤其是中枢神经系统，其中最严重的是小脑和大脑两半球，甲基汞还可通过胎盘屏障侵害胎儿，使新生儿发生先天性疾病，同时甲基汞对精细胞的形成有抑制作用，使男性生育能力下降，水俣病(详见本书第一章图 1-2-11)就是日本九州岛水俣地区因长期食用受甲基汞污染的鱼贝类而引起的慢性甲基汞中毒，以小脑性运动失调、视野缩小、发音困难为主要症状。

多氯联苯(PCBs)的化学性质的稳定程度随氯原子数的增加而增高，具有耐酸、耐碱、耐腐蚀及绝缘、耐热、不易燃等优良性能。PCBs 主要随工业废水和城市污水进入水体。由于 PCBs 在水环境中极为稳定，易于附着在颗粒物上沉积于底泥中，然后缓慢向水中迁移，通过水生生物摄取进入食物链系统，发生生物富集作用。而后 PCBs 通过食品进入人体。由于 PCBs 的脂溶性强，进入机体后可贮存于各组织器官中，尤其是脂肪组织中含量最高。一些流行病学调查资料表明，人类接触PCBs 可影响机体的生长发育，使免疫功能受损。PCBs 对人危害的最典型例子是 1968 年发生在日本的米糠油中毒事件，受害者因食用被 PCBs污染的米糠油(2000~3000mg/kg)而中毒，主要表现为皮疹、色素沉着、眼睑浮肿、眼分泌物增多及胃肠道症状等，严重者可发生肝损害，出现黄疸、肝昏迷甚至死亡。这次中毒事件中的孕妇食用被污染的米糠油后，有的出现胎儿死亡，活产新生儿表现为体重减轻，皮肤颜色异常，眼分泌物增多等，即所谓的"胎儿油症"。表明 PCBs 可通过胎盘进入胎儿体内，也可通过母乳进入婴儿体内而导致中毒。

另外水体中的铅、镉、砷等也对人体产生危害，这些内容将在本书的第八章中做详细讲解。

第三节　水体污染的防护

一、打破传统的"先污染后治理"的观念

治理水污染的代价远远高于控制水污染的代价，我国近年来治理太

湖、淮河等的经验已经证明了这一点。各地区、各部门应该采取积极有
效的措施，进行深入、广泛、持久的宣传教育，使环境保护扎扎实实深
入人心。同时，转变人们"用水掏钱是理所当然，排污也要掏钱则难以
接受"的观点。正因为如此，长期以来，城市排水设施及污水处理厂的
建设和运营管理都是以国家和地方政府投资为主的，这不利于污水处理
事业的发展。污水处理的成本太高，切实可行的办法就是转变观念，走
市场化的路子，即谁污染谁治理，在收取水费的同时收取水污染治理
费，污水处理厂实行企业化运营，国家只负责相关法规的制定和执行
工作。

二、完善相关的法律法规，制定全国性水污染防治计划

法律制度的建设不容忽视，我国目前已经建立起一套环境保护法律
法规体系。但还有待进一步完善，各地方省市配套的法规制定工作也需
跟上，以便工作人员在执法过程中有法可依。

我国水资源分布范围极广，主要有黑龙江流域片、辽河流域片、海
滦河流域片、黄河流域片、长江流域片、珠江流域片、浙闽台流域片、
西南诸河片、内陆诸河片和额尔斯河片，包括流域内大大小小的几万个
湖泊，覆盖了全国国土的绝大部分，这些流域的水污染防治工作应当统
筹考虑、突出重点、分步实施。

三、实施污水资源化战略

污水资源化，即将经过处理的污水作为水源加以利用，可以说，它
是污水处理的延伸。实施污水资源化战略，能在较大程度上缓解有限的
水资源与用水量日增两者之间的矛盾。

在实施污水资源化战略中应该：①充分认识到污水的价值。净化后
的污水是一种可贵的水资源，应当将其作为水资源开发利用的一个方
向；应该消除"即使经过了处理的污水也是一种'脏水'，不能使用"的
旧观念。②加大科技投入，保障净化后的污水水质。应当说，水质是最
重要的方面，只有水质达到了标准，人们才能安全地使用。目前，污水
资源化的途径大多是用作中水或回用于工业生产，作为饮用水水源其处
理成本太高。但是随着人们对各种污水性质认识的日益加深以及水处
理技术的进一步发展，将净化的污水作为生活饮用水水源是有可能的。

③提供实施污水资源化战略的政策保障。污水资源化战略是一个系统工程，需要国家提供政策上的支持，比如拓宽污水利用的渠道，引导污水资源的开发和利用等。

四、严控点源污染，倡导"清洁生产"

对于超量超标排污的企业，一方面要按照相应的法规加大处罚力度，另一方面还可以利用收取的排污费用于扶持企业污水处理设施的建设，减轻企业治污的经济压力。

我国已经推行"清洁生产"政策。清洁生产的最初概念成型于20世纪70年代中期，对环境问题和工业废物管理的思考使人们认识到预防策略的重要性，由此涌现出了"污染预防"、"零排放技术"等基于污染防治原则的概念。

清洁生产作为崭新的集成性和预防性的环境管理策略，已经被公认为实现可持续发展的技术手段和实现工具。作为当前最受关注的污染防治的策略和方法，世界范围内的清洁生产推行已经取得了瞩目的成就，被誉为技术创新的推动者、企业管理的催化剂、工业模式的革新者、连接工业化和可持续发展的桥梁。

五、加强农村面源污染的宏观调控，倡导"生态农业"

农村面源污染主要来自化肥和农药残留物，以及水土流失过程中的土壤养分和有机质。我国农业生产使用的化肥中，化学肥料使用的比例大大超过了有机肥料，且氮、磷、钾的使用比例不平衡，导致土壤板结，耕作质量差，肥料利用率低，土壤和肥料养分易流失，污染了地表水和地下水。此外，农药的大量使用严重污染了水体环境。为了加强对农村面源污染的宏观调控，我国政府提出了发展生态农业的目标，并且已经取得了初步成效。

六、严格把好项目审批关

社会的进步，经济的发展，人们需求的增加，使得新上马项目也随之急增，给水环境带来了一定的挑战。因此，对新上马项目，无论其规模大小，除进行必要的可行性评估外，还必须进行生态评估，特别是对水资源污染状况的评估；对严重影响水资源，造成严重污染的，且企业自身又无法解决的，坚决杜绝此类项目施工；对造成水资源污染的非施工不可的，企业自己有防污、治污能力的，必须严格审查其防污、治污设施和治理程度及其建设过程。

七、提高科研开发能力，提倡科技治水

长期困扰中国水污染防治工作的突出问题，除了资金就是技术，因此必须加强环境保护的科研工作。当前重点：①抓紧高浓度有机废水处理技术的攻关研究，特别是像草浆造纸、制药、食品和制革等特殊行业的废水治理技术；②解决与水源污染相关的治理技术，开发人畜粪便固化、加工技术；③加速环保产品和产业的发展，提高水污染防治设施的产品标准化、成套化和自动控制性能，大力开发城市污水和工业废水成套处理技术。

第六章　土壤污染与人体健康

土壤是自然环境要素的重要组成之一，是人类赖以生存的物质基础和生态系统的基本单元。它是处在岩石圈最外面的一层疏松的部分，具有支持植物和微生物生长繁殖的能力。土壤圈是处于大气圈、水圈和生物圈之间的过渡地带，是联系有机界和无机界的中心环节。土壤作为自然界和环境介质，是人类生活的一种极其宝贵的自然资源，它承载一定的污染负荷，具有一定的环境容纳量。但是污染物一旦超过土壤的最大容量将会引起不同程度的土壤污染，进而影响土壤中生存的动植物，最后通过生态系统食物链危害牲畜乃至人类健康。

第一节 土壤污染来源及归转

英国环境污染皇家委员会（RCEP）认为：土壤污染是指人类活动引起的物质和能量输入土壤，并引起土壤结构或"和谐"受到损害，人体健康受到伤害，资源和生态系统受到破坏，对环境的合理使用受到干扰。并进一步指出：输入环境的物质成为污染物时，其分布、浓度和物理行为能导致令人不快的或有害的后果。国家环保总局指出：当人为活动产生的污染物进入土壤并累积到一定程度，引起土壤环境质量恶化，并进而造成农作物中某些指标超过国家标准的现象，称为土壤污染。

综上，可将土壤污染概括为在人类生产和生活活动中排出的有害物质进入土壤中，直接或间接的危害人畜健康的现象。

一、土壤污染源的分类

土壤是一个开放体系，土壤与其他环境要素间进行着不间断的物质和能量交换。因而造成土壤污染的物质来源是极为广泛的，有天然污染源，也有人为污染源。

按照污染物进入土壤的途径，可将土壤污染源分为以下5类。

（一）农业污染源

主要是指出于农业生产自身的需求而施入土壤的化肥、化学农药以及其他农用化学品和残留于土壤中的农用地膜等。相对于工业污染源，农业生产过程排放的污染物具有剂量低、面积大等特点，属于非点源污染。现代农业越来越依赖化肥与农药的使用，农业生产排放的污染物种类和数量日益增多。农业非点源污染日益成为土壤污染的最为主要的来源。

施肥是维持土壤生产力和提高农作物产量的关键措施之一，也是导致土壤污染的重要来源之一。化肥的大量施用，不仅造成了因农业非点源污染所导致的湖泊与海湾的富营养化，而且会导致土壤和地下水中亚硝态氮和硝态氮的累积，对陆地生态系统产生毒害作用等。

农药的广泛使用对土壤环境的污染是直接的。农药的广谱毒性不仅对其靶生物①具有致命的毒害作用，而且对其他生物也产生不同程度的影响，并因此对陆地生态系统的结构和功能造成一定的危害。

施用含有铅、汞、镉、砷等的农药和不合理地施用化肥，都可以导致土壤中重金属的污染。一般过磷酸盐中含有较多的重金属汞、镉、砷、锌、铅，磷肥次之，氮肥和钾肥含量较低，但氮肥中铅含量较高，砷和镉的污染也较严重。

（二）工业污染源

工业污染源是指工矿企业排放的废水、废气和废渣等，是土壤环境中污染物最重要的来源之一。该类污染源对土壤环境系统带来的污染可以是直接的，也可以是间接的。工业"三废"在陆地环境中的堆积以及不合理处置，将直接引起周边土壤中污染物的累积，进而引起动物、植物等生物体内污染物的累积。

随着经济的发展，工农业用水资源紧缺状况日益严重。尤其是在北方干旱半干旱气候区，污水资源已经成为了重要的灌溉水资源。目前污水灌溉存在的首要问题是灌溉水质超标，导致许多农田受到污染。云南省某蔬菜基地由于遭受城市污水灌溉，生产出来的稻谷均为"铅米"，土壤环境条件恶化已经对该地区的可持续发展造成很大限制。

此外，工业废气中的污染物也可以随着大气飘尘降落地面，对陆地环境造成二次污染。一般来讲，直接由工业"三废"引起的土壤环境污染仅限于工业区周围数十公里范围之内的，属于点源污染。

---

① 靶生物：有毒物质直接作用的生物群体。可以是一个生物种群，也可以是一个生物群落。

图 6-1 含重金属废水灌溉致植物被污染

(三) 生活污染源

人粪尿及畜禽排出的废物长期以来被看做是重要的土壤肥料来源，对农业增产起了重要作用。这些废物，有时除能传播疾病引起公共卫生问题外，也会产生严重的土壤和水体污染问题。含有人畜遗弃、排泄物的生活污水和被污染的河水等均含有致病的各种病菌和寄生虫，将这种未经处理的肥源施于土壤，会引起土壤严重的生物污染。

城市垃圾的不合理处置是居民生活引起土壤污染的另一个主要途径。随着城市化进程的不断发展，城市生活垃圾产生量迅速增长，由于缺乏足够的处理设施，大量的生活垃圾被集中堆放在城市的周围，对周边土壤、水和大气环境造成严重威胁。即使是那些采取合理的管理措施的垃圾填埋场，其垃圾渗滤液①污染控制依然是一个难题。

电子垃圾，也称电子废物，其范围包括所有的废旧电子产品，尤以废旧电脑危害最大。电子垃圾含有铅、镉、汞、六价铬、聚氯乙烯塑料、溴化阻燃剂等大量有毒有害物质，比一般的城市生活垃圾危害大得多。我国某些地区采用极为原始的手段处理电子垃圾，如焚烧、破碎、倾倒、浓酸提取贵重金属、废液直接排放等，造成有毒物质大量进入环境，严重污染当地的空气、土壤和水源。有研究显示，电脑的相关材料中含有 700 多种化学元素，其中 50% 对人体有害。广东、福建等地区已

---

① 垃圾渗滤液：垃圾在堆放和填埋过程中由于压实、发酵等生物化学降解作用，同时在降水和地下水的渗流作用下产生了一种高浓度的有机或无机成分的液体，我们称之为垃圾渗滤液，也叫渗沥液。

图 6-2　不合理处置的城市生活垃圾

经出现多起由于废旧家电在拆卸分解过程中污染周围环境，进而引起人类疾病的案例。

(四) 交通污染源

交通工具对土壤的污染主要体现在汽车尾气中的各种有毒有害物质通过大气沉降造成对土壤的污染，以及交通事故排放所造成的污染。

公路、铁路两侧土壤中的重金属污染，主要以铅、锌、镉、铬、钴、铜的污染为主。它们来自于含铅汽油的燃烧，汽车轮胎磨损产生的含锌粉尘等。

(五) 灾害污染源

某些自然灾害有时也会造成土壤污染。倒如，强烈火山喷发区的土壤、富含某些重金属或放射性元素的矿床附近地区的土壤，由于矿物质(岩石、矿物)的风化分解和播散，可使有关元素在自然力的作用下向土壤中迁移，引起土壤污染。

战争灾害可对战区的生态环境造成严重影响，贫铀弹对土壤的污染主要是由含放射性的爆炸物和空气中灰尘的沉降引起的。土壤中的放射性铀和分散在植物叶面上的放射性物质可被植物吸收，人或动物食用这类植物后可能造成再次污染。

二、土壤环境污染的特点

土壤环境的多介质、多界面、多组分以及非均一性和复杂多变的特点，决定了土壤环境污染具有区别于大气环境污染和水环境污染的特点。

(一)土壤污染的隐蔽性

土壤污染不像大气、水体污染一样容易被人们发现和察觉。因为各种有害物质在土壤中总是与土壤相结合，有的有害物质被土壤生物所分解或吸收，从而改变了其本来性质和特征，他们可被隐蔽在土壤中或者以难于被识别、发现的形式从土壤中排出。当土壤将有害物质输送给农作物，再通过食物链损害人体健康时，土壤本身可能还会继续保持其生产能力。土壤对机体健康产生危害以慢性、间接危害为主。所以，土壤污染具有隐蔽性。

(二)累积性与地域性

污染物在大气和水体中，一般是随着气流和水流进行长距离迁移。在土壤环境中并不像在大气和水体中那样容易扩散和稀释，因此容易不断积累而达到很高的浓度，从而使土壤环境污染具有很强的地域性特点。土壤的积累性表现为土壤对污染物进行吸附、固定。其中也包括植物吸收，从而使污染物聚集于土壤中。特别是重金属和放射性元素都能与土壤有机质或矿物质相结合，并且长久地保存在土壤中，无论它们如何转化，也很难重新离开土壤，成为顽固的环境污染问题。

(三)不可逆转性

大气和水体如果受到污染，切断污染源之后通过稀释作用和自净作用就有可能使污染不断减轻，但是难降解的污染物累积在土壤环境中则很难靠稀释作用和自净作用来消除。

重金属污染物对土壤环境的污染基本上是一个不可逆转的过程。同样，许多有机化合物对土壤环境的污染也需要较长的时间才能降解，尤其是那些持久性有机污染物，不仅在土壤环境中很难被降解，而且可能产生毒性较大的中间产物。例如，"六六六"和 DDT 在我国已经禁用 30

多年，但至今仍然能从土壤环境中检出，就是由于其中的有机氯非常难于降解。

（四）治理周期长

土壤环境一旦被污染，仅仅依靠切断污染源的方法往往很难自我修复。如被某些重金属污染的土壤可能要 100—200 年时间才能够恢复，必须采取各种有效的治理技术才能消除现实污染。但是，从目前现有的治理方法来看，仍然存在治理成本较高和周期较长的矛盾。

鉴于土壤污染治理周期长，而土壤污染问题的产生又具有明显隐蔽性和滞后性等特点，因此土壤污染问题一般不被重视。

三、土壤污染物的自净

受污染的土壤通过物理、化学和生物学的作用，使病原体死灭，各种有害物质转化到无害的程度，土壤可逐渐恢复到污染前的状态，这一过程称为土壤自净。土壤自净与土壤特性和污染物在土壤中的转归有非常密切的关系。

土壤的净化作用包括以下 3 个方面。

（一）物理净化作用

土壤是一个多相的疏松多孔体，进入土壤中的难溶性固体污染物可被土壤机械阻留；可溶性污染物可被土壤水分稀释，降低毒性，或被土壤固相表面吸附，但可随水迁移至地表水或地下水层；某些污染物可挥发或转化成气态物质通过土壤孔隙迁移到大气介质中。

（二）化学净化作用

污染物进入土壤后，可以发生一系列化学反应。如凝聚与沉淀反应、氧化还原反应、络合-螯合反应、酸碱中和反应、水解、分解、化合反应，或者发生由太阳辐射能和紫外线等引起的光化学降解作用等。通过上述化学反应使污染物分解为无毒物质或营养物质。但由于性质稳定的化合物，如多氯联苯、塑料、橡胶等难以被化学净化，重金属通过化学反应不能被降解，只能使其迁移方向发生改变。

(三)生物净化作用

土壤中存在大量依靠有机物生存的微生物,它们具有氧化分解有机物的巨大能力,是土壤环境自净作用中最重要的净化途径之一。各种有机污染物在不同条件下分解的产物多种多样,并最终转化为生物无毒的物质。

有机物质在土壤微生物参与下不断分解转化后重新组合而成的复杂的有机物质为腐殖质,形成腐殖质的过程称为有机物的腐殖质化。腐殖质的成分很复杂,其中含有木质素、蛋白质、碳水化合物、脂肪和腐殖酸等。腐殖质的化学性质稳定,病原体已经死灭,不招引苍蝇,无不良气味,质地疏松,在卫生上是安全的,又是农业上良好的肥料。常用的人工堆肥法就是使大量有机污染物在短时间内转化为腐殖质而达到无害化的目的。

土壤中的污染物被生长的植物所吸收、降解,并随茎叶、种子离开土壤;或被土壤中的蚯蚓等软体动物所食用等也属于土壤环境生物净化作用。

四、土壤污染物的归转

进入土壤中的化学污染物(如农药、重金属)的转归表现为在土壤中的迁移、转化、降解和残留。

(一)化学农药在土壤中的迁移转化

(1)吸附:土壤是一个由无机胶体(黏土矿物)、有机胶体(腐殖酸类)以及有机-无机胶体所组成的胶体体系,其具有较强的吸附性能。所以,在某种意义上土壤对农药的吸附表现为净化作用。但这种净化作用是有限度的,只是在一定条件下缓解毒作用,而没有使化学农药得到根本的降解。

(2)挥发、扩散和迁移:土壤中的农药,在被土壤固相物质吸附的同时,还通过气体挥发和水的淋溶在土壤中扩散迁移,因而导致大气、水和生物的污染。

农药在以水为介质进行迁移时,在吸附性能小的砂性土壤中容易移动,而在黏粒含量高或有机质含量多的土壤中则不易移动,大多积累于土壤表层 30cm 土层内。因此有的研究者指出，农药对地下水的污染是不大的，主要是由于土壤侵蚀，通过地表径流流入地面水体造成地表水体的污染。

（3）降解：主要有光化学降解、化学降解和生物降解等作用。①光化学降解是指土壤表面接受太阳辐射和紫外线能量而引起农药的分解作用。这是农药转化和消失的一个主要途径。大部分除草剂、DDT 以及某些有机磷农药等都能发生光化学降解作用；②化学降解主要是水解和氧化作用。这种降解与微生物无关，但受土壤的温度、水分和 pH 的影响。许多有机磷农药进入土壤后，可进行水解；③生物降解主要是土壤中的微生物（包括细菌、霉菌、放线菌等）对有机农药的降解起着重要的作用。如有机氯农药滴滴涕（DDT）等化学性质稳定，在土壤中残留时间长，通过微生物作用脱氯，使 DDT 变成滴滴滴（DDD），或脱氢脱氯变为 DDE（滴滴涕降解产物），而 DDE 和 DDD 都可以进一步氧化为 DDA。DDE 和 DDD 的毒性虽然比 DDT 低很多，但 DDE 仍有慢性毒性。在环境中应注意这类农药及其分解产物的积累。

土壤和农药之间的作用性质是极其复杂的，农药在土壤中的迁移转化不仅受到了土壤组成的有机质和黏粒、离子交换容量等的影响，也受到了农药本身化学性质以及微生物种类和数量等诸多因素的影响。只有在一定条件下，土壤才能对化学农药有缓冲解毒及净化的能力，而化学农药残留的积累则是土壤污染对健康产生影响的主要成因之一。

（二）重金属元素在土壤中的转化

（1）土壤胶体、腐殖质的吸附和螯合作用：重金属可被土壤吸附处于不活化状态。土壤腐殖质能大量吸附重金属离子，使重金属离子通过螯合作用而稳定地被留在土壤腐殖质中，从而使重金属毒物不易迁移到水和植物中，减轻其危害。

（2）土壤 pH 的影响：在酸性土壤中多数重金属离子变成易溶于水的化合物，容易被农作物吸收或迁移；在碱性土壤中多数重金属离子溶解度降低，农作物难以吸收。实验表明：当土壤 pH 为 5.3 时，糙米中镉含量为 0.3mg/kg，而 pH 为 8.0 时，镉含量仅为 0.06mg/kg。土壤受镉污染后用石灰调节土壤 pH 可明显降低作物中的镉含量。

（3）土壤氧化还原状态的影响：在还原条件下，许多重金属形成不溶性的硫化物被固定于土壤中,减少了水稻对金属的吸收。但砷与重金属不同,在还原状态下的三价砷比五价砷容易被植物吸收,且毒性也增强。

但是,土壤中的重金属、难降解农药和放射性同位素等,利用微生物达到净化的可能性非常小。

(三)重金属和农药的残留

土壤中的重金属由于化学性质不甚活泼,迁移能力低,另外土壤中有机、无机组分吸附、螯合限制重金属的移动能力。因此,一旦污染,几乎可以长期以不同形式存在于土壤中,同时也可经植物吸收和富集。农药进入土壤中,水溶性农药易随降水渗透至地下水,或由地表径流横向迁移、扩散至周围水体。脂溶性农药易被土壤吸附,因移动性差而被作物根系吸收,引起食物链高位生物的慢性危害。污染物在土壤或农作物中的残留情况常用半减期和残留期表示,前者是指污染物浓度减少50%所需的时间,后者表示污染物浓度减少75%~100%所需的时间。据报道,含有铅、镉、砷、汞等农药的半减期为10~30年,有机氯农药需2~4年,有机磷农药为2周到数周,见表6-1。

表6-1   农药在土壤中的半减期

农药名称	半减期
含有铅、镉、砷、汞的农药	10~30 年
DDT、六六六、狄氏剂等有机氯类	2~4 年
敌百虫、马拉硫磷等有机磷类	0.02~0.2 年
氨基甲酸甲酯类	0.02~0.1 年
西玛津等均三氮苯类	数月~1 年
2,4-D、2,4,5-D 等苯氧羧酸类	0.1~0.4 年
敌草隆等取代脲类	数月~1 年
三嗪除莠剂	1~2 年
苯酸除莠剂	0.02~0.1 年
尿素除莠剂	0.3~0.8 年

第二节 土壤污染对人体健康的危害

由于土壤环境的开放性特点，极易受到人类活动的影响。当土壤中含有害物质过多，超过土壤的自净能力，就会引起土壤的组成、结构和功能发生变化，微生物活动受到抑制，有害物质或其分解产物在土壤中逐渐积累。目前我国科学家对土壤污染成因取得了比较一致认识，认为是人类行为造成了土壤重金属、农药、石油污染，使土壤酸化、营养元素流失，进而破坏土壤生态系统、降低作物产量，并通过"土壤→植物→人体"，或通过"土壤→水→人体"间接被人体吸收，对人体健康带来危害。

一、重金属污染的危害

土壤无机污染物中以重金属比较突出，主要是由于重金属不能被土壤微生物所分解，而易于积累，转化为毒性更大的化合物，甚至有的通过食物链在人体内蓄积，严重危害人体健康。

重金属目前尚没有严格的统一的定义。从环境污染方面说，重金属主要是指汞、镉、铅、铬以及类金属砷等生物毒性显著的元素，也包括具有一定毒性的如锌、铜、钴、镍、锰、钼、锡、钒等元素。由重金属造成的环境污染与其他类型污染相比，具有能被生物吸收、富集和各种形式的转化，但始终不能被降解的特征。

由土壤镉污染而造成稻米中的镉含量增加，长期食用可引起慢性镉中毒又称痛痛病。慢性镉中毒土壤污染引起健康危害的典型例子，详见本书第八章。这里主要讨论铊、铬污染对健康影响。

(一)铊污染

铊(Tl)是一种高度分散的稀有金属元素，呈银白色，像铅一样软而且具有延展性，如图 6-3 所示。在空气中很不稳定，室温下易氧化，易溶于硝酸和硫酸。在自然界中铊的独立矿物不多，大多以一价形式 (Tl^+) 存在，且表现为强烈的亲硫性(即与硫的亲和力强)。在已发现的近 40 种含铊矿物中，主要是硫化物和少量的硒化物。

图 6-3　金属铊的实物图

铊在工业上主要用于制造光电管、合金、低温温度计、颜料、焰火。如溴化铊和碘化铊是制造红外线滤色玻璃的原料。硫酸铊可制造杀虫剂和杀鼠剂。醋酸铊曾用于治疗脱发、头癣。由于铊的剧毒性，各国已限制其使用，但是资源开发带来的铊污染日趋严重，成为一种重要的环境污染源。如云南南华砷铊矿有几十年的开采历史，这地区植物和水体中铊的含量远远高于背景值，已出现明显的铊污染效应。实验表明，浓度为 1mg/kg 的铊会使植物中毒，表现为甜菜、莴苣和芥菜种子停止生长。铊对土壤微生物的毒性很大，可抑制硝化菌的生长从而影响土壤的自净能力等。环境中的铊进入水体和土壤后，经过水生生物、陆地生物的富集作用，进入人体产生危害。

一般情况下，铊对成人最小致死量约为 12mg/kg，人摄入后 2 小时后，血铊达到最高值，24~48 小时后血铊浓度明显降低。在人体内以肾脏中含量最高，其次是肌肉、骨骼、肝、心、胃肠、脾、神经组织，皮肤和毛发中也有一定量铊。铊主要通过肾和肠道排出。

如果饮用了被铊污染的水或吸入含铊化合物的粉尘，就会引起铊中毒，铊中毒会使人的中枢神经系统、肠胃系统及肾脏等部位发生病变，如图 6-4 所示。

此外，环境中铊污染对人群健康的影响还包含对生殖系统的影响、致畸作用和致突变作用。

1. 对生殖功能影响

调查发现男性铊中毒病人具有睾丸萎缩、性欲和性交能力降低等现象。铊对睾丸的损伤作用比铊中毒的一些典型症状如脱发和周围神经系统紊乱的出现时间要早，说明雄性生殖系统对铊的早期作用特别敏感，具有一定的生殖毒性。

札记

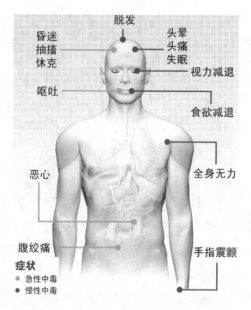

图 6-4　铊中毒症状的示意图

2. 致畸作用

动物实验结果表明，当铊浓度为 0.83~2.5mg/kg 时可使小鼠致畸，表现为胎盘吸收率增高、胸骨和枕骨缺失。大鼠妊娠第 12、13、14 天给予硫酸铊，可使胎仔发生肾盂积水和椎体缺陷。

3. 致突变作用

实验结果显示，铊化合物能在骨髓中蓄积，并抑制骨髓细胞的有丝分裂，从而引起 CHO 细胞①染色体畸形和断裂以及姐妹染色体②交换律升高，小鼠精子畸形率增高。

(二)铬污染

铬(Cr)广泛存在于自然界，铬的天然来源主要是岩石风化，土壤中含铬水平，可因地质条件、土壤性质的不同变化相当大，约为 5~

---

① CHO 细胞：中国仓鼠卵巢细胞(Chinese hamster ovary)，该细胞具有不死性，可以传代百代以上，是目前生物工程上广泛使用的细胞。

② 姐妹染色体：染色体是细胞内具有遗传性质的物体，是遗传物质基因的载体；姐妹染色单位是由一个着丝点连着的并行的两条染色单体，是在细胞分裂的间期由同一条染色体经复制后形成的，每条姐妹染色单体含 1 个 DNA 分子。

图 6-5　金属铬的实物图

3000mg/kg，平均含铬量约为 100mg/kg，由此而来的铬多为三价铬。土壤铬污染主要来自铬矿和金属冶炼、电镀、制革等工业废水、废气、废渣及含铬工业废水灌溉。

　　铬在土壤环境中主要以三价铬和六价铬等形式存在。三价铬主要存在于土壤沉积物中，六价铬主要存在于水中，但六价铬易被亚铁和有机物等还原。三价铬比较稳定，三价铬化合物由消化道吸收的少，毒性不大。而六价铬因具有强氧化性和腐蚀性，又有透过生物膜的作用，其毒性较强，比三价铬毒性大 100 倍。

　　铬具有致癌作用、诱变作用和致畸作用。长期暴露于铬污染条件下，铬肿瘤发病率增加。据报道，我国锦州和广州西部等地铬渣污染区居民的癌症死亡率都显著高于对照区。日本的报道显示，铬作业者肺癌，以鳞状细胞癌多见。多发肺癌的部位与铬沉着部位一致。此外还发现有肝癌、食管癌、胃癌、上颌窦癌、胆总管癌等。

　　铬对人体和动物也是有利有弊。三价铬是人体的必需微量元素，与其他必需元素一样，摄取过量，非但无益还有害。铬在人体内有蓄积作用，体内过量的铬主要聚集在肝、肾、内分泌腺体，通过呼吸道进入的则易积存在肺中。铬在人体内的生物半衰期为 27 天。80% 经肾脏排泄，小部分由粪便排出，乳汁和人发也可检出铬。

　　六价铬易溶于水，经长期雨水冲淋，铬渣中的大量六价铬会发生溶渗和流失，所以容易经过土壤进入作物，而危害居民健康。因此控制土壤中铬污染水平，保证植物的清洁对人体健康至关重要。

二、农药污染的危害

农药是指在农业生产中，为保障、促进植物和农作物的成长，所施用的杀虫、杀菌、杀灭有害动物（或杂草）的一类药物统称。目前，生产和使用的主要农药原药主要是有机氯、有机磷、有机砷、有机汞、氨基甲酸酯类化合物等几大类。由于农药的高毒性、高生物活性、在土壤环境中残留的持久性以及农药的滥用和不科学使用引发的日益尖锐的土壤健康问题，已引起人们的高度关注。由于使用农药而对环境和食品造成的污染（包括农药本体物及其有毒衍生物的污染）称之为环境农药残留或食品农药残留。

由于农药的大量和广泛使用，农药不仅可通过食物的摄入、空气吸入和皮肤接触等途径对人体造成多方面的危害，如急、慢性中毒和致癌、致畸、致突变作用等，还可对土壤、地表水、地下水和农产品都造成污染，并进一步进入生物链，对整个生态系统环境造成严重污染，使环境质量恶化，物种减少，生态平衡破坏。

图 6-6　残留农药的蔬菜会引发癌症

持久性有机污染物（POPs）是指通过各种环境介质（大气、水、土壤等）能够长距离迁移并长期存在于环境，进而对人类健康和环境具有严重危害的天然或人工合成的有机污染物质。POPs 现在几乎已遍及地球的每个角落，由于具有以下特征：长期残留性、生物蓄积性、半挥发性和高毒性，POPs 日益严峻地威胁着人类的健康和生命安全以及全球生态系统，是人类面临的一个紧迫的环境问题。

农药污染土壤产生的危害以慢性危害，间接危害为主。

（一）土壤污染引发急性中毒

有报道，某厂有一批被毒鼠强（一种急性杀鼠药）污染的黏土经 4 个月的处理，还剩 4000 余吨堆放在厂区。其间被毒鼠强污染的土壤上长出苋菜，2 名职工采摘后放入面条中煮熟，食用数分钟后，出现中毒症状，感到头晕、恶心、出虚汗。被送到卫生院，洗胃时神志清醒，抢救时出现惊厥，经对症治疗，3 天后出院。由于此 2 人饮食结构简单，且均为食用生长在被毒鼠强污染的土壤上的苋菜后，数分钟出现中毒症状。检测结果显示 7 份土样、3 份野菜样、2 份尿样均检出毒鼠强。可以推断，此 2 人中毒是食用被毒鼠强污染黏土上生长的苋菜引起的食物中毒事故。

毒鼠强易被植物吸收和蓄积，相同距离采样点采集的植物样本均较黏土样显示较强的阳性反应。毒鼠强被哺乳动物吸收后，排泄速度缓慢，本案例患者中毒 15 天后血中仍可检测出毒鼠强。

（二）土壤污染引发慢性危害

长期接触或食用含有农药的食品，可使农药在体内不断蓄积，对人体健康构成潜在威胁。有机氯农药已被欧共体禁用 30 年，1983 年我国哈尔滨市医疗部门对 70 名 30 岁以下的哺乳期妇女调查，发现她们的乳汁中都含有微量的六六六和 DDT。农药在人体内不断积累，短时间内虽不会引起人体出现明显急性中毒症状，但可产生慢性危害，例如，美国科学家已研究表明，DDT 被人体吸收后会分解产生 DDE，一种类似雌激素的化学物质。DDT 能干扰人体内激素的平衡，影响男性生育力。在加拿大的一项研究显示，由于食用杀虫剂污染的鱼类及猎物，致使儿童和婴儿表现出免疫缺陷症，他们的耳膜炎和脑膜炎发病率是美国儿童的 30 倍。农药慢性危害还表现为如有机磷和氨基甲酸酯类农药可抑制胆碱酯酶活性，破坏神经系统的正常功能。可降低人体免疫力，从而影响人体健康，致使其他疾病的患病率及死亡率上升。

（三）致癌、致畸、致突变

国际癌症研究机构根据动物实验确证，18 种广泛使用的农药具有明显的致癌性，还有 16 种显示潜在的致癌危险性。20 世纪 60 年代初到

70 年代中越南战争期间，美军在越南北部喷洒了 4000 多万升含二噁英的脱叶剂，导致当地居民、参战美军及其后代出现众多健康问题如癌症、出生缺陷及其他疾病。

目前认为，因长期接触农药而引起有关的癌症中，证据最多的是淋巴、骨髓癌、白血病和软组织肉瘤。但是也有证据表明，长期接触农药的农民也能患其他种类的癌。

有流行病学调查显示，长期接触农药的农民肝癌发生率明显增高。科学家还发现，DDT 被人体吸收后使体内雌激素水平偏高则是引发乳腺癌的一大诱因。

三、生物性污染的危害

土壤的生物性污染仍然是当前土壤污染的重要危害，影响面广。

(一)引起肠道传染病和寄生虫病

人体排出的含有病原体的粪便污染土壤，人生吃在这种土壤中种植的蔬菜瓜果等而感染得病(人—土壤—人)。许多肠道致病菌在土壤中能存活，如痢疾杆菌存活 25~100 天，伤寒杆菌存活 100~400 天，肠道病毒可存活 100~170 天，蛔虫卵在土壤中存活 7 年之久。

(二)引起钩端螺旋体病和炭疽病

含有病原体的动物粪便污染土壤后，病原体通过皮肤或黏膜进入人体而得病(动物—土壤—人)。钩端螺旋体的带菌动物有牛、羊、猪、鼠等。炭疽芽孢杆菌抵抗力很强，可在土壤中存活 1 年以上，家畜一旦感染了炭疽病并污染土壤后会在该地区相当长时间内传播此病。

(三)引起破伤风和肉毒中毒

天然土壤中常含有破伤风梭菌和肉毒梭菌，人接触土壤而感染(土壤-人)。这两种病菌抵抗力很强，在土壤中能长期存活。

土壤污染的危害主要通过农作物等间接地对居民健康产生危害。土壤污染的判定比较复杂，既要考虑土壤中的测定值，又要考虑其背景值，还要考虑农作物中污染物的含量及其食用后对健康的影响等。土壤污染造成的危害不易及时发现，一旦污染又难以清除。

第三节 土壤污染的防护

土壤是生态系统的核心介质，但过去一直是受重视程度最低的介质。土壤在环境体系中起着承上启下的作用，应该把注意力放到土壤污染的防治上，才能根治水和大气的污染问题。

防治土壤污染主要有两个方面的内容：一是源头控制，即有效地降低污染物的排放，需要在控制土壤污染的国家环境政策与法规、技术标准等方面不断完善；二是土壤污染防治技术的发展，即污染土壤的修复，其关键科学问题是污染物在土壤与其他环境和生物介质之间的通量及其调控技术。

一、粪便无害化处理和利用

粪便无害化处理是控制肠道传染病，增加农业肥料和改良土壤的重要措施。

(一)厕所卫生要求

厕所是收集和贮存粪便的场所，必须符合以下卫生要求：①位置适当：坑式厕所应选土质干燥，坑底应距地下水位 2m 以上，距分散式供水水源、饮食行业和托幼机构 30m 以外的地方；②粪池要高出地面，防雨雪水流入，应防渗漏，不污染地下水；③有防蝇、防蛆、防鼠、防臭、防溢的设施；④采光、照明、通风良好，使用方便，便于保洁；⑤城市公共厕所卫生要求：城市公共厕所卫生应符合《城市公共厕所卫生标准(GB/T17217—1998)》。

(二)粪便的无害化处理和利用

粪便无害化处理方法很多，适合我国情况的主要有：粪尿混合密封发酵法、堆肥法和沼气发酵法等。

1. 粪尿混合发酵法

是指在厌氧环境中密闭发酵，由厌氧菌①分解含氮有机物产生大量

---

① 厌氧菌：是一类在无氧条件下比在有氧环境中生长好的细菌，而不能在空气(18%氧气)和(或)10%二氧化碳浓度下的固体培养基表面生长的细菌。

氨。游离氨能随水透入卵壳，杀死寄生虫卵，血吸虫卵对氨最敏感。厌氧环境也可使其他病原菌死灭。腐化后的粪便是良好肥料。

2. 堆肥法

是把粪便和有机垃圾、作物（蒿）杆、叶等按一定比例堆积起来，在一定温度和微生物的作用下，分解有机物并产生高温，使病原体死亡并形成大量腐殖质。如图 6-7 所示。高温堆肥时间需要两周，而低温厌氧堆肥需要一个月以上。我国《粪便无害化卫生标准（GB7959—2012）》中规定了高温堆肥卫生标准。

图 6-7　堆肥实景图

3. 沼气发酵法

其将人畜粪便、垃圾、杂草、污水等放在密闭的发酵池内，在厌氧菌的作用下分解有机物，产生大量的甲烷气体（沼气），病原菌在沼气发酵的过程中死亡，寄生虫卵减少 95% 以上。获得大量沼气和良好肥料。沼气可作能源，供烧饭和照明。沼气发酵需要一定温度，甲烷菌一般在 32~34℃时繁殖最快。必须完全密闭的厌氧环境和适宜的 pH。配料要防止毒物影响微生物的活动。一般需两周到一个月时间完成。我国《粪便无害化卫生标准（CB7959—2012）》中规定了沼气发酵的卫生标准。

二、城市垃圾无害化处理和利用

城市垃圾成分复杂，主要受城市的规模、地理条件、居民生活习惯、生活水平和民用燃料结构等影响。我国城市垃圾中无机物含量高，

图6-8 沼气发酵罐实景图

多为煤渣和土砂等，有机垃圾中以厨房垃圾为主，所以我国城市垃圾热值较低，可燃垃圾含水率较高。

(一)城市垃圾的处理方法

1. 垃圾的压缩、粉碎和分选

垃圾收集后进行压缩(如图6-9)，以减少容积，便于运输。有机垃圾易腐败，粉碎后便于堆肥、燃烧或填埋。通过分选将垃圾成分进一步分开，以便分别处理和利用。

图6-9 压缩后的垃圾

2. 垃圾的卫生填埋

卫生填埋是最常用的垃圾处理方法，也是多数发达国家对垃圾处理的一种主要方法。此法安全卫生，成本较低，已回填完毕的场地可以做绿化地、公园、游乐场等。我国不少城市已建起了大型垃圾填埋处理场。填埋法看似成本最低、最易实施，但必须做到卫生填埋，要解决渗漏、压实、覆盖、雨水导流、污水处理、环境绿化、沼气引流等一系列问题。所以，垃圾填埋应严格遵守《生活垃圾填埋场污染控制标准》等有关标准的规定。我国目前存在的问题，一是消耗大量土地资源，不少城市很难找到新的填埋场；二是产生大量渗滤液①，大部分垃圾场存在渗滤液污染问题；三是填埋气体污染大气，并存在安全隐患；四是大部分可回收资源一埋了之，不能再生利用。

图 6-10　建设中的垃圾填埋场

3. 垃圾的焚烧

焚烧方法是将垃圾置于高温炉内，使其可燃成分充分氧化的一种方法。此法优点很多，占地面积小，产生热能，消灭病原体，经济效益好。但如果焚烧不充分，会产生多种有害气体包括剧毒物质如二噁英，污染空气，同时产生大量的残渣。垃圾焚烧应严格遵守《生活垃圾焚烧污染控制标准(GB18485—2014)》等有关标准的规定。

---

① 渗滤液：垃圾在堆放和填埋过程中由于压实、发酵等生物化学降解作用，同时在降水和地下水的渗流作用下产生了一种高浓度的有机或无机成分的液体，我们称之为垃圾渗滤液，也叫渗沥液。垃圾渗滤液水质复杂，含有多种有毒有害的无机物和有机物。

(二)城市垃圾的回收利用

随着人口增长，生活水平提高，城市垃圾产量也在明显增多。而对这样大的垃圾"包袱"，仅靠填埋和焚烧等处理显然已不能满足要求，应该对城市垃圾进行综合处理和利用。

城市垃圾是丰富的再生资源的源泉，大约80%的垃圾为潜在的原料资源，可以回收有用成分并作为再生原料加以利用。利用垃圾有用成分作为再生原料有很多优点，其收集、分选和富集费用要比初始原料开采和富集低好几倍，可以节省自然资源，避免环境污染。例如：垃圾所含废纸是造纸的再生原料，处理100万t废纸，可避免砍伐600km²的森林；用100万t废弃食物加工饲料，可节省36万t饲料用粮食。

世界上许多工业发达国家都大力开展了从垃圾中回收有用成分的研究工作。例如，国外有的城市把垃圾分成4~6类（如图6-11），分别收集于不同颜色的容器中，提高了处理和利用的效果（如图6-12），降低了处理成本。垃圾收容器的容积以能收集贮存1~3天的垃圾为宜。容器应密闭、美观、坚固耐用并便于清洗和运输。夏天要当日运出，冬季可在1~3天内运出。回收后的物质再由回收部门或专业运输队酌情多日收运一次，直接送到有关工厂作原料，实现垃圾从源头分类。将成分复

图 6-11　垃圾分类的图标及颜色

杂的城市垃圾分别分为纸类、塑料、有机物、黑色金属、有色金属、不可燃物(主要是建筑垃圾)等几大类别，再根据其性质，分别进行回收再利用、焚烧或堆肥等处理。分选后，在现有科技发展阶段无法处理的物料(如放射性物质)，对其进行特殊的处理(如固化后深埋)。对垃圾渗滤液，进行污水处理，去除掉其中的有害成分，达到灌溉用水标准。而排放的气体经洗气塔、除尘器处理之后，完全达到无害排放。

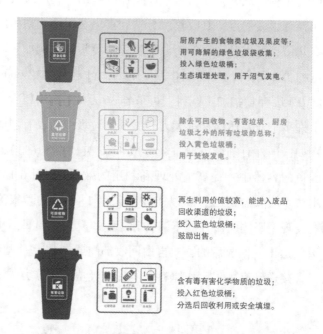

图 6-12　垃圾的分类处理方法

三、有害工业废渣的处理

工业废渣产量更大，约为城市垃圾的 10 倍以上，其有害成分约占 10%。有害工业废渣种类繁多，危害性质各异。如果处理不当，将污染环境，破坏生态平衡，引起人畜中毒。其处理措施包含以下 6 种。

（一）安全土地填埋

亦称安全化学土地填埋，是一种改进的卫生填埋方法。对场地的建造技术比卫生填埋更为严格。如衬里的渗透系数要小于 8~10cm/s，浸出液要加以收集和处理，地面径流要加以控制，要控制和处理产生的气体。此法是一种完全的、最终的处理，最为经济，不受工业废渣种类限制，适于处理大量的工业废渣，填埋后的土地可用做绿化地和停车场等。但场址必须远离居民区。

（二）焚烧法

焚烧法是高温分解和深度氧化的综合过程。通过焚烧使可燃性的工业废渣氧化分解，达到减少容积，去除毒性，回收能量及副产品的目的。此法适合于有机性工业废渣的处理。对于无机和有机混合性的工业废渣，若有机废渣是有毒有害物质，一般也最好用焚烧法处理，尚可回收无机物。本法能迅速而大量减少可燃性工业废渣的容积，达到杀灭病原菌或解毒的目的，还能提供热能可用供热和发电，但要防止固体废物产生大量的酸性气体和未完全燃烧的有机组分及炉渣的二次污染。

（三）固化法

固化法是将水泥、塑料、水玻璃、沥青等凝固剂同有害工业废渣加以混合进行固化。我国主要用于处理放射性废物。它能降低废物的渗透性，并将其制成具有高应变能力的最终产品，从而使有害废物变成无害废物。

（四）化学法

化学法是一种利用有害工业废渣的化学性质，通过酸碱中和、氧化还原等方式，将有害工业废渣转化为无害的最终产物。

（五）生物法

许多有害工业废渣可以通过生物降解毒性，解除毒性的废物可以被土壤和水体接纳。目前常用的生物法有活性污泥法、气化池法、氧化塘法等。

（六）有毒工业废渣的回收处理与利用

化学工业生产中排出的许多废渣具有毒性，须经过资源化处理加以回收和利用。例如，砷矿一般与铜、铅、锌、锑、钴、钨、金等有色金属矿共生。用含砷矿废渣可以提取三氧化二砷和回收有色金属。氰盐生产中排出的废渣含有剧毒的氰化物，可以采用高温水解，气化法处理，得到二氧化氮气体等有用的资源。

四、污水灌溉的防护措施

利用城市污水灌溉农田，既解决了城市部分污水处理问题，又为农业生产提供了水和肥料。污水灌田处理污水的原理是利用土壤的自净能力净化污水，同时供给农田水分和肥料。但是，土壤对有机污染物的自净能力和对毒物的容纳量都是有限的，超过了卫生上容许的限度就会造成健康危害。如肠道传染病和寄生虫病增多、癌症患病率增高等。我国利用城市污水灌溉农田已有悠久的历史，取得了丰富的经验。北京、沈阳、天津、广州、哈尔滨等城市多年的经验表明，卫生防护措施是保证污水灌田成功的关键，必须加强卫生防护措施。

(一)灌田污水必须预先处理

达到《农田灌溉水质标准(GB5084—1992)》的要求后才能灌溉。

(二)防止污染水源

污水沟渠和灌田土壤应防渗漏，灌田区应距水源地200m以上，防止污染水源。在集中式给水水源地上游1000m至下游的沿岸田不得用污水灌田。

(三)防止污染作物

提倡沟灌，不用漫灌和浇灌，尽量减少污水与蔬菜和农作物接触。提倡种植可食部分不接触土壤的蔬菜，如西红柿、茄子、辣椒等。要严格限制含有蓄积性强，易造成农作物残毒的污水进行灌田。

(四)防止污染大气

灌区在居民区的下风侧，距居民区500m以上。防止灌田污水发生厌氧分解和腐败产生恶臭。

(五)防止蚊蝇孳生

灌区要土地平整，无积水、无杂草，防止有机物堆积腐败，以减少蚊蝇孳生。

五、发展生态农业

生态农业是农业可持续发展战略的重要组成部分，它包括种植业、畜牧业、水产业、林果业及其加工业等，它们互相配合形成一个复杂的生产体系，而每一个单项则是这个生产体系的一部分。生物的生长发育与繁殖需要不断地从周围环境中吸取必要的物质，不停地影响着环境。受生物影响的环境，特别是土壤环境又反过来作用于生物。

目前，国际上兴起的有机农业就是生态农业的一种。美国农业部对有机农业的定义概括了有机农业技术体系的基本内容：有机农业是一种完全不用或基本不用人工合成的化肥、农药、动植物生长调节剂和牲畜饲料添加剂的生产体系。有机农业在可行范围内尽量依靠作物轮作、秸秆、牲畜粪肥、豆科作物、绿肥、场外有机废料、含有矿物养分的矿石补偿养分，利用生物和人工技术防治病虫草害。它所追求的是既要使农业生产顺应自然，不污染环境，保持土壤的长期肥力，又要生产出充足的高营养品质的安全食品。

第七章　固体废物污染与人体健康

第一节 固体废物的来源及分类

随着社会的发展、国民生活水平的提高以及人们生活方式的改变，加速了生产和消费过程，随之也带来了大量的废弃物。废弃物发生量与日俱增，特别是进入20世纪90年代以后，以7%~8%的年增长率增长，不仅污染环境、破坏了城市景观，而且传播疾病，威胁人类的生命安全。另外，由于全球范围的天然资源的逐渐减少，迫使人们开始重视废弃物的再生利用，增加社会的物质财富。因此，固体废弃物的处理和利用，已日益成为环境领域中急需研究解决的问题之一。

一、固体废物的来源

固体废物是指在生产、生活和其他活动中产生的丧失原有利用价值或者虽未丧失利用价值但被抛弃或者放弃的固态、半固态和置于容器中的气态的物品、物质，以及法律、行政法规规定纳入固体废物管理的物品、物质。

"废物"是具有相对性的。废与不废是一个相对的概念，它与当时的社会发展阶段、技术水平与经济条件以及生活习惯密切相关。特别是自20世纪中期以来，随着资源的大量消耗而导致的资源枯竭以及环境恶化给人类带来的巨大压力，人们逐渐认识到固体废物的再利用性，即一种过程的废物随着时空条件的变化，往往可以变成另一过程的原料，如粉煤灰可以作为制造水泥的原料。所以固体废物又有二次资源、再生资源、放错了地方的资源等称谓，并将固体废物视作第二矿业。固体废物工程也发展成为一门新兴的应用技术型学科，即再生资源工程。

二、固体废物的分类

固体废物来源广泛，种类繁多，组成复杂。从不同角度出发，可进行不同的分类。按其化学组成可分为有机废物和无机废物，有机废物包括食品、纸类、塑料、织物、竹木类等；无机废物，包括灰土、砖瓦、玻璃、金属及其制品等。

按危害程度，可分为有害废物和一般废物。固体废物中凡具有毒性、易燃性、腐蚀性、反应性、传染性、放射性的废物均列为有害固体废物。

　　按其形状可分为固体废物(粉状、粒状、块状)和泥状废物(污泥)。

　　根据固体废物的来源的不同，具体分为矿业废物、工业废物、城市垃圾、农业废物和放射性废物五类。矿业固体废物主要指来自矿业开采和矿石洗选过程中所产生的废物，主要包括煤矸石、采矿废石和尾矿。工业固体废物是指来自各工厂生产部门的生产和加工过程及流通中所产生的废渣、粉尘、废屑、污泥等。城市垃圾是指在城市日常生活中或者为城市生活提供服务的活动中产生的固体废物以及法律、行政法规规定视为城市垃圾的固体废物，如生活垃圾、建筑垃圾、废纸、废家具、废塑料等。农业固体废物主要指农林生产和禽畜饲养过程中所产生的废物，包括植物秸秆、人和牲畜的粪便等。表 7-1 列出了各类发生源产生的主要固体废物。

表 7-1　　　　　　　　固体废物的分类、来源和主要组成物

分类	来源	主要组成物
矿业废物	矿山、选冶	废矿石、尾矿、金属、废木、砖瓦灰石等
工业废物	冶金、交通、机械、金属结构等	金属、矿渣、砂石、模型、芯、陶瓷、边角料、涂料、管道、粘结剂、废木、塑料、橡胶、烟尘等
	煤炭	矿石、木料、金属
	食品加工	肉类、谷类、果类、蔬菜、烟草
	橡胶、皮革、塑料等	橡胶、皮革、塑料、布、纤维、燃料、金属等
	造纸、木材、印刷等	刨花、锯木、碎木、化学药剂、金属填料、塑料、木质素
	石油、化工	化学药剂、金属、塑料、橡胶、陶瓷、沥青、油毡、石棉、涂料
	电器、仪器、仪表灯	金属、玻璃、木材、橡胶、塑料、化学药剂、研磨料、陶瓷、绝缘材料
	纺织服装业	布头、纤维、橡胶、塑料、金属
	建筑材料	金属、水泥、黏土、陶瓷、石膏、石棉、砂石、纸、纤维
	电力	烟渣、粉煤灰、烟尘

续表   札记

分类	来源	主要组成物
城市垃圾	居民生活	食物垃圾、纸屑、布料、木料、庭院植物修剪、金属、玻璃、塑料、陶瓷、燃料灰渣、碎砖瓦、废器具、粪便、杂物
	商业、机关	管道、碎砌体、沥青及其建筑材料、废汽车、废电器、废器具、含有易爆易燃腐蚀性放射性的废物，以及类似居民生活栏内的各种废物
农业废物	市政维护、管理部门	碎砖瓦、树叶、死禽畜、金属锅炉、灰渣、污泥、脏土等
	农林	稻草、秸秆、蔬菜、水果、果树枝条、落叶、废塑料、人畜粪便、禽类、农药
	水产	腥臭死禽畜、腐烂鱼虾贝壳、水产加工污水、污泥
放射性废物	核工业、核电站、放射性医疗单位、科研单位	金属、含放射性废渣、粉尘、污泥、器具、劳保用品、建筑材料

（一）城市生活固体废物

城市生活固体废物主要是指在城市日常生活中或者为城市日常生活提供服务的活动中产生的固体废物即城市生活垃圾，主要包括居民生活垃圾、医院垃圾、商业垃圾、建筑垃圾，又称为渣土。一般来说，城市每人每天的垃圾产生量为 1~2kg，其多少及成分与居民物质生活水平、习惯、废旧物资回收利用程度、市政建设情况等有关。如国内的垃圾主要为厨房垃圾。有的城市，炉灰占 70%，以厨房垃圾为主的有机物约 20%，其余为玻璃、塑料、废纸等。

当前城市垃圾有如下的特点：①数量剧增：生产的迅速发展使居民生活水平提高，商品消费量迅速增加，垃圾的排出量也随之增加。例如，日本在 1968—1977 年中，按城市人口平均计算的垃圾排出量的增长曲线，同收入的增长曲线基本一致。美国 20 世纪 70 年代平均每年扔掉的旧汽车达 900 万辆，各种纸 2700 多万吨，罐头盒 480 亿个。②成分变化：世界上很多城市燃料构成已改用煤气、电力，使垃圾中炉渣大为减少，而各类纸张、塑料、金属、玻璃器皿大大增加。

(二)工业固体废物

工业固体废物是指在工业、交通等生产活动中产生的采矿废石，选矿尾矿燃料废渣、化工生产及冶炼废渣等固体废物，又称工业废渣或工业垃圾。工业固体废物按照来源及物理形状大体可分为六大类。而依废渣的毒性又可分为有毒与无毒废渣两大类。凡含有氟、汞、砷、镉、铬、铅、氰等及其化合物和酚、放射性物质的，均为有毒废渣。

(三)农业废弃物

农业废弃物也称为农业垃圾，主要为粪便及植物秸秆类。

第二节 固体废物的危害

人们容易产生一种固体废物稳定、污染慢的错觉，但在自然条件影响下，固体废物会发生物理的、化学的或生物的转化，对周围环境造成一定的影响。如果采取的处理方法不当，有害固体废物就会通过土壤、水、空气以及食物链途径危害环境与人体健康。例如，工矿业固体废物所含化学成分能形成化学物质型污染，人畜粪便和生活垃圾是各种病原微生物的孳生地和繁殖场，能形成病原体型污染。

一、固体废物对人体健康的影响

固体废物中的有毒有害物质可以通过各种不同的途径进入大气、水，进而进入生物圈和食物链，进入人体，危害健康。图 7-1 显示了固体废物危害人体的主要途径。

(一)通过污染大气危害人体健康

固体废物的大量堆放，无机固体废物则会因化学反应而产生二氧化

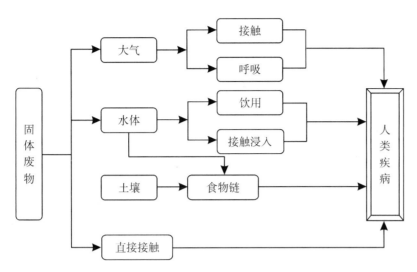

图 7-1 固体废物危害人体的途径

硫等有害气体，有机固体废物则会因发酵而释放大量可燃、有毒有害气体，且其储存时，烟尘会随风飞扬污染大气。在对许多固体废物进行堆存分解或焚化的过程中，会不同程度地产生毒气和臭气而直接危害人体健康。

(二)通过危害水体危害人体健康

固体废物直接排入水体，则必然造成对地表水的污染。固体废物由于腐烂变质渗透，而污染地下水体。投入水体的固体废物不仅会污染水质，而且还会直接影响和危害水生生物的生存和水资源的利用；堆积的固体废物通过雨水浸淋及其自身分解产生的渗出液和滤液，污染江河湖泊以及地下水。

(三)通过污染土壤危害人体健康

固体废物其渗出液所含的有害物质会改变土壤结构，影响土壤中微生物的活动，妨碍植物根系生长，或在植物机体内积蓄，通过食物链影响人体健康。

(四)通过影响环境卫生、广泛传播疾病直接危害人体健康

固体废物会寄生或孳生各种有害生物，导致病菌传播，引起疾病流

行，直接对人体健康造成危害。如鼠、蚊、苍蝇等。

二、固体废物对环境的影响

(一)占用土地资源并降低土壤质量

随着社会的进步、城市的发展及城市人口的不断增长，固体废物的产出量也大幅增加，固体废物堆场的面积也在逐渐扩大，垃圾与人争地的现象已到了相当严重的地步。不仅如此，固体废物的腐烂需要 100～150 年，这期间经过风化、雨雪淋溶、地表径流的侵蚀，产生高温和有毒液体渗入土壤，能杀死聚居在土壤中的微生物，改变土壤的性质和土壤结构，降低土壤的生产力。

(二)对大气造成污染

堆放的固体废物中的细微颗粒、粉尘等可随风飞扬，从而对大气造成污染。一些有机固体废物在适宜的湿度和温度下被微生物分解，能释放出有害气体，可以不同程度地产生毒气或恶臭，造成地区性空气污染。采用焚烧法处理塑料时排出的氯气和氯化氢等气体和大量粉尘，也能造成严重的大气污染。一些工业和民用锅炉，由于收尘效率不高造成的大气污染更是屡见不鲜。

(三)使水环境恶化

固体废物弃置于水体使水质直接受到污染，严重危害水生生物的生存条件，并影响水资源的充分利用。另外，向水体倾倒的固体废物还将缩减江河湖面的有效面积，使其排洪和灌溉能力有所降低。在陆地堆积的或简单填埋的固体废物，经过雨水浸渍和废物本身的分解，还会产生含有有害化学物质的渗滤液，对附近地区的地表水及地下水系造成污染。

(四)影响城市卫生

我国生活垃圾、粪便的清运能力不高，无害化处理率低，很大一部分垃圾堆存在城市的一些死角，一旦遇到雨天，脏水污物四溢，恶臭难闻，并且往往成为细菌的孳生地，严重影响环境卫生，同时也破坏了城市、风景点等的整体美感。

第三节 固体废物的处置和利用

一、固体废物处理和利用的基本原则

合理处理和利用固体废物对维护国家的持续发展有重要意义。我国 20 世纪 80 年代提出了对固体废物的控制污染采取以下基本原则。

(一)无害化原则

固体废物的"无害化"处理是将固体废物经过相应的工程处理过程使其达到不影响人类健康，不污染周围环境的目的。

固体废物可通过多种途径污染环境、危害人体健康，因此必须进行无害化处理，即达到排放标准后不对人体健康造成危害。

"无害化"是固体废物处理的首要任务，当前已发展成为一门崭新的工程技术。例如，垃圾的焚烧、堆肥等都成为固体废物无害化处理的典型实例。

(二)减量化原则

固体废物的"减量化"是指通过一定的处理技术使固体废物的体积和数量减少以减轻对人类和环境的影响。对固体废物的综合利用是实施减量化的一个重要途径，由此既可实现资源化又可减少固体废物的产生。

现行的固体废物处理技术中焚烧处理后固体废物的体积可减少 80%～90%。另外，采用脱水或压实技术等可实现减量的目的。

(三)资源化原则

固体废物的"资源化"是指对固体废物施以适当的处理技术从中回收有用的物质和能源。故也有人将固体废物说成是"再生资源"或"二次资源"。

综合利用固体废物，可以收到良好的经济效益和环境效益。综合利用除增加原材料、节约投资外，环境效益也十分明显，即资源化的三大优点：生产效率高、成本低、环境效益高。

二、固体废物的处置技术

在人多地少、资源短缺及固体废物污染日益制约着城市生存与发展的今天，只有搞好固体废物的开发和利用，加强固体废物的减量化、资源化措施，才能从根本上促进城市生态经济系统物质和能量的良性循环，实现经济效益、社会效益和环境效益的协调统一。

(一)固体废物的预处理技术

固体废物的种类多种多样，其形状、大小、结构及性质有很大的不同。为了便于对它们进行合适的处理和处置，往往要经过对废物的预加工处理。常用的预处理技术包括压实、破碎和分选。

1. 固体废物的压实

为了减少固体废物的运输量和处置体积，用物理的手段提高固体废物的聚集程度，减少其容积，以便于运输和后续处理。在城市生活垃圾的收集运输过程中，许多纸张、塑料和包装物，具有很小的密度，占有很大的体积，必须经过压实才能有效地增大运输量，减少运输费用。

2. 固体废物的破碎处理

通过人力或机械外力作用破坏物体内部的凝聚力和分子间的作用力而使物体变碎的操作过程统称为破碎。固体废物经过破碎之后，使其尺寸减小，粒度均匀，加快固体废物的焚烧和堆肥处理的过程。

3. 固体废物的分选处理

根据固体废物不同的性质，在进行最终处理之前，分离出有价值的和有害的成分，实现废物利用。

(二)固体废物的处置方法

纵观国内外废物处理(置)技术的理论研究和工程实践，成熟且常用的技术方法主要有卫生填埋、高温堆肥、焚烧和回收利用。城市固体废物处理方式比较见表7-2。这4种处理技术既可单独使用，也可组合使用。不同的城市或地区，由于具体情况各异，在实施过程中会采用不同的组合模式。

表 7-2　　　　　　　　　　城市固体废物处理方式比较

处理方式	优点	缺点	备注
填埋	相对投资少；处理容量大；处理速度快；必要时可重新资源化	永久性占地面积大；潜在污染大	在美欧等发达国家都出现过垃圾填埋几十年后造成污染的事件
堆肥	使垃圾变成有机肥	只能处理有机含量高的垃圾；垃圾肥的肥效低，发展余地不大	
焚烧	回收热能；减量最彻底（体积减量80%~95%）	投资巨大；产生二噁英等多种有害气体，污染大气；仍需中级处理	建设处理垃圾 1000t/d 的焚烧炉及附属热能回收设备，约需 7 亿~8 亿元人民币
回收再利用	综合利用资源化；减少终极垃圾量	分拣很难实现；仍须终极处理	

1. 填埋法

填埋技术作为生活废物的最终处理方法，目前是我国大多数城市解决生活废物处置的最主要方法。根据环保措施(主要有场底防渗、分层压实、每天覆盖、填埋气导排、渗滤液处理、虫害防治等)是否齐全、环保标准能否满足来判断，废物填埋场地可分为 3 个等级，即简易填埋场、受控填埋场和卫生填埋场。

2. 堆肥法

堆肥是利用微生物人为地促进可生物降解的有机物向稳定的腐殖质转化的生物化学反应过程。自然界中有很多微生物具有氧化、分解有机物的能力，而城市有机废物则是堆肥微生物赖以生存、繁殖的物质条件。利用固体废物中微生物的新陈代谢作用，进行微生物的自身繁殖，从而可将生物降解的有机物转化为二氧化碳、水和热，同时生成腐殖质。

城市废物微生物处理技术，能将可生物降解的废物转化为有用的农用肥料或饲料。此项技术是对现有的废物填埋场中的有机废物与无机废物进行分选，在对有机废物进行生物转化工艺，转化为有价值的农用肥料或饲料，变废为宝。又能对现有的填埋场进行改造，使之成为绿地或工业用地。而且，运行成本较低。

目前国内常用的废物堆肥技术可分为简易高温堆肥技术和机械化高温堆肥技术。

3. 焚烧技术

焚烧处理是将垃圾放在焚烧炉中进行燃烧，释放出热能，余热回收可供热或发电。烟气净化后排出，少量剩余残渣排出填埋或作其他用途。焚烧处理技术特点是处理量大、减容性好、无害化彻底，且有热能回收作用。因此，对生活垃圾实行焚烧处理是无害化、减量化和资源化的有效处理方式。世界各国普遍采用这种垃圾处理技术。最科学、最合理的垃圾处理方式是将垃圾分拣分类，将可以回收的有用物回收再生处理应用，不能回收的废弃物焚烧处理。

国内外垃圾焚烧技术主要有三大类：层状燃烧技术、流化床燃烧技术和旋转燃烧技术。

4. 热解技术

热解法和焚烧法是两个完全不同的过程。焚烧是一个放热过程，而热解需要吸收大量热量。焚烧的主要产物是二氧化碳和水，而热解的主要产物是可燃的低分子化合物：气态的氢气、甲烷、一氧化碳；液态的甲醇、丙酮、醋酸、乙醛等有机物及焦油、溶剂油等；固态的主要是焦炭和炭黑。

热解法是利用垃圾中有机物的热不稳定性，在无氧或缺氧条件下对其进行加热蒸馏，使有机物产生裂解，经冷凝后形成各种新的气体、液体和固体，从中提取燃料油、可燃气的过程。

三、固体废弃物的资源化利用技术

资源化是指资源的再循环，即从原料制成成品，经过市场，直到最后消费，变成废物又引入新的生产、消费的循环系统。

从废物中回收资源、能源，可以减少废物的实际处理量和运输量，对于提高社会效益和环境效益，做到物尽其用，取得一定经济效益意义重大。

为了便于综合利用，世界上许多国家已经实行了对城市垃圾的分类倾倒。瑞典人倒垃圾时，将玻璃瓶扔到草绿色的大铁罐内；废旧电池扔进马路上电池形状的火红色大铁桶里；废铁器扔进专用集装箱；而纸制品则捆起来定期交给有关部门运走。

在美国，垃圾分为可回收和不可回收两种，居民分别堆放在路边，由清洁工收走；超市有金属罐回收机，顾客投入空罐后，可得到一张收据，在指定商店兑换现金，如果一次投入 10 个空罐，还可得到一张廉价购买食品的优惠券。在加拿大、德国、法国都有类似的垃圾分类回收措施，分类回收为垃圾的再利用提供了方便。

目前，我国上海、无锡等地街头出现了智能塑料瓶回收机(如图 7-2)，该设备配备有触摸屏、条形码识别器，内部还有 3G 数据卡。市民可通过投递塑料瓶换取话费，饮料瓶回收后，将通过专门的回收工厂进行处理，可以制成再生瓶或聚酯纤维。

图 7-2　塑料瓶回收机

四、工业固体废弃物综合利用

许多固体废物实际上仍有利用价值，被称为是"放在错误地点的原料"。尤其是不少工业固体废物，可以作为二次资源加以利用。这种二次资源与自然资源相比，有三大优点：生产效率高、能耗低、环境效益高。因此世界各国广泛开展固体废物的综合利用。我国工业固体废物综合利用途径很多，目前已采用的包括提取各种金属、生产建筑材料、作工业原料和能源等。

第八章 常见重金属污染与人体健康

一般密度在大于 4.5g/cm³ 的金属统称为重金属，如金、银、铜、铅、锌、镍、钴、镉、铬和汞等。从环境污染方面来说，主要是指汞、镉、铅、铬以及类金属砷等生物毒性显著的重金属，也指具有一定毒性的一般重金属如锌、铜、钴、镍、锡等。目前最引起人们注意的是汞、镉、铬等。重金属随废水排出时，即使浓度很小，也可能造成危害。重金属污染指由重金属或其化合物造成的环境污染。主要由采矿、废气排放、污水灌溉和使用重金属制品等人为因素所致。如日本发生的水俣病和痛痛病等公害病，都是由重金属污染所引起的。

第一节 镉污染与人体健康

一、自然界中的镉

镉是银白色有光泽的金属，有韧性和延展性，具有较大毒性。镉在自然界中多以硫化镉形态存在，并常与锌、铅、铜、锰等矿共存，所以在这些金属的精炼过程中都可以排出大量的镉。镉的世界储量估计为 900 万 t。镉在潮湿的空气中缓慢氧化并失去金属光泽，加热使表面形成棕色的氧化物层。高温下镉与卤素①反应激烈，形成卤化镉。也可与硫直接化合，生成硫化镉。镉可溶于酸，但不溶于碱。氧化镉和氢氧化镉的溶解度都很小，它们溶于酸，但不溶于碱。

二、镉的来源

(一)环境中的镉

环境镉污染的最主要来源是有色金属矿产开发和冶炼工业企业排放的含镉烟尘和含镉废水，其次是使用镉为原料的工业企业所排放的含镉废水，再次是含镉肥料的使用。无论哪种来源的镉最后形成的主要污染形式是土壤镉污染。土壤中的镉经饲料、食物的方式进入到动物、人

---

① 卤素：卤族元素，简称卤素，指周期系ⅦA族元素。包括氟(F)、氯(Cl)、溴(Br)、碘(I)、砹(Ar)、Uus。卤素都有氧化性，氟单质的氧化性最强。卤族元素和金属元素构成大量无机盐。

体内。

镉的所有化学形态对人和动物都是有毒的。镉可以作为塑料的稳定剂，油漆的着色剂以及用于电镀和镉电池中。由于镉具有优良的抗腐蚀性和抗摩擦性能，是生产不锈钢、易熔合金、轴承合金的重要原料，并且镉在半导体、荧光体、原子反应堆、航空、航海等方面均有广泛用途。这些行业的发展必然使镉进入生物圈。此外，在镀锌的金属、硫化的轮胎、磷肥和污泥中也夹杂着相当数量的镉。如果没有工厂排放镉，空气中镉的浓度约 $0.001\mu g/m^3$，实际上大城市空气中镉浓度约 $0.03\mu g/m^3$，因此，人和动物从空气中摄取的镉是极少的。但烟瘾大的人每天可多吸入 5~10μg 的镉或更多。吸入的镉比食入的镉更容易被吸收和残留于组织中，因此，烟瘾大的人可显著增加镉在体内的负荷量。

另外，饮料的制作需要采用各种各样的加热装置，这可使水中的镉得到明显富集。

对于动物和大多数不吸烟者来说，食物是镉的主要来源。人们通过食物摄取的镉量随食物性质的不同而异，如牡蛎是富镉食物，施用化肥的作物基部也富含镉。大多数成年人通过食物可获得镉 50~100μg/d。

(二)日常生活中的镉

镉是一种高度蓄积性毒物，在人体器官和组织器官内的半衰期长达 10~30 年不等，镉及其化合物可从消化道侵入机体，分布于全身各器官，主要贮存在肝、肾、肺和甲状腺，可引起机体慢性中毒。

水垢是紧紧附着在开水壶内壁上的一层白色物质，这层物质不但让人看着难受，而且严重影响身体健康。水垢中含有很多重金属物质，水壶中沉积 1 周的水垢中镉含量为 34μg。实践证明，长期摄入水垢中存在的镉，会引起人体的重金属镉中毒。

为了减少饮用水中镉的危害，有学者选用不同茶叶，用沸水连续浸泡 3 次，测试镉的含量，第一、二次茶处理水中镉的含量均明显低于沸水中镉的含量，有高度显著性差异，第三次茶处理水和沸水中的镉含量亦有显著性差异，说明 3 次浸泡都达到了降低饮用水中镉含量的目的。

图 8-1　饮水机内胆上布满水垢

三、镉中毒及其危害

镉及其化合物经食物、水和空气进入人体后产生的毒害作用，有急性、慢性中毒之分。

工业生产中吸入大量的氧化镉烟雾可发生急性中毒。早期表现为咽痛、咳嗽、胸闷、气短、头晕、恶心、全身酸痛、无力、发热等，严重时可出现中毒性肺水肿或化学性肺炎，中毒者高度呼吸困难，咯大量泡沫血色痰，可因急性呼吸衰竭而危及生命。用镀镉的器皿调制或存放酸性食物或饮料，食物和饮料中可含镉，误食后可引起中毒。潜伏期短，通常经 10~20min 后，即可发生恶心、呕吐、腹痛、腹泻等消化道症状。严重者可有眩晕、大汗、虚脱、四肢麻木、抽搐。

长期接触镉及其化合物可产生慢性中毒，引起肾脏损害，主要表现为尿中含大量低分子量的蛋白，肾小球的滤过功能虽属正常，但肾小管的回吸收功能却减低，尿镉排出增加。镉中毒可使肌内萎缩，关节变形，骨骼疼痛难忍，不能入睡，发生病理性骨折，以致死亡。

镉的主要来源是工厂排放的含镉废水进入河床，灌溉稻田，被植株吸收并在稻米中积累，若长期食用含镉的大米，或饮用含镉的污水，容易造成"骨痛病"。痛痛病最早发生在日本富山县神通川流域，患者全身疼痛，终日喊疼不止，故名痛痛病，亦称骨痛病。

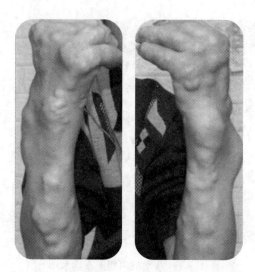

图 8-2　镉中毒患者的双手及胳膊凸出大大小小的疙瘩

病因主要是含镉废水排入农田污染了稻米，居民长期食用含镉很高的稻米（称镉米）而发病。患者多为 40 岁以上多胎生育妇女。主要临床表现是早期腰背疼，膝关节疼，以后遍及全身的刺痛，止痛药无效。患者易在轻微外伤下发生多发性骨折，甚至在咳嗽、喷嚏时也引起骨折。四肢弯曲变形，脊柱缩短变弯，骨软化和骨质疏松，行动困难，被迫长期卧床。

由于镉损坏了肾小管，使肾功能异常，引起钙、磷代谢障碍，导致骨质脱钙，尿钙增多。

该病多在营养不良的条件下发病，此病发病缓慢，最短潜伏期为 2~4 年。镉在体内的生物半减期为 16~33 年，经过长期的蓄积达到一定程度才发病。本病无特效疗法，最后患者多因极度衰弱和并发其他疾病而死亡，死亡率很高。

预防措施除保证土壤中镉含量不超过 1.0mg/kg 外，世界卫生组织（WHO）还建议成人每周摄入的镉不应超过 400~500μg。

四、土壤镉污染的治理

关于土壤镉污染的治理方法概括起来有三种，即净化、钝化和避害策略，又包括物理措施、化学措施、生物措施和生态措施四种技术措施。

净化策略是指将土壤中的重金属污染物用物理、化学和生物的方法清除，使土壤污染物含量恢复到本底水平。主要技术措施有电动力学修复、酸洗、排土与客土以及生物萃取等，其中生物修复被认为是最具市场潜力的绿色环保技术。

札记

钝化策略是指利用有关技术改变土壤中重金属的形态，使生物毒性和迁移性强的活性态金属离子转化为没有活性或活性弱的沉积态或稳定态化合物，从而降低重金属污染的危害。主要技术有热处理、玻璃化和土壤改性剂法等，其中施用石灰等碱性物质和有机物料等土壤改性剂是至今实际应用最多、且治理效果较好的技术方法。

避害策略是指污染土壤在经过净化和钝化技术处理之后仍不能保障传统作物生产和产品质量安全时，通过重新构建农田生态系统，提高镉污染"毒害阈值"，避免和消除镉的生物毒害和食物链污染危害，实现污染土壤安全高效利用的一种治理策略。主要有生态系统置换、林业和农业生态工程技术等。国外对于受重金属严重污染的土壤，特别是伴有放射性污染的地区，多采用封闭的方法，进行生物种群的人工置换与自然演替，实现污染物的生物固定与生态避害。

第二节　汞污染与人体健康

一、环境汞污染的来源

汞的排放来自于自然源和人为源两个部分。自然源包括火山活动、自然风化、土壤排放和植被释放等；人为源排放是指因人类活动引起的汞排放，包括汞的使用、物质当中含有汞杂质以及废物处理引起的汞排放三大类。

向大气中汞的排放主要源于化石燃料燃烧，尤其是煤炭的燃烧，而燃煤电厂是大气中全球汞排放的最大的源头。其他污染源还包括电厂以外的各种燃煤工业锅炉、废物燃烧、水银法氯碱生产、水泥生产、有色金属生产、钢铁生产等。

水体汞污染的来源主要是汞的开采冶炼、氯碱、化工、仪表、电子、颜料等工业企业含汞工业废水的排放。特别的是氯碱工厂是环境汞污染的祸首，电解法生产氯气和烧碱时，使用汞作为电极，估计每生产1t烧碱，就有 0.12~0.25kg 的汞废液排出。

土壤汞污染是因为含汞农药的使用。20 世纪 60 年代以前，农田广泛使用有机汞杀菌剂防治农作物的真菌病，因而土壤遭受汞污染相当普遍。有机汞杀菌剂作为拌种剂使用曾经在欧洲引起鸟类的大量死亡，也曾发生误食拌了药剂的小麦引起人群中毒事件，这促使有机汞农药使用逐年减少。另外含汞污水灌溉和含汞污泥施肥也会使土壤遭受到汞的污染。

二、汞和汞化合物的毒性

环境中的汞有元素汞和化合汞两种形态。汞及其无机化合物进入水环境后，以元素汞、一价汞和二价汞三种形式存在。在某些细菌作用下二价汞离子可产生甲基汞。化合态汞包括无机汞和有机汞化合物，后者最常见的有甲基汞、乙基汞、苯基汞等。

(一)元素汞(金属汞)

元素汞常以蒸气状态污染空气，因此常常是经呼吸系统侵入人体。另外，元素汞易溶于脂质，可以顺利通过血脑屏障进入脑组织，这是一个很重要的毒理学性质。元素汞在红细胞和其他组织中被氧化，变成二价汞离子。在脑组织中的元素汞被氧化转变为二价汞离子后，难有逆向转运——即通过血脑屏障返回血液，因而形成汞离子在脑组织中的积蓄，这个性质对于脑组织损害起着重要作用。二价汞离子在其他组织中形成后，很快地转运至肾脏积蓄，然后随尿液排出体外。肾脏是二价汞离子的"靶器官"(即它有限地被选择为二价汞离子的集中处所)和主要排泄器官。所以，除非在短时间内肾脏聚集高浓度的二价汞，一般不容易造成肾脏的实质性损害。脑组织则与肾脏不同，由于排汞缓慢，汞积蓄渐增，所受损害常先于肾脏，故慢性汞中毒者首先见到神经系统的症状。

制灯工业用汞量很大，尤其荧光灯的灯管排气。由于管道流阻大，排气效率甚低，为了简便地清除灯管内的杂质气体，所以常常采用向灯管注汞的传统液汞法，让汞蒸气驱赶残气。这样排出的废气中含有大量的汞蒸气，一旦排气中灯管破损，大量汞蒸气就会弥散空间污染环境。

用注汞器向灯管注汞，注汞器因氧化而需清洗，还要向注汞器加汞，这样难免汞洒落地面，形成过量汞蒸气。当人们长期在超过安全限度的汞蒸气环境中工作，汞在人身上不断积聚而产生严重毒害，使得不少工厂的工人被迫轮批工作，进行排汞治疗。

（二）无机汞化合物

无机汞化合物（如汞的硫化物、氯化物、氧化物以及其他汞盐）可能以气溶胶状态污染空气，通过呼吸系统侵入人体，亦可通过饮水、食物经胃肠道侵入人体。无论是通过呼吸道还是肠胃道途径，无机汞化合物被机体吸收的程度都很小，所表现的毒力也很小，这是不同于元素汞和有机汞化合物的。只有离子态汞才被吸收，进入人体内的汞离子开始迅速分布于全身，随之迅速转移至肾、肝，最后主要聚集于肾脏，并经肾脏通过尿液排泄，部分亦可通过粪便、汗腺、唾液、乳液排出。二价汞离子不易通过血脑屏障进入脑，故汞的无机化合物比元素汞对脑损害的危害性小。二价汞的毒性作用主要是对肾、肝等实质性器官。除非在短时间内有高浓度的聚积，一般不宜造成肝、肾损害。

（三）有机汞化合物

在有机汞化合物中，一类是苯基汞和烷基汞，在体内容易降解为汞离子。另一类为短链的烷基汞（甲基汞、乙基汞），分子结构中的碳汞键比较牢固，不易降解，在体内主要以其分子形式发挥毒性作用。

甲基汞是剧毒性物质，是水俣病的致病因子。甲基汞主要侵害神经系统，特别是中枢神经系统。损害最严重的部位是小脑和大脑两半球，特别是枕页、脊髓后束以及末梢感觉神经在晚期易受损。这些损害是不可逆的。甲基汞对神经组织的毒性效应，是它直接作用于神经细胞的结果，而不是它的代谢产物无机汞的作用。已经证实，脑组织积蓄的甲基汞经很长的时间后，绝大部分仍保持原来形态。

虽然甲基汞在肝、肾的积蓄较脑为高，但甲基汞对肝、肾的毒性效应较低。

三、汞污染对人体健康的危害

汞和汞化合物污染环境，对人类健康有严重的危害。中毒情况依各种条件而定，这包括它们不同的毒性、污染环境的方式、环境中的浓度、人的接触方式和持续时间等。

（一）大气汞污染的健康危害

除汞矿冶炼工业外，一般工业烟囱排入大气的汞在数量上甚微，不足以形成对人群健康有危险的汞浓度。一般说，汞污染大气对居民群的健康威胁较小。

无机汞化合物经呼吸系统吸入毒力较小，因为汞离子难于透过细胞膜侵入人体内。无机汞化合物在空气中多以固体微粒的形式（气溶胶）存在，在呼吸道中大部分微粒被阻滞在肺泡前气管中，小部分才进入肺泡，这也是毒力较小的原因。此外，无机汞化合物的溶解度也是一个影响因素。

（二）土壤汞污染的健康危害

土壤汞污染对人群健康的影响是通过植物性食品来实现的，谷物、蔬菜可以积蓄从土壤吸收的汞。植物性食品中的汞是无机汞，无机汞在肠道的吸收率很低仅约10%，所以对人群健康的威胁性较小。一般说来土壤汞污染对人群健康的危险性相对较小。

（三）水体汞污染的健康危害

一般无机汞污染通过饮水途径对人群健康的威胁较小。因为无机汞在水中迅速遭到天然清除，残留于水中的浓度很小。另外大部分汞都结合在悬浮粒子上，容易经沉淀过滤处理除掉。而且人的胃肠道对无机汞的吸收率很低，故通过饮水摄入无机汞的量是微不足道的。

但是水中胶体颗粒、悬浮物、泥土细粒、浮游生物等能吸附汞，而后通过重力沉降进入底泥，底泥中的汞在微生物的作用下可转变为甲基汞或二甲基汞，甲基汞能溶于水，又可从底泥返回水中。因此，无论汞或甲基汞污染的水体均可造成危害。

日本九州岛水俣地区的居民因长期食用受甲基汞污染的鱼贝类而引起慢性甲基汞中毒。甲基汞污染水体后，通过水生食物链进入人体，在胃酸作用下，生成氯化甲基汞，该化合物经肠道吸收率可达95%～100%。吸入血液的甲基汞与红细胞内的血红蛋白巯基结合，透过血脑屏障进入脑组织，致使患者视觉、听觉障碍。

由于甲基汞还可通过胎盘进入胎儿脑组织，从而对胎儿脑组织造成更广泛的损害，使其出生后成为先天性水俣病患儿。甲基汞对胎儿损害遍及全脑，故先天性水俣病的病情比成人水俣病更为严重复杂。

总之，汞污染来源种类众多，涉及多种环境介质。汞在环境中可通过大气和河流(或洋流)两种介质长距离传输，其长距离传输和远距离沉降特征，使得汞的局地排放可能造成跨界污染，成为区域性问题，甚至对全球环境造成影响，成为全球问题。汞能在一个微小剂量下对人体健康造成损害，并且会通过影响微生物作用对环境造成损害。汞污染的持久性，生物累积性和生物扩大性，使得汞对环境和人体健康具有很大影响。

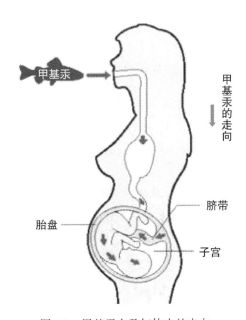

图 8-3　甲基汞在孕妇体内的走向

四、汞污染的防治措施

预防环境汞污染的具体防治措施主要包括以下几个方面：

(一)从源头控制，减少污染物的排放，加强治理

调整不合理的排汞企业布局，改革落后生产工艺过程。减少含汞废

气、废水、废渣的排出。对已排出的含汞"三废"要严格治理。

含汞水的处理方法分为两大类：一类是化学形态不变法，主要包括蒸发法、超滤法、离子交换法、电渗析法、吸附法等。另一类方法属于物理或物理化学法，特点是在处理过程中汞一般不发生相的改变，比较有利于汞的原形态回收利用。

对含汞废气可采用硫酸软锰矿法、软锰矿法、多硫化钠吸收法、漂白粉法等加以净化，使废气中汞的含量达到国家标准规定的要求。

另外也可以用生物防治法，通过生物降解或吸收净化污水和土壤。

(二)加强汞污染的环境监测

经常定期对大气、水体及土壤的卫生监测。特别定期监测被汞污染的水体水质、底质及鱼体汞含量，掌握污染动态。一旦发现有汞污染和蓄积，则须采取必要的措施，防止对沿岸居民健康造成危害。

(三)加强医学监护做好追踪观察

对已发现慢性甲基汞中毒损害体征的观察对象和体内有甲基汞蓄积的甲基汞吸收的居民，应定期进行临床医学复查，追踪观察，防止病情发展。已出现甲基汞损害症状的中毒患者要进行驱汞治疗，定期复查。

(四)做好健康教育提高自我保健能力

采取多种形式对汞污染区的高危人群进行健康教育，不断提高自我保健意识和能力。

五、身边的汞污染防治措施

(一)杜绝汞释放

在日常生活中，杜绝汞污染的最有效方法是不给汞以释放的机会。普通百姓应增强环保和自我保护意识，从以下方面加以注意：

(1)选用增白、祛斑化妆品要慎之又慎。要选好的品牌，看清有无特殊化妆品批准文号。

(2)购买荧光灯时，买弯不买直，买细不买粗。就是说，首选节能灯；若买直管型的，就买灯管细的。若能买采用汞丸、汞齐技术的则更好。千万不要摔破报废的荧光灯管。应当和废旧电池一样回收或作为危险废物单独处理。

图 8-4　荧光灯中含有汞元素

(3)补牙时可要求尽量避免使用银汞合金材料，或将多余的银汞合金收集在盛有饱和盐水或甘油的器皿内。医护人员应加强诊疗室通风换气，储汞瓶要严密封闭。

(4)控制吃鱼总量。少吃鱼的内脏、鱼头、鱼皮。注意搭配富硒的食品。

(二)体温计破裂后的处理

水银在常温下呈液态，易蒸发到空气中引起危害，空气流动时蒸发更快，若皮肤上有污染，可给人造成伤害。体温计破裂后刺入人皮肤中，形成皮下硬结并且奇痒难忍。资料表明，1 支体温计汞含量约 $1.4\sim2.0g$，破碎后外泄的汞全部蒸发后，可使一间 $15m^2$、$3m$ 高的房间室内空气汞的浓度达到 $22.2mg/m^3$。我国规定的汞在室内空气中的最大允许浓度为 $0.01mg/m^3$。

体温计破裂后，首先要对体温计的玻璃碎屑处理，以免扎到患者，玻璃屑应放入损伤性垃圾。对汞的正确处理方法有以下几种：

(1)如汞滴较大，可用稍硬的纸或湿润棉纤收集，将汞滴装在封口瓶中。

札记

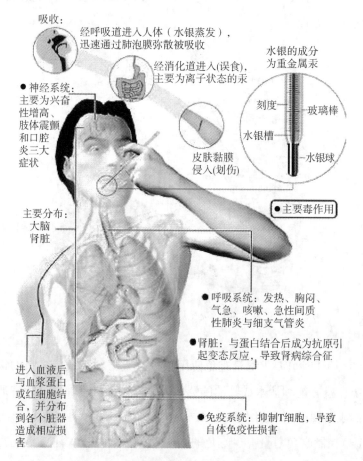

图 8-5　体温计中的汞对人体造成伤害

（2）当汞滴散在缝隙中或十分细小时，可取硫磺粉直接撒到被汞污染的地面或地缝中使之产生化学反应形成硫化汞，放置 4 小时后清扫。硫化汞为固体不能蒸发，因此减少了对人体的危害。

（3）用一小块三氯化铁加自来水，使其呈饱和状态（即还有三氯化铁未溶解）为止，然后用毛笔蘸三氯化铁饱和溶液在汞残留处涂刷，此时体温计所流出的汞形成了无毒性的汞和铁的合金，放置后清扫。

（4）若汞滴散落在被褥、衣物上面，应尽快找出汞滴，并按上述方法处理，还要将被污染的被褥和衣服在太阳下充分暴晒。

（5）如天气较热，汞蒸气较多的无人情况下可关闭门窗，用碘熏蒸汞蒸气，使汞蒸气和碘蒸气生成难挥发的碘化汞，沉降后再用水清除。

（6）在采取上述措施的同时打开门窗，通风换气，室内人员退出房间，以减少人体对残余蒸气的吸入。

（7）将集中收集的汞液存放在密闭容器里，最好是瓷质容器，液面可用甘油或5%硫化钠溶液等覆盖或容器加盖密封，以防止汞蒸气的蒸发，再将其盛装在医疗废物袋内，外贴化学性医疗废物标签，交环保部门处理。

第三节　砷污染与人体健康

一、砷污染的来源

砷是地壳的组成成分之一，多以化合物的形式存在。砷在地壳中的自然分布不均匀，砷矿物常与锡、铅、锌等矿床共同伴生。伴随这些金属矿物的开采、选矿、冶炼以及砷矿物的自然风化，砷以原矿或砷的氧化物的形式逸散到周围环境中，对大气、水体、农作物等造成污染。

砷污染来源一是土法炼砷，即把毒砂矿（FeAsS）用土窑焚烧，生成砒霜（As_2O_3）蒸气，再冷凝结晶即可制得砒霜，污染源主要是外逸的砒霜蒸气及矿渣；二是制酸企业使用的黄铁矿（FeS_2）中含有砷，在沸腾炉中焚烧时生成砒霜蒸气，经过水洗后进入废水中，处理不达标排放，造成水体的砷污染。经过焚烧后，水溶态的砷不可能经微生物的作用转化回毒砂矿。

二、砷污染对人体健康的危害

1979年，国际癌症研究中心（IARC）确认无机砷是人类皮肤及肺的致癌物。砷污染对人体健康造成损害的同时，也给国民经济带来很大的损失。

（一）砷对皮肤的影响

砷对皮肤的损害主要是慢性砷暴露所致，主要包括色素沉着（或脱失）、角化过度和细胞癌变。近年来，砷对皮肤损害的机制成为学者研究的重点，但至今为止，砷对皮肤的损害机制仍不清楚。

(二)砷对消化系统的影响

经饮水进入小鼠体内的三价无机砷(As(Ⅲ))或五价无机砷(As(Ⅴ))主要在肝组织内进行甲基化代谢。砷暴露导致肝脏抗氧化系统发生变化可能是砷致肝脏损伤的重要机制。

(三)砷对泌尿系统的影响

进入人体的砷主要经尿液排出,因此不可避免地对肾脏产生一定的影响,可能导致其形态和功能均出现异常。研究表明,急性砷中毒患者可出现溶血,红细胞碎片堵塞肾小管,导致砷性急性肾功能衰竭、肾间质和肾小管充血、水肿。慢性砷接触可造成明显的肾脏病理改变,如小管细胞空泡变性、炎性细胞渗入、肾小球肿胀、间质肾炎和小管萎缩。

(四)砷对免疫功能的影响

动物实验表明,砷中毒可以影响机体和免疫器官的正常发育,破坏免疫器官的正常结构,从而抑制免疫功能。对体液免疫的作用也有报道,砷能降低小鼠溶血素抗体的生成和降低网状内皮系统对碳粒的廓清能力。说明砷对细胞免疫和体液免疫均有抑制作用。

(五)砷对神经系统的影响

砷可以通过血脑屏障进入人脑实质,砷对脑组织的损伤不容忽视。砷可通过影响中枢神经系统神经递质的浓度而发挥其神经毒作用。

(六)砷对心血管系统的影响

砷吸收后通过循环系统分布到全身各组织、器官,临床上主要表现为与心肌损害有关的心电图异常和局部微循环障碍导致的雷诺综合征、球结膜循环异常、心脑血管疾病等。而且,砷对血管损害的机制十分复杂。

(七)砷对呼吸系统的影响

呼吸道是环境中的砷进入机体的主要途径之一,而且肺是砷致癌的靶器官之一，长期砷暴露可导致肺癌发生率升高。无论环境中的砷通过何种途径进入人体，都可能出现肺功能受损，但其机制尚待阐明。

(八)砷对子代的影响

砷对机体的危害是一个慢性蓄积的过程，青少年甚至成人的临床表现可能是在胚胎和新生儿时期损害的结果。

大量研究显示，砷可以通过胎盘屏障进入胎儿体内，影响胎儿正常的发育，导致先天畸形，严重时可导致流产、死产。流行病学研究显示，长期砷暴露可使自然流产、死产、早产发生率以及低出生体重危险显著上升。

三、砷污染的预防与治理

矿业及冶金业是造成砷污染的主要原因。开采、焙烧、冶炼含砷矿石以及生产水溶性含砷产品过程中产生的含砷"三废"是环境中砷污染的主要来源。而砷污染对人类造成的影响主要是饮用水源污染及地方性砷中毒。避免砷进入食物链，是防治砷污染的关键。由于砷这种类金属元素是不能被降解的，其在地球中的含量也不能减少，只能采取一些方法把砷转移到安全的地方或者把高毒性的砷转化为低毒性的砷，甚至转化为低水溶性或不溶于水的矿化物质，使其对人类和环境的影响降到最小。

(一)预防措施

(1)加强环境监测，建立重点地区空气、饮用水源等流体中的砷污染预报机制，同时加强重点地区土壤中砷的监测，解决好高砷地区人畜用水及农业灌溉用水问题。

(2)加强含砷矿藏及其冶炼过程的管理，取缔土法炼砷的工厂，冶炼砷的工厂和其他冶金工厂的"三废"必须达标排放，对高砷煤采取强制性脱砷处理，从根本上降低空气中砷含量。

(3)加强含砷化工产品管理，特别要加强对含砷农药和医药的监管，要加强这些毒性药物的使用常识培训，最大程度减少人为中毒情况的发生。

（二）砷污染的治理

减少废水中砷的浓度。对于土壤砷污染，若面积不大，可采用客土法①，对换出土壤要妥善处理，防止二次污染。亦可将污染土壤翻到下层，深埋程度以不污染作物而定。

化学法则指采用化学试剂使砷变成人体难以吸收的化合物。例如，在含砷废水中投加石灰、硫酸亚铁和液氯（或漂白粉），将砷沉淀然后对废渣进行处理，也可以让含砷废水通过硫化铁滤床或用硫酸铁、氯化铁和氢氧化铁凝结沉淀等。

物理法和化学法的缺点是费用高，二次污染大。

生物法则指生物转化法或者植物修复法。生物法具有物理和化学法所没有的优点，环保、低成本、高效益，能够进行原位修复，是砷污染治理技术发展的主要方向。生物法包括微生物法、植物修复法、微生物与植物联合修复法。

第四节　铅污染与人体健康

一、铅污染的来源

铅是构成地壳元素成分之一。自然环境中铅含量较低，当今人体中铅含量超标主要因素是人为造成的环境污染，如图 8-6 所示。

（一）铅的开采、冶炼和精炼

这一过程对周围大气和土壤有很大影响，排出的金属颗粒大小约为 $0.001\sim100\mu m$，烟气颗粒为 $0.01\sim2\mu m$，靠近冶炼厂的表层土壤，其铅含量为 $1000mg/kg$。其他工业如蓄电池、油漆制造等可产生铅的尘粒和烟气。

---

① 客土法：客土是指非当地原生的、由别处移来用于置换原生土的外地土壤。对于污染严重的土壤，采用机械挖掘，将污染土壤清理干净，再用洁净的客土回填，该方法称为客土法。

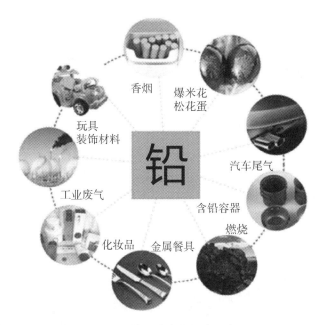

图 8-6 环境污染中的铅来源广泛

(二)工业三废和汽油燃烧

生产和使用铅及铅化合物的工厂排放的废气、废水、废渣可造成环境污染，进而造成食品的污染。环境中某些微生物可将无机铅转变成毒性更大的有机铅。汽油中加入四乙基铅作防爆剂，汽油燃烧后，烷基铅分解为铅的氧化物，随着废气排入大气，成为大气铅污染的主要来源。

(三)含铅农药(如砷酸铅)的使用

含铅农药的使用可造成农作物的铅污染。植物性食品铅含量受土壤、肥料、农药及灌溉水的影响，动物性食品受饲料、牧草、空气和饮水铅含量的影响。一般情况下植物性食品铅含量高于动物性食品。在受污染的土壤中生长的农作物基叶中铅含量高达 6mg/kg，根部含铅 42mg/kg。动物通过食物和水而摄入铅或经过呼吸空气而吸收铅。因此，动物体内都含有不同程度的铅。动物性食品中骨骼、肝脏铅含量高于肌肉、脂肪和乳汁。

（四）食品容器、用具中铅对食品的污染

以铅合金、马口铁、陶瓷及搪瓷等材料制成的食品容器和食具等常含有较多的铅。在一定条件下（如盛放酸性食物时），其中的铅可溶出而污染食物。我国部分地区调查表明，搪瓷食具的铅的平均溶出量为0.095mg/L，釉下彩陶食具平均溶出量为0.21mg/L，釉上彩为0.21mg/L，粉彩食具的铅溶出量更高。马口铁和焊锡中的铅可造成食品污染。用铁铜或锡壶装酒，也可因其中铅大量溶出于酒中，发生铅中毒。此外，食品加工机械、管道和聚氯烯塑料中的含铅稳定剂可导致食品铅污染。

a.陶瓷器具   b.马口铁容器

c.搪瓷杯具   d.粉彩食具

图8-7 食品容器和食具中常含有铅

（五）油漆涂料等

建筑物、金属构筑物表面常涂保护性油漆层。这些油漆多数含铅，经过风蚀、日晒、雨淋剥落到地面土壤中。彩色颜料、印刷用墨等含铅量较高，这些油漆和颜料中的铅被释放到空气中，或者涂有这些颜料和油漆的玩具或文具被儿童触摸和咬食，都会使儿童体内的铅含量增加甚至发生铅中毒。

二、铅污染对人体健康的危害

经饮水、食物进入消化道的铅，有 5%～10% 被人体吸收。通过呼吸道吸入肺部的铅，其吸收沉积率为 30%～50%。四乙基铅除经呼吸道和消化道外，还可通过皮肤侵入体内。侵入体内的铅有 90%～95% 形成难溶性的磷酸铅，沉积于骨骼，其余则通过排泄系统排出体外。

人体内血铅和尿铅的含量能反映出体内对铅的吸收情况。血铅含量大于 $80\mu g/100mL$（正常应小于 $40\mu g/100mL$）和尿铅含量大于 $80\mu g/L$（正常应小于 $50\mu g/L$）时，即认为体内铅吸收过量。蓄积在骨骼中的铅，当遇上过势、外伤、感染发烧、患传染病、缺钙或食入酸碱性药物，使血液酸碱平衡改变时，铅便可再转化为可溶性磷酸氢铅而进入血流，引起内源性铅中毒。

（一）对神经系统的影响

铅是一种神经毒物，对神经系统，尤其在神经系统发育早期有明显的损害作用。铅通过影响神经元、神经胶质细胞、血脑屏障发育、突触形成和信息传递对发育中的神经系统有明显的损害作用。

重症铅中毒可发生中枢和周围神经的损伤。中枢神经系统损伤的临床表现是抽搐、谵妄、昏迷。轻度中毒的情况下，可出现头痛、头晕、失眠、记忆减退等。铅对周围神经的损伤表现为神经传导速度降低。

儿童大脑处于发育期，较易受铅的影响，儿童的行为和智力均可发生障碍。所以儿童接触铅的问题应特别受到关注。

（二）贫血、溶血

铅的一项最重要的毒性作用就是抑制血红素的合成过程。铅作用的主要靶器官就是造血系统。铅干扰血红素的合成涉及许多酶的活性，其中最重要的酶是 δ-氨基乙酰丙酸脱水酶。当其活性受到铅的抑制时，使 δ-氨基乙酰丙酸合成为卟啉原（卟啉原是合成血红素的基本原料）的过程受阻。此酶活性是随着血铅水平的升高而降低的。

血红素的合成受铅的影响发生障碍，当血铅浓度大于 $80\mu g/mL$ 时，可导致红细胞中血红蛋白量降低，出现贫血症。

正常的红细胞膜上有一种三磷酸腺苷酶。这种酶能调节红细胞膜内外的钾、钠离子和水分的分布。当这种酶被铅抑制，红细胞膜内外的钾、钠离子和水分的分布便失去控制，使红细胞内的钾离子和水分脱失而导致溶血。另外，铅与红细胞表面的磷酸盐合成不溶的磷酸铅，使红细胞机械性增加，亦为溶血的原因。

（三）肾毒性

进入机体的铅 99% 从肾脏代谢，因此肾脏是铅中毒的主要受伤器官。流行病学调查显示，在职业人群中慢性铅中毒居职业中毒首位，其中铅性肾病居职业中毒人群死亡原因第二位。

铅可损伤肾近区小管，表现为尿中的氨基酸、葡萄糖、磷酸盐的含量增高（即氨基酸尿、葡萄糖尿、磷酸盐尿），这种损伤通常在急性铅中毒症或长期过度铅吸收的情况下发生，称为范柯尼氏征。

（四）对免疫功能的影响

职业性铅接触人群体液免疫和细胞免疫功能均受到影响。铅作业工人 CD4 细胞明显减少，CD4 细胞在体内是承担辅助细胞免疫和体液免疫的重要细胞亚群。铅含量过高对机体免疫功能有一定影响，可不同程度地造成免疫功能下降。

（五）对骨骼系统的影响

骨骼是铅进入人体后的主要蓄积器官，同时也是重要的靶器官。环境中的铅进入人体后可直接或间接地破坏骨形成和骨吸收的动态平衡，导致骨质疏松。有研究已证实，在较高剂量长时间接触铅时能明显引起骨密度下降，导致铅接触人群发生骨质疏松和骨代谢异常。

（六）干扰体内锌代谢及抗氧化功能

锌参与体内 300 多种酶的化学催化功能或维持蛋白结构的稳定，而铅暴露可引起锌缺乏。导致体内多种酶的活性下降，机体清除自由基能力下降。铅具有一定的氧化性，可促发氧化应激产生自由基，导致脂质过氧化，损伤细胞膜性结构，降低机体抗氧化能力。

(七)生殖毒性

铅可引起男性性功能异常，包括精子数减少。职业暴露于铅的女性也会出现生殖功能异常。流行病学调查表明，暴露于铅的妊娠妇女早产的危险性增加。

(八)对基因的影响

生物体接触铅后往往通过调高体内执行正常生理功能的蛋白质的表达，或诱导产生一些新的蛋白质与之络合来应对细胞内高铅负荷。

(九)铅污染源与儿童铅中毒现状

儿童铅中毒问题主要来自城市环境铅污染。我国环境铅污染主要是工业污染，如冶炼厂、蓄电池厂、机械制造厂、有色金属加工厂、装饰材料工厂，汽车尾气排放以及燃煤、燃油等。从全球角度看，汽车是最严重的铅污染源。

环境中的铅是儿童接触铅的主要途径。据调查，居住在主要公路平行线 60m 以内的儿童血铅明显偏高，高浓度的铅尘大多距地面 1m 以下，1m 的高度恰好与儿童呼吸带高度一致。因此，儿童通过呼吸吸入体内的铅远远超过成人。

生活中铅的污染也不可小视。香烟中含铅约为 $3\sim12\mu g$，香烟的烟雾中铅含量是空气中的 60 倍；玩具、学习用具如铅笔、蜡笔、涂改笔、课桌椅表面的油漆层，教科书彩色封面铅超标；室内墙壁铅油漆，有色染料，含铅化妆品，儿童食品及饮料如皮蛋、爆米花、罐装饮料等，也会有铅污染的存在。

三、铅污染的防治

(一)控制污染源

在交通运输中，应使用无铅汽油或降低汽油加铅量。消除或限制含铅油漆和涂料生产应用。

严格控制新的铅污染项目建设，对已经通过验收的涉铅企业应每隔

2~3 年做一次铅的危害性评价及维护性评价，对重点污染企业建议关停。现有铅污染严重的企业要加强污染治理，严格控制污水的排放及粉尘的无组织排放，废气要达标排放，并要严于国家排放标准。对污染较重的河流进行深度清淤，所清底泥集中堆放，可用于制砖。

加强城市地区，城乡工业区及高速两侧地区：土壤、饮用水源、大气中铅含量检测，防止铅矿及有色金属矿开采、冶炼和加工过程中产生的废水、废气、废渣污染环境。

（二）土壤铅污染的治理

1. 运用化学修复技术

对于被铅污染土壤的化学修复，是利用加入到土壤中的化学修复剂与污染物铅发生一定的化学反应，使铅被降解，其毒性被去除或降低的修复技术。磷肥特别是钙镁磷肥可以与被铅污染的土壤发生反应，原位固定铅污染土壤和废物里铅的一种化学修复剂，可抑制铅进入植物体。也可施用有机肥和粪肥，促进螯合物的形成，阻止重金属铅向植物渗透。

2. 运用植物修复技术

植物修复技术作为一种新兴的、高效的生物修复途径现已被科学界和政府部门认可和选用。研究发现，超富集植物在重金属含量高的污染土壤及重金属含量低的非污染或污染较轻的土壤上，均具强烈的吸收富集能力。这些植物对重金属的吸收量超过一般植物 100 倍以上，积累的铅含量一般在 1000mg/kg 以上，并且能将所吸收的重金属元素大量迁移至植物茎叶的上部器官中。

3. 运用微生物修复技术

钝顶螺旋藻、斜生栅藻、普生轮藻等多种藻类吸附铅能力很强，绿藻和小球藻吸附铅最高量达初始浓度的 90%。可以选择涉铅企业周围部分农田，加入上述微生物，对土壤进行修复。

4. 对污染特别严重的地区实施换土法

换土法是一种有效的污染土壤物理处理方法，它是将污染土壤通过深翻到土壤底层、或在污染土壤上覆盖清洁土壤、或将污染土壤挖走换上清洁土壤等方法。换土法能够有效地将污染土壤与生态系统隔离，从而减少它对环境的影响。适用于小面积的、土壤污染严重的状况。

a.四尾栅藻　　　　　　　　　b.轮藻

c.绿藻　　　　　　　　　d.小球藻

图 8-8　具有较强的铅吸附能力的藻类

(三)开展人群血铅调查

对铅污染企业附近村民应当定期检测血铅、尿铅的含量，及时进行健康指导及驱铅治疗。

(四)加强卫生健康教育，注意日常预防

教育儿童不要经常在马路上玩，要帮助儿童及早养成良好的卫生习惯，不要啃咬铅笔、蜡笔或玩具，不要用手抓脏东西，吃饭前要洗手。

不要使用带釉彩的餐具，以免铅溶出。特别不能用这些餐具存放酸性食物。蔬菜水果食用前要洗净，能去皮的要去皮，以防残留农药中的铅。少吃罐头食品，不吃含铅松花蛋，画画之后要洗手，家庭装修时应避免使用含铅材料。

另外加强营养摄入也会对预防铅中毒起到作用，儿童要多喝牛奶，多吃肝脏等含铁、钙较高的食物，以及海藻和维生素 C 等。

第九章　噪声污染与人体健康

声音对于人类是必不可少的，亲切的话语、悦耳的音乐使人心情舒畅；潺潺流水、百鸟争鸣、微风轻拂、树叶沙沙，又使人心旷神怡。然而机器的轰鸣、喧闹的街道、人喊马嘶却让人烦躁不安。随着社会的发展，人们接触到的声音越来越多。学习和掌握一些噪声的基本概念及噪声究竟对人体有哪些危害，对于提高人们对噪声的危害认识，防治噪声危害是必要的。

第一节　噪声的概念

声音的含义习惯上可以从两个方面来理解——物理学意义和心理学意义。从物理意义上讲。纯音是指瞬时声压随时间作正弦变化的声波，而从主观感觉上讲，它是指具有明确、单一音调感觉的声音。

乐音从物理学上讲，是指有规律振动产生的声音，这些声音随时间变化的波形是有规律的。从主观感觉上讲，是听起来和谐悦耳的声音，如钢琴、提琴等多种乐器演奏时发出的声音。

与此相反，噪音也有两种含义，它既指一种不规则的、间歇的声波，即声强和频率变化没规律的声波，也指一切主观感觉上不希望有的不需要的干扰声音。如机器的轰鸣声、各种车辆的马达声、鸣笛声，都是噪声。还有正在上课时，响起的不适宜的音乐声，也是噪声。

在《中华人民共和国环境污染防治法》中，是这样定义环境噪声的：环境噪声是指在工业生产、建筑施工、交通运输和社会生活中所产生的干扰周围生活环境的声音。噪声污染，是指所产生的环境噪声超过国家规定的环境噪声排放标准，并干扰他人正常生活、工作和学习的现象。

噪声污染在城市几乎无处不在，并且正在向乡村发展。噪声污染已成为继水污染、空气污染、固体废物污染的第四大环境公害。

环境噪声污染和大气、水、固体废物的污染相比它具有很大的不同。噪声是一种物理的污染。具有以下几个特点：①污染面大，噪声源分布广，污染轻重不一。②就某个单一污染来讲，其污染具有局限性。一般的噪声源只能影响其周围的一定区域，它不像大气中的飘尘，能扩散到很远的地方。③噪声源停止，污染随即消失。④噪声污染在环境中不会造成积累，声能量最后完全转变成热能散失掉。

图 9-1　噪声是第四大环境公害

第二节　噪声的分类

　　按照噪声发生的机理，可将其分为两大类：空气动力性噪声和机械性噪声。

　　空气动力性噪声是由于气体振动而产生的。当气体中有了涡流或发生了压力突变等情况，就会引起气体的扰动，产生噪声，这就叫空气动力性噪声。常见的有风机、空气压缩机等。

图 9-2　风机(左)和空气压缩机(右)可产生空气动力性噪声

机械性噪声是由于固体振动而产生的。在撞击、摩擦、交变的机械应力或电磁力作用下，金属板、轴承、齿轮等固体零部件发生振动，产生机械性噪声。如轧钢机、球磨机、砂轮、织布机等产生的噪声都属于此类噪声。

图 9-3　球磨机(左)和砂轮机(右)可产生机械性噪声

按照噪声的来源可分为四类。

一、交通噪声

汽车、火车、飞机等交通工具在运行过程中产生的流动性噪声源对环境的影响最突出，随着社会的不断发展，城市交通越来越发达，各种交通运输工具拥有量剧增，随之交通噪声污染日益严重。

凡是机动车辆、船舶、铁路车辆和航空器等交通运输工具在运行过程中产生的噪声都称作交通噪声。

在交通道路上由机动车辆运动发出的噪声称作道路交通噪声。它往往是城市中最主要的噪声源。火车在铁路上运行时的噪声称作铁路交通噪声。

交通运输噪声，一般为 60~90dB 的中等强度噪声。但它的影响范围广，干扰时间长，是人们最注意的环境噪声问题。

二、工业生产噪声

凡是工矿企业在生产活动中产生的噪声均称作工业生产噪声。工业生产噪声一般来说，污染范围仅是车间、工厂及附近地区，影响面积较小。但由于某些设备的噪声级很高，影响程度也很严重。它不但直接对

札记

图 9-4 道路交通噪声是城市中最主要的噪声源

生产者带来危害，对周边居民影响也很大，也是一个不容忽视的环境噪声问题。

三、建筑施工噪声

建筑施工过程中使用的混凝土搅拌机、打桩机、推土机、钻机、风动工具等可产生巨大的噪声。凡是建筑工地机械运转以及各种施工活动中产生的噪声均称为建筑施工噪声。建筑施工机械噪声一般处于 80~100dB 范围。这些机械的操作往往在较为集中的地区和夜间进行，影响了城市居民的睡眠和休息。

图 9-5 建筑施工噪声影响了居民的休息

四、日常生活噪声

凡因商业、娱乐、体育、宣传等生活及家用电器产生的噪声均称为生活噪声。生活噪声相对来说强度不大，但它可使人心烦意乱，从而影响人们的生活和工作。

图 9-6 生活噪声同样影响居民生活

第三节 噪声对人体健康的危害

噪声是影响面最广的一种环境污染，它对人的危害主要表现在以下几个方面：

一、噪声对听力的影响

人在较强噪声(90dB 以上)的环境下长期工作和生活，会出现听力下降的现象。人在听到强烈声音时都会有耳朵发聋的感觉，这是由于噪声引起的听觉疲劳现象，是暂时的情况，在安静环境下会恢复原状。这种现象称为暂时性听力偏移(暂时听阈的改变)，属于噪声性听力损害的一种。

但是，如果长年累月工作在强噪声环境中，耳朵会越来越聋，并且再也不能复原，形成一种称之为永久性听力偏移(永久性听阈改变)的传统职业病——噪声性耳聋。一般认为它是暂时性听力偏移尚未充分恢复的状态下继续受到强烈噪声的反复作用而引起的。

二、对睡眠的干扰

睡眠对人是极重要的。但噪声会影响睡眠的质量和数量。当睡眠受干扰而辗转不能入睡时，就会出现呼吸频繁、脉搏跳动加剧，神经兴奋等现象，第二天会觉得疲倦、记忆力衰退，在医学上称为神经衰弱症候群。在高噪声环境下，这种病的发病率可达 50%～60% 以上。老年人和病人对噪声干扰较敏感，当睡眠受到噪声干扰后，工作效率和健康都会受到影响。

断续的噪声比连续的噪声影响更大。研究结果表明，连续噪声可以加快熟睡到轻睡的回转，使人多梦，熟睡的时间缩短，突然的噪声可使人惊醒。一般来说，40dB(A) 的连续噪声可使 10% 的人睡眠受到影响，70dB(A) 可影响 50% 的人，而突发的噪声在 40dB(A) 时可使 10% 的人惊醒，到 60dB(A) 时，可使 70% 的人惊醒。

图 9-7　夜间噪声严重影响居民的睡眠质量

三、干扰谈话，影响工作效率

人们一般谈话声大约为 60dB，高声的也不超过 70～80dB。当周围环境的噪声级与说话声相近时，正常的语言交流就会受到干扰。因此，在 65dB 以上的噪声环境中，一般的谈话活动难以正常进行，人们的正常工作秩序可能受到影响，必要指令、信号和通信警报可能被噪声掩盖，工作事故和产品质量事故会明显增多。

在噪声干扰下，人感到烦躁不安，容易疲乏，注意力难以集中，反应迟钝，差错率明显上升，所以噪声既影响工作效率又降低工作质量。有人计算过，由于噪声影响可使劳动生产率降低 10%~15%，特别是对那些要求注意力高度集中的复杂工作影响性大，例如打字、排字、速记、校对工作等。当噪声从 50dB 下降到 30dB 时，接线人员的工作差效率随之下降 42%。噪声对工作效率的影响与噪声的速度、频率和发声方向等因素有关。

四、对人体的生理影响

(一)对神经系统的影响

在神经系统方面，神经衰弱症候群是最明显的噪声引发病症。噪声能引发失眠、疲劳、头晕、头痛、记忆力衰退、注意力不集中，并伴有耳鸣和听力衰退。严重时身体虚弱体质下降，容易并发或引起其他疾病，有的甚至发展成精神错乱。这种病症虽然长期治疗，但效果往往不够理想，但当脱离噪声环境后，主观症状能较快得到改善。

噪声对神经系统影响的程度与其强度有关。当噪声在 50~85dB，主要表现为头痛和睡眠不好；90~100dB 时，常常易激动，有疲劳感觉；100~120dB 时，头晕、失眠、记忆力明显下降；噪声增强到 140~145dB，不但会引起耳痛，而且还能引起恐惧或全身性紧张感。

(二)对心血管系统的影响

噪声对交感神经有兴奋作用，可以导致心动过速，心律紊乱。在长期暴露于噪声环境的工人中间，有部分工人的心电图出现缺血型改变，常见的有窦性心动过速或过缓，窦性心律不齐等。不仅如此，噪声还可以使心肌受损，在噪声污染日趋严重的工业大城市中，冠心病与动脉硬化症的发病率也逐渐增高。

此外，噪声还可以引起植物神经紊乱，使血压波动增大。一些原来血压不稳定的人，接触噪声后，血压变化尤其明显。年轻人接触噪声后，大多数表现为血压降低，而老年人则以升高为多见。据报道，严重噪声听力损失者的血压比正常听力者高，这种明显差别完全是由于噪声引起的。

(三)对消化系统的影响

长期暴露在噪声环境中的人，其消化功能有明显的改变。长期在 80dB 噪声环境中工作的人，胃肠的消化功能可能受到影响，有些人的胃的收缩能力只有正常人的 70%，胃酸减少，食欲不振。胃炎、胃溃疡和十二指肠溃疡发病率增离。据统计，在噪声行业工作的工人中，溃疡病的发病率比安静环境的高 5 倍。

(四)对视觉器官的影响

噪声对视觉功能也有一定的影响，它使视网膜杆体光觉下降，视野界限发生变化，视力的清晰度与稳定性降低。有人认为，目前工业大城市中，车祸频繁发生的原因之一是由于噪声引起司机视觉功能障碍，日本人把交通事故与噪声公害相提并论，不无道理。

(五)对其他系统的影响

噪声对血液成分的影响表现为血细胞数增多，嗜酸性白细胞亦有增高的趋势。

五、对儿童和胎儿的影响

在噪声环境下，儿童的智力发育缓慢。有人做过调查，吵闹环境下儿童智力发育比安静环境中的低 20%。

强烈噪声对孕妇和胎儿都会产生许多不良的后果。在 20 世纪 70 年代，国外曾有人对居住在国际机场附近的居民进行了调查。发现当地居民所生婴儿的体重比其他地区新生儿的体重低，说明强烈噪声很有可能影响了胎儿的发育。另有研究发现，噪声与胎儿畸形有关。

此外，母亲接触强烈噪声还可对胎儿的听觉发育产生不良后果。国外一些研究表明，孕妇在怀孕期间接触强烈噪声(100dB 以上)使婴儿听力下降的可能性增大。这可能是由于噪声对胎儿正在发育的听觉系统有直接的抑制作用。

因此，控制噪声，使噪声污染降低到最低限度，是改善城市环境和保护人类健康的一件大事。

六、噪声公害事件

1981 年，在美国举行的一次现代派露天音乐会上，当震耳欲聋的音乐声响起后，有 300 多名听众突然失去知觉，昏迷不醒，100 辆救护车到达现场抢救。这就是骇人听闻的噪声污染事件。

噪声研究始于 17 世纪，20 世纪 50 年代后，噪声被公认为是一种严重的公害污染。有关噪声污染事件也屡有报道。1960 年 11 月，日本广岛市的一名男子被附近工厂发出的噪声折磨得烦恼万分，以致最后刺杀了厂主。无独有偶，1961 年 7 月，一名日本青年从新潟来到东京找工作，由于住在铁路附近，日夜被频繁过往的客货车的噪声折磨，患了失眠症，不堪忍受痛苦，最终自杀身亡。同年 10 月，东京都品川区一个家庭，母子 3 人因忍受不了附近建筑器材厂发出的噪声，试图自杀，未遂。中国也是噪声污染比较严重的国家，全国有近 2/3 的城市居民在噪声超标的环境中生活和工作着，对噪声污染的投诉占环境污染投诉的近 40%。

噪声被称为"无形的暴力"，是大城市的一大隐患。有人曾做过实验，把一只豚鼠放在 173dB 的强声环境中，几分钟后就死了。解剖后，豚鼠的肺和内脏都有出血现象。1959 年，美国有 10 个人"自愿"做噪声试验，当实验用飞机从 10 名实验者头上 10~12m 的高度飞过后，有 6 人当场死亡，4 人数小时后死亡。验尸证明 10 人都死于噪声引起的脑出血。可见这个"声学武器"的威力之大。

第四节　控制噪声的措施

一、降低声源噪声

(一)改造生产工艺和选用低噪声设备。

(二)提高机械加工及装配精度，以减少机械振动和摩擦产生的噪声。

(三)对高压、高速气流要降低压差和流速，或改变气流喷嘴形状。

二、在传播途中控制

（一）在总体布局上合理设计。在安排厂矿平面设计时，应将主要噪声源车间或装置远离要求安静的车间、试验室、办公室等，或将高噪声设备尽量集中，以便于控制。

（二）利用加设屏障阻止噪声传播，或充分利用道路两侧的建筑物之间及路的隔离带、工厂的空地等建立绿色生态屏障，加强居民小区绿化建设，美化环境，净化空气，吸收噪声。郁闭度较好的乔灌木结构绿地宽度每增加 10m，可衰减 2dB 左右的噪声。

（三）利用声源的指向特点来控制噪声。如将高压锅炉排汽、高炉放风、制氧机排气等排出口朝向旷野或天空，以减少对环境的影响。

三、对接受者的防护

应尽量减少在噪声环境中的暴露时间，在工厂或工地工作的工人要佩戴防噪护耳器，以减少噪声影响。具体如下：

（一）对工人进行个人防护，如佩戴耳塞、耳罩头盔等防噪声用品。

（二）采取工人轮换作业，缩短工人进入高噪声环境的工作时间。

四、采取消声、吸声，隔声、隔振、减振等措施

（一）吸声降噪

吸声降噪是一种在传播途径上控制噪声强度的方法。物体的吸声作用是普遍存在的，吸声的效果不仅与吸声材料有关，还与所选的吸声结构有关，这种技术主要用于室内空间。

（二）消声降噪

消声器是一种既能使气流通过又能有效地降低噪声的设备。通常可用消声器降低各种空气动力设备的进出口或沿管道传递的噪声。例如在内燃机、通风机、鼓风机、压缩机、燃气轮机以及各种高压、高气流排放的噪声控制中广泛使用消声器。不同消声器的降噪原理不同。常用的消声技术有阻性消声、抗性消声、损耗型消声、扩散消声等。

图 9-8　玻璃纤维吸声墙面可降低噪声

(三)隔声降噪

　　把产生噪声的机器设备封闭在一个小的空间，使它与周围环境隔开，以减少噪声对环境的影响，这种做法叫作隔声。隔声屏障和隔声罩是主要的两种设计，其他隔声结构还有：隔声室、隔声墙、隔声幕、隔声门等。

图 9-9　轻轨隔声罩(左)和公路隔声屏障(右)

第十章　家用化学品与人体健康

随着社会的进步和科技的发展，大量的化学物品进入家庭，成为人们日常生活中不可缺少的必需品，人们对家用化学品的依赖也日益增加。家用化学品是泛指在家庭中使用的一大类化学物品。广义上讲，凡进入家庭日常生活和居住环境的化学物品，均可统称为家用化学品。包括了用于家庭、办公室和公共场所的化学品，因此家用化学品是人们居住生活场所的重要环境因素。

家用化学品的使用不但促进了社会文明的进步，使人们的生活更加丰富多彩，美化了生活环境，使人们的生活更舒适、更方便，也为人类预防疾病、保障健康发挥了重要作用。近年来，家用化学品无论品种还是数量，都有很大发展。家用化学品的应用已广泛渗透到人们的衣、食、住、行之中，遍及生活的各个方面。在我国，随着人们物质生活的不断改善，化妆品已成为市场最活跃的产品之一，成为与服装、食品相并列的三大必需消费品之一。但是，人们更应清楚地认识到，任何化学物质都是有毒的，只是产生毒性作用的剂量或浓度和其对健康的危害程度有所不同而已。各种家用化学品因其使用的目的、方式、范围的不同，可通过不同途径进入人体而对健康造成危害，如果使用不当，家用化学品中的某种或某些物质会对人体健康造成威胁，甚至是永久性的严重损害。

第一节　概述

一、家用化学品概况

凡进入家庭生活和居住环境的日用化学品通称为家用化学品。我国日用化学工业自 20 世纪 50 年代生产合成洗涤剂以来，已形成一个独立的工业体系。20 世纪 80 年代，日用化学品工业快速发展，新品种、新技术、新设备层出不穷，生产工艺不断更新，产品种类和产量逐年增长。产量很大的日用化工产品有：合成洗涤剂、肥皂、香精、化妆品、牙膏、油墨、火柴、干电池、烷基苯、五钠、骨胶、明胶、甘油、硬脂酸、感光胶片、感光纸等。这些产品均为家用化学品的成品或原料。随着环境保护意识的加强，推动日用化学工业进一步发展的动力是提高产品的使用性能，而产品的生产过程与使用过程中对环境生态的影响和对人体健康的影响，将是其发展的决定因素。

日用化学品门类繁多，品种不计其数，如广泛用于家用化学品生产的主要原料表面活性剂已达 1.6 万多种，化妆品达 2.5 万多种。许多高新技术不断融入某些特定的产品中，如化妆品以精细化工为背景，以制药工艺为基础，融入了医学、生物工程、生命科学、微电子技术等，从而使化妆品进入高新技术产品系列，并逐步趋向大型化生产发展。随着化妆品数量增加、品种多样化，带来的健康问题也逐渐增多。

家用化学品除品种繁多外，还具有使用数量大、接触人群广和接触时间长等特点，其与人体健康和室内环境污染等关系极为密切。

二、家用化学品分类

家用化学品品种繁多，本章仅选择家庭中最常见的化学品，按其功能与使用目的予以分类介绍。

(一)化妆品

以涂抹、喷洒或其他类似方法，施于人体表面任何部位(皮肤、毛发、指/趾甲、口唇黏膜等)，以达到清洁、消除不良气味、护肤、美容和修饰目的的产品通称为化妆品。

化妆品目前国际上尚无统一分类方法。我国化妆品根据《中华人民共和国国家标准》(CB/18670—2002 化妆品分类)分类，分类原则按产品功能、使用部位区分为清洁类、护理类和美容/修饰类化妆品。对多功能、多使用部位的化妆品，则按产品主要功能和主要使用部位来划分。

1. 清洁类化妆品

具有清洁卫生、消除不良气味功能的化妆品。如用于毛发的洗发液、洗发膏、剃须膏等；用于皮肤的洗面奶、清洁霜、卸妆水、浴液、面膜、花露水等；用于指/趾甲的指甲液等；用于口唇的唇用卸妆水等。

2. 护理类化妆品

具有保养作用的化妆品。如用于毛发的护发素、发乳、焗油膏等；用于皮肤的护肤膏/霜或乳液、化妆水；用于指甲的指甲硬化剂；用于口唇的润唇膏等。

3. 美容/修饰类化妆品

具有美容、修饰、增加美感作用的化妆品。如用于毛发的染发剂、烫发剂、定型摩丝、发胶、生发剂、脱毛剂、睫毛膏等；用于皮肤的粉饼、胭脂、眼影、眉笔、眼线笔、香水、古龙水等；用于指甲的指甲油；用于口唇的唇膏、唇影、唇线笔。

我国《化妆品卫生监督条例》(1989年)中，将用于育发、染发、烫发、脱毛、美乳、健美、除臭、祛斑、防晒的化妆品列为特殊用途化妆品，这类化妆品往往含药物成分并有一定毒副作用。我国规定，须经国务院卫生行政部门批准，取得批准文号后方可生产。

4. 口腔卫生用品

以清洁口腔、防止和控制口腔疾病为主要目的的卫生用品，包括牙膏、牙粉、漱口剂、爽口液、刷牙液、牙齿增白剂和义齿清洁剂等，以牙膏最为普遍，目前虽尚未纳入化妆品管理范围，但按其功能属性也属化妆品定义范畴。

(二)洗涤剂

以去污为目的而设计的配方制品，包括肥皂和合成洗涤剂两大类。

1. 肥皂

指含8个碳原子的脂肪酸或混合脂肪酸的碱性盐类，根据其阳离子不同可分两种：

(1)碱性皂：包括钠皂、钾皂、铵皂、有机碱皂。

(2)非碱金属盐皂。

家庭用肥皂可分为洗衣皂、香皂、特种皂等。

2. 合成洗涤剂

家用合成洗涤剂按功能分为：

(1)服装用洗涤剂：用于洗涤棉、麻、丝、毛、化纤等织物。

(2)厨房用洗涤剂：用于洗涤餐具、灶具、水果、蔬菜等。

(3)硬表面用洗涤剂：用于洗涤木质家具、玻璃制品、塑料制品、瓷砖、地板、墙壁、金属制品等。

(4)洗发沐浴用洗涤剂：沐浴液、香波等。

（三）黏合剂

能黏合两种或两种以上相同或不同材料的物质。按原料来源可分为两大类：天然黏合剂（动物胶水、天然橡胶胶水、酪蛋白黏合剂、大豆黏合剂）和合成黏合剂（合成橡胶胶水、尿素、环氧树脂、酚醛树脂等）。

家庭中使用量较大的黏合剂有两种：

壁纸黏合剂：用于粘贴墙纸。

塑料地板黏合剂：用于粘贴塑料地板和卷材。

（四）涂料

涂布于物体表面使之能结成坚韧薄膜而起保护、装潢或其他特殊功能（绝缘、防锈、防霉、耐热等）的物质。家用涂料的种类有：地板用涂料、墙壁用涂料、木器家具用涂料、防锈涂料等。

（五）家用杀虫剂

用于灭鼠、灭蟑螂、灭蚊蝇、防蚊驱蚊、防蛀虫等。包括：杀虫剂、杀鼠剂、农药等。

（六）其他

衣物类化学制品、家用塑料制品、橡胶制品、家用芳香剂、皮革保护剂等。

三、家用化学品的成分与功能

（一）化妆品

化妆品生产过程一般是由各种原料经配方加工混合，不需要经化学反应而制成的一种复杂混合物，其功能主要取决于原料和配方技术。

1. 化妆品原料

化妆品原料大致分三类：基质原料、辅助原料和功效性原料。

（1）基质原料：基质原料分类及其作用见表10-1。

表 10-1   基质原料分类及作用

类别	作用/效果	常用原料名称	
油质类原料	护肤、滋润皮肤	天然动植物油，如橄榄油、杏仁油、茶树油、霍霍巴油、羊毛脂、水貂油、蛇油、蜂蜡等	
		天然矿物油蜡，如石蜡油、凡士林、石蜡、地蜡	
		合成油脂，高级脂肪酸、高级脂肪醇等	
粉质原料	具有遮盖、滑爽、吸收、吸附和摩擦作用	滑石粉、高岭土、膨润土、云母粉、钛白粉、锌白粉、硬脂酸盐、硫酸盐、改性淀粉等。	
胶质原料	起黏合、增稠、悬浮、助乳化、分散、保湿、稳泡等作用	水溶性高分子化合物	
		天然动植物胶质	植物树脂、淀粉、动物明胶
		纤维素衍生物	半合成或合成的高分子化合物
表面活性剂	化妆品的重要原料，主要起乳化、分散、润湿、去污、增溶、增泡、稳泡、柔软、抗静电、杀菌、调理等作用		

（2）辅助原料：辅助原料赋予化妆品特定的香气、色调并保证产品的卫生安全。辅助原料的分类及其作用见表 10-2。

表 10-2   辅助原料分类及作用

名称	作用/效果	分类	要求
香精	由数种至数十种香料按一定比例调制而成，调节化妆品的气味	膏霜类香精	不宜有刺激性、强挥发性、易溶性和有色或变色的香料。质量低劣的香精可能导致皮肤刺激和过敏
		香水类香精	
		香波香精	
着色剂	赋予化妆品悦目的颜色	合成染料：偶氮染料、硝基染料、亚硝基染料	—
		有机颜料：偶氮颜料、酞青颜料、还原颜料	
		天然色素：胭脂虫红、紫草素、β-胡萝卜素、叶绿素、指甲花红等	

续表

名称	作用/效果	分类	要求
防腐剂	抑制化妆品中微生物繁殖作用	苯甲酸及其盐类	用于化妆品的防腐剂应无色无臭、安全无毒，在使用浓度（0.001%～1.0%）范围内对皮肤无刺激、广谱高效、不影响化妆品品质（黏度、pH 等）。常采用 2~3 种防腐剂配合使用，以获得广谱抑菌效果
		山梨酸及其钾盐	
		水杨酸及其盐类	
		对羟基苯甲酸酯类	
		苯酚	
		甲酚和间苯二酚	
		氯二甲苯酚	
抗氧化剂	抑制化妆品中油脂的氧化	二丁基羟基甲苯	—
		丁基羟基茴香醚	
		叔丁基对苯二酚	

（3）功效性原料：功效性原料指赋予化妆品特殊功效（防晒、除臭、脱毛、烫发、染发等）或强化化妆品对皮肤生理作用（保湿、抗皱）。可将上述原料归纳为三类，见表 10-3。

表 10-3　　　　　　　　　　功效性原料的分类及作用

类别	作用/效果	代表性物质
生物技术产品	改善皮肤组织结构或特定功效的生物制品	表皮生长因子、透明质酸、熊果苷、果酸、脱氧核糖核酸、超氧化物歧化酶、胶原蛋白等。
天然植物萃取物	防皮肤衰老、防脱发、抗炎、镇痛	人参提取物
	保湿、抗过敏、抗菌、消炎、防晒	芦荟提取物
	清除自由基、抗皮肤衰老	葡萄籽、银杏、绿茶、栎树皮、小麦胚芽等提取物
特殊用途添加剂	防晒	用于防晒的有紫外线吸收剂和紫外线屏蔽剂
	美发	染发剂、烫发剂、育发剂
	形体健美	健美剂、脱毛剂、美乳剂、除臭剂、美白祛斑剂

（4）牙膏：牙膏的主要成分见表10-4。

表 10-4　　　　　　　　　　　**牙膏的主要成分**

成分	作用/效果	主要物质
粉质摩擦剂	牙膏的主体原料，协助牙刷去除污屑和黏附物	钙盐（碳酸钙、磷酸氢钙、磷酸三钙）；碳酸镁；氢氧化铝等
表面活性剂	增加牙膏泡沫力和去污作用	常用的有桂醇硫酸钠、月桂酰甲胺乙酸钠、乙酸基二烷基磺酸钠等无毒、无味、无刺激的表面活性剂
胶合剂	控制牙膏的内外质量，如细腻程度、成条性能、分散性能及口感等	海藻酸钠、羧甲基纤维素钠、硅酸铝镁等
保湿剂	防止牙膏水分逸出，增加牙膏的耐寒性	甘油、山梨醇、丙二醇等
香精和染料	用以遮盖部分药物的气味和颜色	香型有水果香型、留兰番型、薄荷香型、茴香香型等
防腐剂和甜味剂	抑制微生物生长，使牙膏具有甜味，以掩盖不良气味	常用的有山梨酸及其钾盐、苯甲酸及其钠盐、对羟基苯甲酸及其酯类和溴氯苯酚等。甜味剂有糖精、环己胺磺酸钠
特种活性添加剂	赋予牙膏预防各种牙病的特性	氟化物（氟化钠、氟化亚锡、单氟磷酸钠），药物活性成分（如田七皂苷、叶绿素），抗生素（冰片、叶绿素衍生物、1,6-双-[N-对氯苯缩二胍]己烷、洗必泰、止血环酸、过氧化氢、过硼酸钠），酶制剂（蛋白酶、葡聚糖酶、淀粉酶、脂肪酶、溶菌酶等），抗结石剂（枸橼酸锌、季铵盐、聚磷酸钠等），脱敏剂（氯化锶、丹皮酚、硝酸钾等）

2. 化妆品的特性

化妆品与人体接触频率高，影响持久，除应满足有关的化妆品法规要求外，还应具备其固有的特性，即安全性、功能性与稳定性。

（1）安全性

安全性是指化妆品应无毒、副作用，不得对施用部位产生刺激或致敏作用，且无感染性。化妆品属无化学反应的配方产品，其安全性在很大程度上取决于化妆品各组分的安全性。通用的化妆品基质原料，均已通过毒理学试验和人体安全性试验（人体斑贴试验、人体试用试验），只要使用合格的原料，生产环境和生产过程无微生物污染，则不必进行全部的安全试验。新原料或添加药物的化妆品，须按要求进行部分或全部安全性评价试验，以确保化妆品的安全性。

（2）功能（效）性

功能（效）性是指任何化妆品均应具有一定的功能，不同之处在功能是否明显。其功能主要表现在使用效果上，如皮肤化妆品应具有收敛皮肤、保护皮肤生理功能作用；清洁类化妆品应具洗净毛发及化妆残迹；美容化妆品应使皮肤色彩达到化妆要求；特殊用途化妆品其功效因品种各异，应兼有美容和保健效果。为对消费者负责，必须对产品进行功效性评价。如防晒产品判定防晒效果；育发产品判定育发效果；除臭产品判定除臭效果等。近年来，随着化妆品品种和功效趋于多样化，化妆品功效评价也日益受到重视。

（3）稳定性

稳定性是指化妆品在保质期内，在储存、使用过程中，在炎热或寒冷环境中，均能保持其原有性状，不论香气、颜色、形态均不发生变化。化妆品大多属胶体分散系，具有热力学不稳定性，一般要求化妆品应具有 2~3 年稳定期（保质期）。影响化妆品稳定性的另一因素是微生物污染，化妆品生产过程受微生物污染称一次（级）污染，贮存、运输或使用过程中受微生物污染称二次（级）污染。

（二）合成洗涤剂

合成洗涤剂由活性成分和辅助成分构成，前者为表面活性剂，后者为助剂（添加剂）。辅助成分的作用是增强和提高洗涤剂的各种功能，故又称洗涤剂的强化剂或去污增强剂。

1. 表面活性剂

表面活性剂是洗涤剂的活性组分和主要原料，分子中含亲水性和疏水性两种基团。按其亲水基的离子型可分为两类：能解离为离子的离子型表面活性剂和不能解离为离子的非离子型表面活性剂，前者按其在水中生成活性离子不同，又可分为阴离子、阳离子和两性离子表面活性剂。各种离子型、非离子型表面活性剂又可按其亲水基种类再进行分类。

2. 洗涤助剂

助剂的主要功能有：①对金属离子起螯合作用或离子交换作用使硬水软化；②起碱性缓冲作用，使洗涤液保持一定碱度，保证去污效果；③具有润湿、乳化、悬浮、分散作用。

助剂分无机和有机两大类，主要的有三聚磷酸钠，又称五钠，是洗涤剂用量最大的含磷无机助剂。常用而重要的含磷无机助剂还有焦磷酸钠、焦磷酸钾、三偏磷酸钠、六偏磷酸钠、磷酸三钠等。近年因水污染，藻类大量繁殖而使磷的用量受到限制并寻求磷的代用品，但至今尚无在性能、价格等各方面可完全取代磷酸盐的助剂。无磷洗涤剂的主要助剂有碳酸盐(碳酸钠、碳酸氢钠、倍半碳酸钠、碳酸钾)、硅酸盐(偏硅酸钠、水玻璃)等。其他助剂有：漂白助剂(过硼酸钠、过酸钠荧光增白剂)、络合剂(与硬水中的钙、镁离子螯合，形成溶解性络合物而被清除)、水溶助长剂、抗污垢再沉淀剂、溶剂、防腐剂等。

合成洗涤剂的安全性包括对人体和对环境两方面。合成洗涤剂的毒性主要取决于其表面活性剂的成分，急性毒性研究表明，表面活性剂对大鼠经口 LD_{50}①范围为 1000～5000mg/kg，属低毒性级。其毒性大小顺序为：阳离子表面活性剂>阴离子表面活性剂>两性离子表面活性剂>非离子表面活性剂。对环境的安全性，主要应考虑表面活性剂的生物降解性。研究表明，合成洗涤剂或表面活性剂的生物降解性随品种不同而异，常用的表面活性剂如线性烷基苯磺酸钠、烷基磺酸钠、乙氧基化烷基硫酸钠、α-烯烃磺酸盐等品种，均可达到生物降解指标的要求。

(三)黏合剂

1. 溶剂型黏合剂

溶剂型黏合剂使用的溶剂有醇类(甲醇、乙醇)、正己烷、环己烷、

---

① LD_{50}：半数致死量(lethal dose 50%，LD_{50})，是指在预定时间之内，如 96 小时，能够引起试验动物一半死亡的药物剂量。

甲苯、乙酸乙酯及其他酯类、甲基乙基酮、丙酮、其他脂肪族烃、芳香族酯类等。这些溶剂易挥发，可造成室内污染。

黏合剂组分包括基料树脂和橡胶类聚合物，其他组分有软化剂、增强剂、抗氧剂、增粘剂、交联剂和填料。乳液型（树脂）和乳胶型（橡胶）黏合剂是将上述聚合物分散于水中形成乳液或乳胶。

2. 无溶剂型黏合剂

无溶剂型黏合剂不含溶剂，家庭中常用的有环氧树脂，商品是将树脂和固化剂（二胺类）分别包装，使用前混合，固化剂有挥发性和毒性。

（四）涂料

涂料由成膜物质（油脂、纤维素衍生物，天然树脂和合成树脂）、次要成膜物质（增塑剂、催干剂、颜料分散剂、防霉剂、防污剂）、溶剂（矿油精、煤油、甲苯、二甲苯、醇类、醚类、醚醇类、酯类、醚酯类，酮类和其他溶剂）和颜料组成。

黏合剂和涂料使用的各种有机溶剂是室内空气中挥发性有机化合物污染的重要来源。涂料中的各种着色颜料，可能含有可溶性重金属铅、镉、铬、汞等有毒污染物。

（五）家用杀虫剂

灭蚊灭蝇剂有敌百虫、敌敌畏、天然拟除虫菊酯和人工合成拟除虫菊酯等；防蚊驱蚊剂有酞酸丁酯、甲苯二乙胺、天然香料（香茅油、薰衣草油、桉树油）等；灭鼠剂有安妥、磷化锌、敌鼠、灭鼠灵、杀鼠灵等；灭蟑螂剂有硼砂、敌百虫、倍硫磷；防蛀、防霉剂有樟脑、对二氯苯等。这些预防、消灭或控制蚁、蝇、鼠和其他有害生物的家用杀虫剂制品均属于农药，对人体有一定毒性。

（六）其他

（1）家用除臭剂含吸附剂（如沸石）、吸湿剂（氯化镁）、吸湿抑制剂（氧化镁）和防腐剂（安息香酸）等。

（2）家用擦光剂家具上光蜡（含聚硅酮、氧化微晶石蜡、矿物油）；地板抛光剂（含聚丙烯酸衍生物、润湿剂、消泡剂、二乙二醇、甲基醚、三丁氨基乙基磷酸酯、防腐剂、乳化剂等）。

（3）皮革光亮剂含聚氨酯乳液、硼砂、酪素、氨水、苯酚、防腐剂、香精、乳化蜡液等。

（4）汽车擦亮去污剂含乙醇胺、矿物油、油酸、硅藻土、水等。

（5）皮鞋油含石蜡、巴西蜡、蜂蜡、松节油、煤油、肥皂等。

第二节　家用化学品与环境

家用化妆品的应用，是随着社会和科学技术的发展而不断增加的。社会的发展使人们对物质生活提出了新要求，而科学技术的发展则使这些要求得以实现。人类开发出的化学产品很大程度上为改善生活条件、美化环境、方便生活、提高生活质量提供了物质基础。这些化妆品的使用无疑改变了人类生活环境中的化学组成，但同时也改变了人类生活环境的化学组成。因此，应正确认识日常接触的这些化学品，识别其利弊。

一、家用化学品与室内环境

（一）装饰装修材料

装饰材料的使用是室内环境污染的主要来源之一，如木质人造板材（木地板、木质人造板家具）、内墙涂料等。涂料溶剂的挥发可给室内环境带来大量的挥发性有机物，其中的苯系物、甲醛、胺类等物质的浓度可大幅度增高。木质人造板材甲醛释放量与制造时使用尿醛树脂黏合剂有关，使用量大且未经高压高温处理的板材释放量大。甲醛浓度通常随装修后时间的延长而下降，一些木芯板（细木工板）的甲醛释放在几个月内可稳定在一定浓度，在板材表面用漆或防火板等致密材料封闭可减少其释放。油漆和涂料含甲醛、苯、酚、重金属等，在涂装后挥发可在局部形成高浓度环境对施工者构成危害。而在工程完成后的相当一段时间内，涂装表面仍可释放出挥发性有机物，如油漆、含水涂料、黏合剂等。内墙涂料由于涂装面积大，涂料的使用量大其挥发量也大，不同类型的涂料可含有挥发性有机化合物、游离甲醛、铅、镉、铬和汞等重金属，导致室内空气污染。

化学物质可分为超挥发性有机物（VVOC）、挥发性有机物（VOC）、半挥发性有机物(SVOC)、微粒物质(POM)。其中 VVOC 沸点在 0℃以下，VOC 的沸点在 50~100℃。甲醛就属于 VVOC，其危害性大。

(二)杀(驱)虫剂

家用杀虫剂大多是气雾型制剂，主要成分是菊酯类化合物，如胺菊酯、氯菊酯、二氯苯醚菊酯等和增效剂煤油、酒精等配制而成，推进剂则可用丙烷、丁烷或二甲醚。使用时雾化过程可在局部形成较高浓度，易被使用者吸入，且以气溶胶形式散布的这类物质，在呼吸道和肺泡表面有较高的吸收率而危险性更高。而在施用后相当一段时间内，室内空气均可维持一定的浓度。由于目前家用的杀虫剂大多以拟除虫菊酯类为主要成分，这类物质属内分泌干扰物，长期低浓度暴露对敏感个体有可能造成危害。

图 10-1 家用杀虫剂

DEET 是化学物二乙基甲苯酰胺的简称，又称避蚊胺。DEET 作为一种广谱昆虫驱避剂有效成分，对多种昆虫都有驱避作用，但其浓度需大于 6% 方有效，而这一浓度对婴幼儿皮肤有刺激作用。

(三)空气清新剂与香水

气雾型的空气清新剂是以香精、乙醇和雾化剂配制而成，雾化剂大多以丁烷、氟利昂(四氟化碳)这类低沸点物质为原料。使用过程中可迅速将有效成分以气溶胶的形式扩散到空气中，这样就增加了在室内暴

图 10-2 避蚊胺刺激婴幼儿的皮肤

露挥发性有机物的机会。当清新剂中的成分，如香精对于某些人是过敏原时也可能发生健康危害，导致室内空气污染。

(四)消毒剂与卫生杀虫剂

过氧乙酸是酸性的强氧化剂，使用时与空气接触迅速形成烟雾，尤其是高浓度时，对室内物品有强烈的腐蚀性，同时对人体皮肤和呼吸道也具有强刺激。因此，可以造成室内空气的严重污染。此外，过氧乙酸具有的易爆、易燃和强氧化特性使其成为危险化学品，储存和使用不当可能造成严重的事故，应当引起足够的重视。

一些劣质的蚊香、液体蚊香、灭蚊喷雾剂等家用卫生灭蚊产品以仲丁威等含氨基甲酸酯类农药作为有效成分。由于氨基甲酸酯类的毒性大，使用时在室内环境近距离接触有可能对使用者，尤其是老年人和婴幼儿造成健康危害。国外一般不用于家用产品，反映了对其安全性的担忧。

(五)其他化学品

液化气的使用可给局部环境带来大量的一氧化碳和少量的氡，长期接触可能导致健康危害的发生，经常从事烹饪的家庭主妇或家政人员可经此途径有相对较高的暴露。

洗涤剂中干洗衣物的干洗剂常用四氯乙烯为溶剂。四氯乙烯属毒物，干洗后的衣物如残留与皮肤接触可能诱发皮炎，吸收后则可增加肝脏负荷。这种通过残留与人体接触的化学品也是构成室内污染的途径之一。

二、家用化学品与外环境

大多数化学品使用后均以原型或分解产物释放到周围环境中，当这些物质在外环境很稳定或与其他物质化合后形成难分解的化合物则有可能增加环境负荷。如用氟利昂作为家用化学品（空气清新剂、喷发胶等）的推进剂就有可能增加氯氟烃的排放，从而对臭氧层构成威胁就是典型的例子。

（一）合成洗涤剂

合成洗涤剂是以表面活性剂为主，一些助洗剂为辅如磷酸盐、碳酸钠、香精、酶等成分组成。其中的表面活性剂去污，助洗剂软化水，其他助剂促进反应。一般对环境构成危害的成分是磷酸盐、次氯酸盐、甲醇、酚、松节油、各类表面活性剂、直链烷基化合物等。合成洗涤剂对外环境的影响主要是通过污染水体造成的。合成洗涤剂的用量大且分散，污染后的治理难度大。洗涤剂的使用主要是家庭和专业的洗涤机构，后者虽然不属家用的范畴，但由于其使用合成洗涤剂的量大、种类复杂而使排污对水环境的污染威胁不容忽视。合成洗涤剂对外环境的威胁主要取决于洗涤剂类型（如含磷洗衣粉）及其用量。在缺乏监管的情况下，一些伪劣产品进入市场，尤其是在洗染业商业化的使用将大大增加环境的负荷，含这些物质的废水大量排入河流湖泊，会导致水体富营养化，危害水生生物等。

1. 水体的富营养化

在水体受生活污水严重污染的情况下，含磷合成洗涤剂的使用提供了适合藻类生长的养分。在阳光充足的条件下，水体中藻类大量繁殖而发生富营养化，在这一过程中含磷洗涤剂的大量使用是重要因素之一。

2. 影响水体的自净能力

富营养化的水体，其水中溶解氧、酸碱度等理化性状均发生了变化，正常的自净能力受到影响。另外，洗涤剂中的表面活性剂对水体中参与自净的微生物会产生抑制，从而影响其自净能力。

3. 生活饮用水中的洗涤剂成分

长期大量的洗涤剂的使用与排放，一定程度上增加了水体中合成洗涤剂的含量或其分解产物。这一状况对水生生物是不利的，而一旦水源水中含有这些物质，目前生活饮用水的净化工艺是无法完全去除的。也就是说，有可能随生活饮用水进入人体增加人体负荷，而对这一暴露的长远健康效应的研究还欠缺。

值得一提的是，干洗店使用的化学干洗剂大多属挥发性有机溶剂，这些干洗剂最终是要排放入环境的。因此，当这些干洗剂具有一定毒性时，就可对环境造成危害。

(二)杀(驱)虫剂

卫生杀虫剂属农药，在使用过程中对外环境的污染与农药有着许多相同之处。卫生杀虫剂的使用对周围环境造成的污染更接近人群，因而危害更广泛。这类杀虫剂对外环境的污染需注意的是：家用的杀(驱)虫剂主要成分是拟除虫菊酯类，属环境内分泌干扰物；另外，这类产品有可能被掺杂了有机磷或有机氯农药。

(三)消毒剂

漂白剂及消毒剂含有较浓的氧化性物质，这类物质进入环境，会污染环境。含氯消毒剂在我国的医疗机构和家庭的应用相当普遍，在水中分解形成次氯酸，次氯酸是其杀菌的基本原理，但同时次氯酸也可与水中的含碳有机物发生卤代反应生成三氯甲烷、四氯化碳等有毒有害物质，导致水体污染。消毒剂在突发公共卫生事件时会对环境造成较大的影响，家庭及以机构为单位的消毒剂使用较为普遍，无论是使用范围还是使用量均较平时要大得多。此时，残留的消毒剂会随下水系统排入江河湖海等水体，增加环境的负荷。

一些毒性大的消毒剂可直接危害水生生态，杀灭与水体自净有关的微生物，加重水体污染。如2003年的SARS期间就曾出现过水体消毒剂含量大增，要由卫生部和国家环保总局联合发通告指引过氧乙酸消毒剂的正确使用和处理。

（四）家用药品

通常药品的使用量是有限的，原型或代谢产物的排出一般对环境的影响不大。但当一种药物使用相当普遍且长期使用时就有可能对环境构成威胁。

典型的例子是避孕药物的使用，在大城市由于人口聚集，每日排放的生活污水中含有一定量的激素类药物，尤其是性激素类如避孕药。调查发现，在流经伦敦的泰晤士河里出现有雌雄两种生殖器的变性鱼，尤其是在污水流入处变性鱼比率较高。这可能与居住在泰晤士河一带的人群经常服用的避孕药中含雌激素有关。更危险的是这类物质在水体含量的增加，最终可通过生活饮用水影响人类自身。这种长期低浓度的暴露可能造成人群性别比的改变，男性生殖功能受损，出生缺陷等。

其他的药物使用如抗生素，如滥用将使环境中的病原微生物产生抗药性。从而进入不断加大用量和开发新型抗菌药、促进抗药性的产生、再加大用量和开发新药的恶性循环。

第三节　家用化学品与人体健康

家用化学品在使用过程中，主要接触途径是皮肤，偶可出现黏膜接触。皮肤接触化学品时，某些成分可通过皮肤吸收而对全身健康产生影响。家用化学品对健康影响包括有利和有害两方面，有害作用多因使用不当、使用过量或使用不合格产品而引起，本节主要讨论家用化学品使用过程中对健康的不利影响，探讨家用化学品所致不良反应的病因和防制措施。

家用化学品根据使用目的不同可分为：化妆品、洗涤剂、消毒剂、黏合剂、涂料、家用杀虫(驱虫)剂及其他家用化学品等。随着化妆品及家用化学品的广泛使用以及种类的不断翻新，不可避免地引起一系列卫生问题，概括为以下几方面：①化妆品及家用化学品致皮肤损伤；②家用化学品造成环境污染；③化妆品及家用化学品在生产及使用中的废弃物对环境的污染；④化妆品和家用化学品有毒成分的潜在危害；⑤误服误用家用化学品所致危害。

一、化妆品

(一)化妆品对皮肤健康的不良影响

化学品具有清洁、保护皮肤和美容的有益作用,但是由于化学品原料种类繁多,成分复杂,如果原料选择及配方不当,可含有对人体健康有害的化学物质;如果在生产过程中生产环境条件不良、生产设备不符合要求以及操作不够严格,均可造成化学和微生物的污染,使化妆品质量下降,可能给人体健康带来不良的影响。个体使用不当或体质、外界环境因素等也可导致对化妆品产生不良反应。

化妆品直接使用于皮肤或毛发的表层,最常见的不良影响是引起皮肤损伤。通常化妆品皮肤病在经常使用化妆品的人群较多见,因而一些常需要化妆的行业发病率较高,如服务行业、商业、文艺工作者等。其中又以女性居多。部分化妆品质量低劣及化妆品受微生物污染,化妆品中添加剂越来越多,成分越来越复杂,有毒物质含量超标,化工原料的毒性刺激,化妆品存在所含药物的不良反应等也易引起皮肤损害。此外,化妆品产品说明书解释不清或病人使用不当,使用前没有详细阅读说明书;病人有过敏体质,化妆品选用不当,使用前没有做相应的皮肤敏感试验,出现不适时没有及时停用并就诊,也是化妆品皮肤病发生的原因。应当引起注意的是,美容院自制产品造成的化妆品皮肤病占有较高的比例。美容院自制产品多数为"三无"产品,并且使用的都为系列产品,少则三五种,多则同时应用十几种。一旦发生皮肤不良反应,将很难对致病产品做出判断,同时由于美容院人员的不合理解释,往往没有及时停用致病产品,容易造成难以恢复的皮肤损害。进口或合资企业高档化妆品引起皮肤不良反应者也占有相当的比例,应该引起注意。

我国卫生部及国家技术监督局于 1997 年发布并实施了《化妆品皮肤病诊断标准及处理原则》(GB/T 17149.1—1997 ~ GB/T 17149.7—1997)共 7 项强制性国家标准,对化妆品引起的各类型皮肤和附属器的病变做了明确的定义,提出了诊断原则、诊断标准和处理原则。它将化妆品皮肤病定义为:人们日常生活中使用化妆品引起的皮肤及其附属器官的病变。

1. 化妆品接触性皮炎

(1)刺激性接触性皮炎(ICD),是指无变应原存在的由化妆品理化性质刺激而引起的皮肤局部、表浅的渗出性炎症反应。由化妆品中一种或一种以上化学物质反复接触皮肤的直接作用所致的皮肤损伤,是化妆品引起皮肤损伤中最常见的病变。化妆品引起的刺激性接触性皮炎一般不出现急性反应,主要是累积反应。刺激性接触性皮炎的症状轻重不一,轻者仅有皮肤黏膜感觉异常,如刺痒、蚁行感等,重者则出现严重反应,如皮肤黏膜出现水泡、大片红肿、破溃、继发感染,甚至出现全身反应等。但一般病人临床表现为红斑、丘疹、水肿、片状脱屑并伴有瘙痒、烧灼感等(如图10-3所示),洗浴或风吹日晒后病情加重。涂抹后即可很快发病,病变往往发生在接触部位,边界清楚,病程较短,去除或停止使用化妆品,症状即可减轻或消除。患有特应性皮炎、干性湿疹或神经性皮炎者,其皮肤角质层受损,更易因接触化妆品而引起刺激性接触性皮炎。

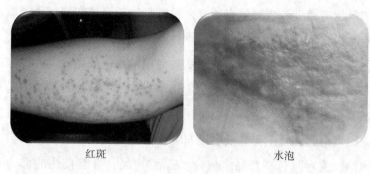

红斑 水泡

图10-3 皮炎症状

(2)变应性(过敏性)接触性皮炎(ACD),指由化妆品中含有的变应原物质引起的皮肤迟发型变态反应,由于化妆品含多种变应原物质,因此这类皮炎是仅次于刺激性皮炎的一类常见的化妆品皮肤病。往往是皮肤黏膜多次接触同一化妆品或相同成分后在接触部位或非接触部位缓慢发生的湿疹样改变。接触物通常是弱的致敏原,使用者初感良好,但使用一段时间后,面部渐出现丘疹、脱屑、刺痒等,这些症状通常持续存在,即使停止使用后仍可存在一段时间。当病人再次使用同一化妆品后,可迅速诱发或加重上述病情。

ACD一般在初次接触变应原5~7天出现。主要表现为瘙痒、皮损形态多样，丘疹边界不清、红斑鳞屑、局部红肿等。再次接触时出现症状的时间大为缩短，皮损加重。ICD 与 ACD 在临床上可从病程长短、皮损特点、发病过程的快慢、接触史等方面加以鉴别。一般认为，特殊用途化妆品如除臭、祛斑、脱毛类等，常在接触部位引起刺激性接触性皮炎，而使用频率较高的普通护肤品常常引起变应性接触性皮炎（即化妆品过敏）。

图 10-4　皮炎症状（丘疹）

众所周知，化妆品中含有很多成分，比如香料、防腐剂、乳化剂、防晒剂等，均可导致过敏。常见的过敏原主要有以下 5 类，见表 10-5。

表 10-5　　　　　　　　　　　　化妆品中的常见过敏原

序号	过　敏　原	
1	香料	香料是许多化妆品中的成分，在化妆品皮炎病人中，斑贴试验香料的阳性率可达 7%～29.5%，是不可忽视的变应原。
2	对苯二胺	染发剂过敏的主要过敏原。
3	防腐剂	如异丙基噻唑啉酮、甲醛、甲醛释放剂等。
4	乳化剂	如羊毛脂及其衍生物等。
5	其他成分	如防晒剂、抗氧化剂和抗菌剂等。

染发剂中含有苯胺类染料，其毒性较大并具致敏性，可与多种化合物产生交叉反应。因此染发剂是仅次于护肤膏、霜类引起 ACD 的化妆

品。ACD 的诱发及其严重程度除与机体本身因素(遗传、年龄、接触部位皮肤状态)有关外，还与变应原性质、浓度和化妆品组分中是否含表面活性剂和佐剂①等因素有关。

2. 化妆品光感性皮炎

(1)光变应性接触性皮炎(PCD)，指涂抹含有光敏物质的化妆品后，皮肤在日光照射下发生的局部过敏性皮炎。化妆品中的光敏物质，经日光照射后改变结构，从而获得抗原性或半抗原性而使机体致敏。此类物质常见的有秘鲁香胶、G-甲基香豆素、麝香、檀香木油、柠檬油；防腐剂中的氯化酚；祛臭剂中的六氯苯；防晒剂中的对氨基苯甲酸及其脂类化合物，紫外线吸收剂中的安息香酸、桂皮酸等。

光变应性皮肤病的临床表现主要在外露部位的皮肤出现红斑、丘疹、脱屑、刺痒、肿胀。长期反复发作可使皮肤弹性减退、松弛、粗糙、肥厚、苔藓以及色素沉着，甚至发生萎缩。涂抹花露水后，在强烈阳光照射下，容易发生此类皮炎，称为"花露水皮炎"，小儿特别容易发生，病变出现在脸、颈、耳后、肩部、胸部等部位，症状表现为局部皮肤发红、色素沉着、呈垂滴状、边缘较清晰、多为四边形或线条状，日久可形成瘢痕。

(2)光毒性皮炎(PD)，指化妆品中含有光敏物质，经日光照射后这些物质对皮肤所产生的毒性刺激导致的损伤。光毒性反应的作用光波波长包括 UVB②、UVA③ 和可见光④。光毒性皮炎临床表现为人体皮肤接触化妆品部位发生轻度炎症和炎症后色素沉着。因炎症反应较轻，故

---

① 佐剂：佐剂是非特异性免疫增强剂，当与抗原一起注射或预先注入机体时，可增强机体对抗原的免疫应答或改变免疫应答类型。

② UVB：波长 275~320nm，又称为中波红斑效应紫外线。中等穿透力，它的波长较短的部分会被透明玻璃吸收，日光中含有的中波紫外线大部分被臭氧层所吸收，只有不足 2% 能到达地球表面，在夏天和午后会特别强烈。UVB 紫外线对人体具有红斑作用，能促进体内矿物质代谢和维生素 D 的形成，但长期或过量照射会令皮肤晒黑，并引起红肿脱皮。

③ UVA：波长 320~400nm，又称为长波黑斑效应紫外线。它有很强的穿透力，可以穿透大部分透明的玻璃以及塑料。日光中含有的长波紫外线有超过 98% 能穿透臭氧层和云层到达地球表面，UVA 可以直达肌肤的真皮层，破坏弹性纤维和胶原蛋白纤维，将我们的皮肤晒黑。

④ 可见光：可见光是电磁波谱中人眼可以感知的部分，可见光谱没有精确的范围；一般人的眼睛可以感知的电磁波的波长在 400~760 纳米，但还有一些人能够感知到波长在 380~780 纳米的电磁波。

最初出现的色素沉着多不被注意，色素沉着时间可达半年至一年。若接
触足量的光毒物质和充足的光照，任何人都可能发病。

（3）接触性荨麻疹（CU），指正常皮肤接触化妆品 15～20 分钟后产
生风团（如图 10-5 所示）和红斑，数小时内即可消失。一般认为此类皮
肤病是属于Ⅰ型变态反应①，涉及体液免疫系统，是由于化妆品中某些
化学成分产生过敏反应或直接导致组胺②游离释放而发病。目前已有使
用毛发脱色剂引起本病的临床报道。

图 10-5　接触性荨麻疹症状（风团）

4. 化妆品痤疮（AIC）

化妆品痤疮是指因化妆品使用不当而引起的痤疮，是仅次于接触性
皮炎的常见化妆品皮肤病。皮疹表现与青春期发生的痤疮相似。多发生
于面部，以炎性毛囊性丘疹及白头粉刺较多见，黑头粉刺较少见。此类
皮肤反应多见于 20～30 岁年龄组人群，50 岁后仍可发生。油性皮肤的
人经常使用化妆品，可因皮肤皮脂腺和汗腺阻塞，影响皮脂从皮脂腺导

---

① 　Ⅰ型速发型变态反应：变态反应也叫超敏反应，是指免疫系统对一些对机体无
危害性的物质如花粉、动物皮毛等过于敏感，发生免疫应答，对机体造成伤
害。人们日常遇到的皮肤过敏，皮肤瘙痒、红肿，就是一种变态反应。
　　　变态反应分为Ⅰ型～Ⅳ型 4 个类型，Ⅰ型变态反应即速发型，又称过敏反
应，是临床最常见的一种，其特点是：发生快，消退亦快；常表现为生理功能
紊乱，而无严重的组织损伤；有明显的个体差异和遗传倾向。Ⅱ型～Ⅳ型分别
为细胞毒型、免疫复合物型和迟发型。
② 　组胺：组织胺，是身体内的一种化学传导物质。当机体受到理化刺激或发生过
敏反应时，会释放组胺，组胺可引起痒、打喷嚏、流鼻水等现象。

管排出致皮脂积聚于毛囊形成乳酪样物质，会在施用部位引起痤疮。易引起痤疮的化妆品包括护肤类的面脂、面霜；美容修饰类的粉底、油彩；含粉质较多的增白霜等。主要是由这类化妆品的基质，如凡士林、石蜡油、矿物油等石油产品诱发痤疮的能力较强，羊毛脂也有轻到中度的致痤疮性。常见于经常使用膏霜类化妆品者。

据我国北方城市对中学生的调查，脸部皮肤蠕形螨虫（如图 10-6）感染率高达 20%。一般情况下，虫体数量少，排出的毒物可随皮脂溢出皮肤表面，不致引起皮肤损害。如过多施用化妆品，使皮脂排出受抑，蠕虫即可在皮脂腺内大量繁殖，产生毒素引起皮肤刺激作用，颜面出现红斑等，病变以鼻、颊部明显，也可累及整个面部。

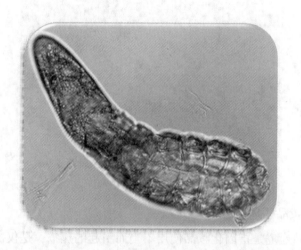

图 10-6　蠕形螨虫的电镜图

5. 化妆品皮肤色素异常（SD）

由美容或化妆品引起的皮肤色素沉着症。色素沉着大多局限于涂擦化妆品的面部和颈部，尤以眼睑及颧颊部常见，多伴有潮红、丘疹等炎症现象，主要表现为不规则斑片状或点状色素沉着。色素为继发于皮炎发生之后，少数色素斑发生前无皮炎发作史，光照可使病情加重。致病成分以化妆品中的焦油染料，尤以偶氮染料、香料多见。

6. 化妆品对毛发的损害

因使用毛发化妆品而引起的毛发损伤。可发生在毛干，表现为毛发脱脂干燥、枯黄、分叉甚至断发，也可发生在毛囊，引起毛发营养不良、毛囊角化型疾病和不同程度脱发。引起毛发损害的化妆品主要有洗发护发剂、染发剂、生发水、发胶、描眉笔、眉胶、睫毛油等，是由这些化妆品中的某些成分，如染料、去污剂、表面活性剂及其添加剂引起的。

7. 化妆品对甲的损害

由甲用化妆品（如指甲油、指甲清洁剂等）引起的甲本身及甲周围组织损害，表现为甲板粗糙、失去光泽、变形、软化、脆裂、剥离、增厚等，有时伴有甲周皮炎，如指（趾）甲周围皮肤红肿、疼痛甚至化脓。甲周围皮肤损害主要是刺激性皮炎和脱脂作用引起干燥、角化。

8. 化妆品对眼的损害

许多化妆品具有刺激性，即使对皮肤无刺激性，但通过某些途径误入眼内就会产生不同程度的损害作用。由化妆品引起的眼部伤害，可将其统称为"化妆品伤眼症"或"化妆品眼病"，主要有下列几种：

（1）眼睑和眶骨区接触性皮炎：施用头发、面部或指甲化妆品，尤其头发染料和指甲擦光剂是常见原因。面部膏霜、美容化妆用品（粉底香乳和粉底）和红彩引起的变应性和刺激性反应只限于眼睑部位。胭脂或眉笔的笔芯有变应原性质，可引起变应性睑缘炎，较严重者可引起眼睑皮肤坏死和溃疡，愈后留有瘢痕。这种皮炎如处理不当或继续使用化妆品，可转为慢性，眼睑皮肤呈现粗糙、增厚和色素沉着。其他可引起接触性皮炎的有香水、香味化妆品、浸渍含有氯化苯甲烃铵或甲醛的湿擦面薄纸、家用喷雾剂、睫毛卷曲器上的橡胶沿和其内的镍。

（2）结膜炎和结膜色素沉着：施用扑香粉、胭脂或眉笔，或涂擦香膏、香水时误入眼内，引起结膜和角膜刺激反应；施用眼线膏涂抹在眼睑的结膜侧面，可引起结膜色素沉着，因其位于睑板结膜上沿，只有在外翻上眼睑时才能发现。大多数无自觉症状或主诉眼不适、流泪和发痒。

（3）角膜灼伤：施用具有强碱性的冷烫液及其定型粉时，如不慎溅入眼内，可引起角膜灼伤，严重者可致角膜混浊和白斑，影响视力甚至可引起角膜穿孔。含苯胺类化学物的染发水，误入眼内不仅可损伤眼球表面组织，还可渗入深层，进而损害眼内组织，如不及时处理，渗入晶状体可引起白内障。

（4）角膜真菌病：国外研究表明，睫毛笔中常发现茄病镰刀菌污染。新的睫毛笔使用前污染率约 1.5%，使用过程中可使污染率急剧上升为 60% 左右。茄病镰刀菌容易引起角膜真菌病，严重者可导致双目失明。

9. 化妆品接触性唇炎

因使用唇用化妆品（如唇膏、唇线笔、油彩等）而引起的唇部损伤。一般损伤限于唇红部位，也可波及唇红邻近皮肤。皮疹表现为水肿性红斑及疱疹，反复发作后可变为干燥、脱屑、裂纹，自觉瘙痒、灼痛。

（二）牙膏对健康的影响

由于防治牙病与洁牙目的相结合，导致药物牙膏在牙膏产品中比重越来越高，在使用不当或具过敏体质的个体中，会对健康产生不利影响。常见的有：

1. 口腔炎、唇炎

使用含 G-4 混合物的牙膏（2 周~2 年），出现口唇干燥皲裂、鳞状病变、舌部不适和口角炎，停止使用这种牙膏并用维生素 B 治疗，症状消失。后查明 G-4 混合物主要成分是双-（5-氯-2-羟基苯基）甲烷和 2′2′-甲烷（4-氯酚）。

2. 痤疮样皮疹

因使用含氟化物牙膏导致口角和下颌部出现痤疮样皮疹，若不再使用这种牙膏，在 2~4 周内恢复健康，若继续使用这种牙膏，病变依然存在。

3. 支气管痉挛

某些对阿司匹林和非类固醇类消炎药敏感者，使用含酒石酸氢锌为防腐剂的牙膏后，会引发支气管痉挛，出现喘息、呼吸困难和干咳等症状。曾有报道，有位不吸烟有哮喘病史的妇女，每当使用糊状型牙膏后，在 10 分钟内即出现喘息、呼吸困难等症状，而改用凝胶型牙膏则无此症状出现。两种牙膏均出自同一公司，经核查，糊状型牙膏含防腐剂酒石酸氢锌，凝胶型牙膏则无。进一步询问病史，该病人对阿司匹林和非类固醇消炎药过敏。

（三）化妆品微生物污染的危害

由于微生物在自然界中的广泛存在，化妆品很容易受到微生物污染。其中尤以天然动植物成分、矿产粉剂、色素、离子交换水等原料易受微生物污染，某些剂型化妆品富含水分和营养成分，更有利于微生物生长繁殖。除了生产、储存、运输及销售过程中对化妆品造成的一次污染外，消费者在使用中，也常常由于取用前手未洗净、用后未及时盖严、保存不当或使用时间过长等原因使化妆品受到微生物污染，即二次污染。在各类化妆品中最容易受微生物污染的是儿童用化妆品，其次是膏霜类化妆品以及一些营养型化妆品。化妆品一旦受到微生物污染，就对人体健康构成威胁。因为化妆品大多直接涂抹或喷洒于人体皮肤、毛发、黏膜、眉眼部、口唇等部位，有的还较长时间保留在这些部位，所以，如果这些化妆品受到微生物污染，其中的致病菌便可能从与人体接触的各个部位侵入各个组织和器官，造成各种危害，甚至危及生命。

化妆品被微生物严重污染时，可使产品腐败、变质。化妆品被致病菌污染可能诱发感染，用被微生物污染的化妆品涂擦面部可引起疖肿、红斑、炎性、水肿。化妆品的长期使用可能会导致皮肤表面常驻微生物生态环境的改变。化妆品霉菌污染也较严重，某些霉菌产生的毒素对人体危害较大，造成的危害应予重视。

(四)化妆品中有毒化学物质的危害

化妆品是根据不同使用目的，用各种化学物质不同配方混合而成的。化妆品含有毒化学物质主要指未进行安全性评价的劣质化妆品或掺假的伪劣化妆品。这些化妆品危害是由于生产中使用不合格原料、使用禁用化学物质或超量使用限量化学物质，也可因生产过程或流通过程中管理不善，受有害化学物质污染所致。这些化学物质如超过限量，经皮肤或黏膜吸收或呼吸道吸入，无疑会对机体产生不良的影响。有些有毒化学物质可引起急性中毒，有些化学物质虽在短时期内不产生急性毒性作用，但长期使用后，会在体内不断蓄积，对人体健康产生潜在的危害，有的甚至具有致癌作用。化妆品有毒化学物质污染和危害的报道主要有：

1. 金属与重金属

一般用途化妆品的毒性很低，特殊用途化妆品中有些组分属毒性化合物。污染的金属常见有铅、汞、砷、镉、镍、钕等，尤以铅和汞较为突出。污染可来源于原料或生产过程，一些劣质化妆品的重金属污染是化妆品卫生质量差的主要原因。调查表明长期使用重金属含量高的化妆品，可使机体负荷增加。

长期使用毒性金属含量高的化妆品可使体内蓄积量增加而导致潜在危险性。国外有报道怀孕期和哺乳期妇女因施用含无机汞化妆品而致婴儿患肾功能紊乱。用含铅眼部化妆品致血铅达 $76\mu g/kg$ 的孕妇，其新生儿出现铅中毒，血铅达 $66\mu g/kg$。也有报道婴儿因舔食母亲面部含铅脂粉而引起急性铅中毒。

国家规定祛斑霜的含汞量应低于百万分之一，但很多增白剂和祛斑霜中经常加入粉末状的氯化铵汞，因为汞离子能够干扰人体皮肤内酪氨酸转化成黑色素，使皮肤黑色素减少，从而使皮肤增白，然而汞的慢性毒性极大，特别是能抑制生殖细胞的形成，会影响女性生育，汞还会破坏中枢神经系统，造成神经错乱(详见本书第八章第二节)。

铅粉曾是常用的化妆品原料，香粉和眉笔中含有铅。有些劣质香粉含铅白(碱式醋酸铅)或四氧化三铅，铅是剧毒的重金属，进入人体或呼吸道易引起铅中毒，同时铅能危害中枢神经系统，破坏人的大脑，导致神经失常(详见本书第八章第四节)。

生发剂和爽身粉中含有高浓度的砷，砷对人体危害极大。砷急性中毒症状主要是剧烈腹痛、呕吐、腹泻、大便呈"米汤"样，与霍乱症状相似。皮肤沾染上砷化合物，可发生皮疹，皮肤色素沉着。长期接触砷，可能导致皮肤癌。(详见本书第八章第三节)。

2. 溶剂类物质

化妆品溶剂一般属低毒或微毒，但大面积长期使用，溶剂经皮肤吸收，有可能引起不良反应。一般化妆品所用的溶剂如乙氧基二醇醚、二甲亚砜、异丙醇等，其在化妆品中的作用主要是保持化妆品的物理性能，保持组分的均匀分布等。

3. 芳香剂

制造香水、花露水等化妆品时所用的芳香剂所需要的 5000 多种化学成分中，只有不到 20% 做过毒性试验，结果是都含有毒性，被不少国家列为危险品。其他未测成分是否有毒，尚未可知。如果用比较精密的仪器，可在居室中检测到芳香剂所含 100 多种成分(芳香剂最常用的化学成分有 150 种)，其中多数成分已知有毒性。

4. 致癌、致突变和致畸物质

化妆品组分中可含有致癌、致突变和致畸物质或受其污染。如染发剂组分中二硝基对苯二胺、4-硝基邻苯二胺，能损害动物细胞染色体，具有致癌作用，可引起皮肤癌和乳腺癌。

法国曾报告，对市场出售的 200 多种染发剂试验结果证明，90% 有致突变、致癌性，染发的人群与不染发的人群相比患乳腺癌的危险性高 5 倍。美国曾对市售的 169 种染发剂进行试验，结果证明其中的 150 种含有致癌物质。所以，染发剂的最大潜在危险是致癌。他们调查了 500 名美容师发现，患肺癌的危险性比其他人群高。英国学者也报告，过度染发可诱发乳腺癌的危险性升高。另外动物实验表明，染发剂对动物有致畸胎作用。

某些具有特殊功能的化妆品中常加入多种激素，包括雌二醇、雌酮、乙炔雌二醇等。美国食品药品管理局的研究认为，上述雌激素是诱发子宫癌的危险物质。根据调查，使用含雌激素化妆品的女子子宫内膜癌的发病率，比非使用者高 4.5~13.9 倍。孕妇使用此类化妆品还有出现流产、胎儿畸形等危险。儿童使用该类化妆品可能会引起儿童假性性早熟症状。化妆品因误服引起中毒事件偶见报道，尤以婴幼儿多见。

纳米技术产品是近年研究开发的热点，市场上也不断有纳米防晒霜、纳米护肤液等纳米化妆品问世。在 2007 年美国癌症研究学会年会上，美国马萨诸塞州大学学者 Pacheco 指出，大小只有十亿分之一米的纳米颗粒可以对 DNA 造成损伤从而诱发癌症，人们选择纳米化妆品时应慎重。

5. 其他物质

粉妆化妆品含滑石粉，国外有报道儿童因大量吸入含滑石粉的粉状化妆品而导致肺水肿，个别病例死亡。成人使用含氟烷的喷发剂导致吸入中毒引起室性心律不齐、心室颤动，个别病例突发吸入死亡。还有报道儿童因误食科隆香水、香水和剃须后的润肤香水，引起乙醇中毒反应。

二、洗涤剂

洗涤剂是按专门配方配制的具有去污性能的产品。洗涤剂种类繁多，用途各异。洗涤剂对健康影响主要来自合成洗涤剂，天然洗涤剂如果加入化学物质也可产生危害。合成洗涤剂的主要成分由表面活性剂和洗涤助剂两部分构成（详见本章第一节），其毒性主要取决于表面活性剂。

表面活性剂为烷基苯磺酸钠(ABS)，有两种不同结构的 ABS。带支链者称为硬型 ABS，无支链或只带一个支链者称为软型 ABS(或简称 LAS)。硬型 ABS 在水中不易分解，若污染水源对水生生物危害较大。表面活性剂主要可分为阳离子型、阴离子型、非离子型，阳离子型表面活性剂毒性较大，非离子型毒性较小，阴离子型毒性介于两者之间。家用洗涤剂以阴离子型的合成洗涤剂应用最普遍。

洗涤剂大多是低毒或微毒的化学物质，一般情况下对人体危害不大。洗涤剂之所以会对健康构成威胁，主要是因为它们能通过皮肤进入人体。

(一) 皮肤损害

合成洗涤剂是家庭中造成皮肤损伤的重要致病因素，洗涤剂中的主要成分表面活性剂是引起皮肤损害的主要因素。

1. 原发刺激性接触性皮炎

大多数学者认为，多种化学性接触物的刺激作用是引起手部湿疹的主要原因。合成洗涤剂一般含有多种化学物质，其刺激性较弱，一般情况下是在接触一定时间后才可致病。除合成洗涤剂自身的刺激作用外，使用者自身的内在因素，也是发生该病的诱因。个体差异的存在，使得接触合成洗涤剂者有低反应性和高反应性两种体质。在正常人群中，高反应性体质大约占 14%，这些人对刺激物较为敏感，易发生接触性皮炎。主要原因是该人群皮肤的角质层相对较薄而易被大多数化学刺激物渗透，另外一些物理性因素如经常接触水、油等，加强了刺激物对皮肤的渗透能力，使原发刺激性接触性皮炎的发病率增高。因此，国外学者常把从事家务较多的妇女因经常接触合成洗涤剂及其他一些有机物而发生的手部湿疹称为"家庭主妇型手部湿疹"。

2. 遗传性过敏性皮炎

研究表明，有遗传性过敏性皮炎史的病人对化学品(如合成洗涤剂)、水、油、摩擦的反应，受干冷气候和精神因素的影响及复发率、病理等方面均较无该遗传史的人高，且痊愈率也较低。因此有遗传过敏性皮炎史的手部湿疹病人，应长期对患部采取防护措施，尽量避免直接接触可能致病的合成洗涤剂等家用化学品。

3. 机理不明的过敏性皮炎

有些病因不明，但确有特殊形态的手部湿疹。如钱币状湿疹，常于冬季在皮肤干燥时发生，精神因素、饮酒及长期接触合成洗涤剂、热水烫洗、药物刺激等均可加重本病，其发病机理尚不清楚。

(二) 全身中毒

家庭中使用洗涤剂，可能经皮、经口或经呼吸道进入体内。有测定表明，沾在皮肤上的洗涤剂约有 0.5% 会渗入血液，而当皮肤有伤口时其渗透力更可提高至 10 倍以上。这些物质一旦进入人体内，将使血液中钙离子的浓度下降，血液酸性化，使人容易疲倦。与此同时，过度接触这些消毒剂还会促使肝脏的排毒功能降低，导致人的免疫功能下降，肝细胞病变加剧，容易诱发癌症。化学洗涤剂侵入人体后与其他的化学物质结合后，毒性会增加数倍。尤其具有很强的诱发特性。据有关报道，人工实验培养胃癌细胞，注入化学洗涤剂基本物质 LAS 会加速癌细胞的恶化。LAS 的血溶性也很强，容易引起血红蛋白的变化，造成贫血症。化学产品的泛滥是人类癌症越来越多的最大根源，而化学洗涤剂是人类最直接最密切的生活用品。

洗涤剂残留是人体接触的重要途径，如果长期使用含苯、磷等有害成分的化学洗涤剂清洗碗筷和水果，其残留的苯和磷成分可通过食物和皮肤进入体内，造成体内蓄积性苯中毒。有资料显示，洗涤不彻底的餐具壁上残留的洗涤剂浓度为 0.03~0.06mg/L，还发现旧餐具超标多于新餐具。洗涤剂在衣服表面残留量可达 20mg/cm²，内衣上的表面活性剂可向皮肤迁移。

一般来讲，洗涤剂不能任意混用，否则会降低洗涤效果。尤其将以盐酸为主要成分的洗涤剂与含氯消毒剂混合使用，会产生对人体有害的氯气(如图 10-7)。前者如 84 消毒液、洗消净、洗净灵、含氯石灰(漂白粉)等，后者如除臭剂、厕所清洗剂、除垢剂等。如把洁厕灵与漂白粉、消毒剂组合使用可能会对人体造成致命的危害。由于洁厕剂是用盐酸勾兑成的，氯的含量较高，所以当洁厕粉与漂白粉合用或漂白粉与含氨类清洁剂合用时就会产生有毒的氯气，使人的眼、鼻、咽喉受到刺激，严重者还会烧伤肺部。另外，喷雾型的消毒剂、清洁剂特别是除臭剂、空气清新剂等混用，也会发生化学反应，对人体产生危害。

图 10-7　消毒液与含氯消毒液混用会产生氯气

(三) 其他危害

合成洗涤剂不仅可以直接危害人体健康，而且也是环境污染不可忽视的来源。合成洗涤剂是水体环境的主要污染物之一。可形成泡沫覆盖水面，降低水体的复氧速度和程度，影响水体的自净过程。洗涤剂对水生生物也会产生危害。水体中 ABS 浓度达到 1mg/L 时，就能抑制水生动物卵的孵化和浮游生物的光合作用。某些表面活性剂还是环境激素类物质，能造成鱼类畸形。污水灌溉农田时可使土壤环境受到污染，通过食物链间接对人体健康产生影响。

近几年来，越来越多的国家正在研究开发对人体安全、不污染环境、有可靠的去污效果且经济实用的洗涤用品，如研究安全无害的醇系表面活性剂和天然油脂表面活性剂为原料的洗涤类用品，并利用低磷或无磷产品来替代磷酸盐，保护水环境，增进健康。

三、黏合剂

黏合剂又称胶黏剂或黏结剂，因表面键合和内力(黏附力和内聚力等)作用，能使一固体表面与另一固体表面结合在一起的非金属材料的总称。黏合剂是最重要的辅助材料之一，在包装作业中应用极为广泛。

黏合剂是一类混合物，不同品种的黏合剂组成不同，有简单、有复杂，但黏料是黏合剂的主要组分，根据需要还配合一种或多种其他组分。

各种黏合剂通过不同途径(建筑装修材料、家具及有关日常生活用品等)进入家庭环境，尤其是合成黏合剂，可产生以挥发性有机物为主的污染物，如酚、甲醛、乙醛、苯乙烯、甲苯、乙苯、丙酮、二异氰酸盐、乙烯乙酸酯及环氧氯丙烷等，直接或间接危害居民健康。

家庭使用黏合剂常因徒手操作而密切接触，如使用不当，其中某些成分可能对人体产生有害作用。另一方面因居室内家具、建筑装修材料等所含黏合剂中有害成分的持续挥发，导致室内空气污染，主要引起呼吸系统损害。如污染浓度高或误入口中，还可引起全身性不良反应。除了对皮肤黏膜、呼吸系统造成损害外，还可影响神经系统，引起头痛、眩晕、动作失调、麻木、昏迷等中枢神经抑制症状。

(一)皮肤黏膜损害

(1)天然黏合剂因含有大量蛋白质而可能有轻微致敏作用，各种市售的手工艺用淀粉糨糊中常含有防腐剂(福尔马林)，手指长时间接触可发生肿胀。

(2)合成黏合剂中，环氧树脂是家庭中较常用的一种，有报道用环氧树脂修补高层水箱而污染水箱水引起使用者洗涤后出现皮肤瘙痒、眼睛受刺激等症状。环氧树脂引起的变态反应有一定潜伏期，多在接触后1周左右发生，皮炎治愈后如再次接触还可复发，长期接触可引起皮肤干裂。酚醛树脂中可能含有游离酚和甲醛，对皮肤有致敏作用和刺激作用。聚氨酯含有对人体有害的二异氰酸甲苯酯。脲醛树脂在使用过程中可能释出甲醛、氨等有害物质。以上物质在一定浓度时，均可刺激皮肤和呼吸道黏膜，引起不同程度皮肤、黏膜反应。家庭中常用的瞬干黏合剂属氰基丙烯酸酯类黏合剂，使用中如污染皮肤或黏膜可迅速黏结引起污染部位刺激作用。有报道因误入口中而影响呼吸功能，污染眼睑、手部皮肤而引起变应性皮炎、眼睑炎、甲周炎，严重者引起指甲萎缩，危及眼睛引起角膜损伤等事件。

(二)呼吸系统损害

含有挥发性有害成分的合成黏合剂，在使用时或使用后，缓慢挥发的有害成分可经呼吸道进入人体，导致急性或慢性中毒，表现为诱发哮喘性支气管炎和支气管哮喘或致使其病情加重。此外，已经证实黏合剂中的一些挥发性有机物还具有致癌作用。

四、涂料

涂料组分除少数是天然物质外，大多是人工合成化学物质。其毒性除与理化性质、浓度、接触时间有关外，还受使用现场环境条件(通风、温度、湿度等)的影响。涂料中的基质与溶剂在干燥过程中可挥发至空气中，经呼吸道吸入或皮肤接触可致机体损伤。

涂料中主要有毒物质及其危害有以下几方面：

(一)成膜物质

成膜基质中的二异氰酸甲苯酯(聚氨酯涂料)、甲醛(酚醛树脂涂料)、漆酚(天然生漆)均为变应原物质，可引起皮肤、黏膜刺激作用和致敏作用，二异氰酸甲苯酯反复接触可引起过敏性哮喘。甲醛对皮肤黏膜有强刺激性，还是诱变剂和弱的致癌作用始发剂。

(二)有机溶剂

由挥发性有机溶剂组成，有烃类(脂肪烃、芳香烃)、醇类、醚类、酮类和酯类。常用的如苯、甲苯、二甲苯，乙酸酯类和汽油等溶剂。其共同特点是易挥发，主要经呼吸道和皮肤接触，多作用于神经系统，具有麻醉作用。皮肤接触可致皮炎、皮肤干燥等。其中苯慢性作用可引起造血系统损伤，严重者致骨髓再生障碍和白血病。

(三)颜料和染料

颜料有铅基颜料(如红丹、黄丹、铅白、铅铬绿)、铬颜料(铬黄、铬绿)、镉颜料(镉黄)；有机染料如偶氮染料、油溶黄 AB、油溶橙等。含重金属颜料如进入体内，可增加人体负荷，在体内蓄积可能引起中毒。尤其家庭中含铅涂料导致铅污染而引起儿童铅中毒的报道较多，尤其在家具翻新，内墙、地板漆膜打磨去除过程中，脱落的漆粉、漆膜可经呼吸道、消化道进入儿童体内。

（四）涂料添加剂

涂料防霉剂如双三丁锡氧化物，可致室内产生恶臭味，可使居住者产生不适感，引起头痛、咳嗽、上呼吸道烧灼感、鼻出血、恶心呕吐等症状。用含防腐剂醋酸汞的乳胶漆装饰居室内墙，可增加体内汞负荷量。

我国已制定九种常用涂料有害物质限量国家标准，如室内装修、装饰用硝基漆类、聚氨酯漆类和醇酸漆类等。还制定了木器涂料中有害物质允许限量（GB18581—2001）、内墙涂料中有害物质限量（GB18582—2001）等。

五、家用杀（驱）虫剂

卫生杀虫剂是家庭中用于杀灭蚊、蝇、蟑螂、鼠类等虫害的一类化学品。如使用不当，可对人、畜造成伤害。

至1993年，我国已注册登记的家用杀虫剂达150多种，有效成分近30种。主要有效成分为拟除虫菊酯类，其活性成分有胺菊酯、氯菊酯、丙烯菊酯、氯氰菊酯和溴氰菊酯等。毒性分级属低毒或中等毒性，主要影响神经行为功能和引起皮肤感觉异常。动物实验表明，急性中毒出现兴奋、震颤、共济失调和抽搐等症状。

其他卫生杀虫剂有杀螟硫磷（有机磷杀虫剂），将其与胺菊酯混合可用于防治蚊、蝇、蟑螂等家庭害虫；残杀威（氨基甲酸酯类杀虫剂），用于防治蚊、蝇、蟑螂等害虫。

（一）灭蚊驱蚊剂

有杀蚊气雾剂、蚊香、电热蚊香片、电热液体蚊香等。

1. 蚊香

蚊香的主要成分为拟除虫菊酯。由于散发各种气味，可引起使用者的不快感；可引起皮肤黏膜刺激症状，如流泪、打喷嚏、面部发痒或烧灼感，皮肤粟粒样红色丘疹；在通风不良的情况下，可产生头昏、头痛、恶心、呕吐等症状。此外，蚊香燃烧时，其中所含重金属（铬、镉、铅）在点燃的蚊香头上（温度达700℃）被气化，散发至空气中，长期使用蚊香且通风较差时，可能对人体造成危害。

2. 驱蚊剂

含有驱蚊作用的天然香料或合成香料以及各种辅助原料。某些天然香料如香茅油，气味浓郁，使部分使用者感觉不快；驱蚊香精、驱虫菊酯可导致过敏性湿疹样皮疹，配方中的酒精和膏剂，使皮肤有不同程度灼热感和油腻感，使人不快。此外，驱蚊剂某些化学成分经皮肤吸收，有一定毒性，如广谱驱蚊剂 N，N-二乙基间甲苯甲酰胺，经皮吸收可形成高铁血红蛋白血症，引起溶血和肝肾功能损害，长期使用对健康可能造成损害。

(二)防蛀剂

用于防蛀、防霉的卫生球中含萘，可通过呼吸道、消化道和皮肤吸入。有刺激作用，高浓度可致溶血性贫血、肝肾损害、视神经炎和晶状体浑浊。皮肤长期接触可引起皮炎和湿疹样表现。

六、其他家用化学品

(一)纺织品

为某些特殊功能而进行加工处理的纺织品中，常见的化学物有防蛀剂(如狄氏剂)、防霉剂(如三苯基锡化合物、三丁基锡化合物、有机汞化合物)、阻燃剂(如双-2，3-二溴丙基磷酸盐、三[1-氮杂环丙烯基]-2-三氟甲基苯并咪唑)、干洗剂(1，1，1，-三氯乙烷)、整理剂(含甲醛)、增塑剂(含磷苯二甲酸盐)等，这些化学物有一定毒性。如使用不当、误用、滥用即可造成危害。为保证消费者安全，很多国家制定了相应法规，对各种化学物使用范围和限量制定了控制标准。

(二)家庭用气溶胶产品

包括立体喷射产品(杀虫剂、室内消毒剂)、平面喷射产品(发用油膏、香水、芳香喷雾剂)、粉末产品(香粉、粉沫灭火器)、泡沫产品(剃须膏等)、溢流产品(乳膏、牙膏)、除臭剂(氟利昂)等。因含有喷射剂，喷射物质(原液)多为可燃性，使用中应按易燃易爆物质要求和高压气体安全操作规程使用。

（三）橡胶制品

乳胶手套、橡胶拖鞋、橡胶手套等制品。其中常见变应原物质有硫代氨基甲酸锌、秋兰姆、α-巯基苯并噻唑化合物。常可引起变应性接触性皮炎和湿疹。

（四）首饰和金属制品

其中以含镍的金属制品引起变应性接触性皮炎和湿疹多见，镍是变应原物质。

第四节　家用化学品对健康危害的防治

一、化妆品

防治化妆品对健康的不良影响，主要有以下几方面：

（一）加强对化妆品的卫生管理

使化妆品生产、销售和流通各环节纳入法制管理轨道，杜绝各种冒牌、掺假、伪劣化妆品在市场上出现。

（二）建立对化妆品使用者的卫生监督

建立化妆品使用引起不良反应报告制度，及时发现和处理人群使用化妆品在卫生安全方面的问题。上述工作应视为化妆品安全评价的延续，也是卫生监督机构的一项重要工作。

（三）安全使用化妆品

消费者除了应选用合格化妆品外，还应在使用前对化妆品作全面了解（成分、使用方法、注意事项等），做到预防为主、及时处理，避免产生不良后果。

（四）合理保存化妆品

主要应注意化妆品防热防冻、防晒、防潮、防污染，避免用过期化妆品。

（五）正确使用化妆品

如美国新近公布一项研究结果显示，防晒霜如使用不当，反而会对皮肤造成更大伤害。建议按皮肤癌基金会提供的方法使用防晒霜：每2小时重新涂抹一次防晒霜，尤其在出汗和游泳后。

二、洗涤剂

（一）使用合格的洗涤剂产品

我国轻工部对合成洗衣粉规定了质量要求，按其感官和理化指标达到程度的不同，将产品质量分为一级品和二级品。我国洗衣粉国家标准（GB/T13171—1997）规定的洗衣粉属弱碱性产品，按品种、性能的规格分为含磷和无磷两类，每类又分普通型和浓缩型，对洗衣粉各项理化指标（包括外观、颗粒度、表观密度、总活性物含量、聚磷酸盐、总五氧化二磷含量、水溶性硅酸盐含量、pH）规定了质量要求。

（二）使用日常浓度的洗衣粉

应尽量限制接触时间和接触数量，皮肤直接接触洗涤剂要使用安全浓度，严禁任意加大浓度。

（三）皮肤损伤者（皮肤病、皮肤外伤）

由于皮肤屏障功能受损，应暂时停止使用与皮肤接触的洗涤剂。

（四）控制洗涤剂污染水环境

我国已制定《合成洗涤剂工业污染物排放标准》（GB358—1983），要求含洗涤剂的污水排入水体中时，水面上不应再出现泡沫，一旦出现泡沫（洗涤剂>0.5mg/L），即应进行严格处理。我国《生活饮用水卫生标准》规定，阴离子合成洗涤剂含量不应超过0.3mg/L，以防水体出现泡沫。

附　　录

附录一 环境空气质量标准(摘录)

中华人民共和国国家标准

GB 3095—2012

代替 GB 3095—1996 GB9137—88

环境空气质量标准

Ambient air quality standards

2012-02-29 发布   2016-01-01 实施

环 境 保 护 部
国家质量监督检验检疫总局 发布

前　言

　　为贯彻《中华人民共和国环境保护法》和《中华人民共和国大气污染防治法》，保护和改善生活环境、生态环境，保障人体健康，制定本标准。

　　本标准规定了环境空气功能区分类、标准分级、污染物项目、平均时间及浓度限值、监测方法、数据统计的有效性规定及实施与监督等内容。各省、自治区、直辖市人民政府对本标准中未作规定的污染物项目，可以制定地方环境空气质量标准。

　　本标准中的污染物浓度均为质量浓度。

　　本标准首次发布于1982年。1996年第一次修订，2000年第二次修订，本次为第三次修订。本标准将根据国家经济社会发展状况和环境保护要求适时修订。

　　本次修订的主要内容：

　　——调整了环境空气功能区分类，将三类区并入二类区；

　　——增设了颗粒物（粒径小于等于2.5μm）浓度限值和臭氧8小时平均浓度限值；

　　——调整了颗粒物（粒径小于等于10μm）、二氧化氮、铅和苯并[a]芘等的浓度限值；

　　——调整了数据统计的有效性规定。

　　自本标准实施之日起，《环境空气质量标准》（GB 3095—1996）、《环境空气质量标准）（GB 3095—1996）修改单》（环发[2000] 1号）和《保护农作物的大气污染物最高允许浓度》（GB 9137—88）废止。

　　本标准附录A为资料性附录，为各省级人民政府制定地方环境空气质量标准提供参考。

　　本标准由环境保护部科技标准司组织制订。

　　本标准主要起草单位：中国环境科学研究院、中国环境监测总站。

　　本标准环境保护部2012年2月29日批准。

　　本标准由环境保护部解释。

环境空气质量标准

1　适用范围

　　本标准规定了环境空气功能区分类、标准分级、污染物项目、平均时间及浓度限值、监测方法、数据统计的有效性规定及实施与监督等内容。

　　本标准适用于环境空气质量评价与管理。

2　规范性引用文件

　　本标准引用下列文件或其中的条款，凡是不注明日期的引用文件，其最新版本适用于本标准。

　　GB 8971　空气质量 飘尘中苯并[a]芘的测定　乙酰化滤纸层析荧光分光光度法

　　GB 9801 空气质量　一氧化碳的测定　非分散红外法

　　GB/T 15264　环境空气　铅的测定　火焰原子吸收分光光度法

　　CB/T 15432　环境空气　总悬浮颗粒物的测定　重量法

　　GB/T 15439　环境空气　苯并[a]芘的测定　高效液相色谱法

　　HJ 479　环境空气　氮氧化物(一氧化氮和二氧化氮)的测定　盐酸萘乙二胺分光光度法

　　HJ 482　环境空气　二氧化硫的测定　甲醛吸收-副玫瑰苯胺分光光度法

　　HJ 483　环境空气　二氧化硫的测定　四氯汞盐吸收-副玫瑰苯胺分光光度法

　　HJ 504　环境空气　臭氧的测定　靛蓝二磺酸钠分光光度法

　　HJ 539　环境空气　铅的测定　石墨炉原子吸收分光光度法(暂行)

　　HJ 590　环境空气　臭氧的测定　紫外光度法

　　HJ 618　环境空气　PM_{10}和$PM_{2.5}$的测定 重量法

　　HJ 630　环境监测质量管理技术导则

　　HJ/T 193　环境空气质量自动监测技术规范

　　HJ/T 194　环境空气质量手工监测技术规范

　　《环境空气质量监测规范(试行)》(国家环境保护总局公告　2007年第4号)

　　《关于推进大气污染联防联控工作改善区域空气质量的指导意见》(国办发[2010]33号)

3　术语和定义

下列术语和定义适用于本标准。

3.1

环境空气 ambient air

指人群、植物、动物和建筑物所暴露的室外空气。

3.2

总悬浮颗粒物 total suspended particle(TSP)

指环境空气中空气动力学当量直径小于等于 $100\mu m$ 的颗粒物。

3.3

颗粒物(粒径小于等于 $10\mu m$) partculate matter(PM_{10})

指环境空气中空气动力学当量直径小于等于 $10\mu m$ 的颗粒物，也称可吸入颗粒物。

3.4

颗粒物(粒径小于等于 $25\mu m$) particulate matter($PM_{2.5}$)

指环境空气中空气动力学当量直径小于等于 $25\mu m$ 的颗粒物，也称细颗粒物。

3.5

铅 lead

指存在于总悬浮颗粒物中的铅及其化合物。

3.6

苯并[a]芘 benzo[a]pyrene(BaP)

指存在于颗粒物(粒径小于等于 $10\mu m$)中的苯并[a]芘。

3.7

氟化物 fluoride

指以气态和颗粒态形式存在的无机氟化物。

3.8

1 小时平均 1-hour average

指任何 1 小时污染物浓度的算术平均值。

3.9

8 小时平均 8-hour average

指连续 8 小时平均浓度的算术平均值，也称 8 小时滑动平均。

3.10

24 小时平均 24-hour average

指一个自然日 24 小时平均浓度的算术平均值，也称为日平均。

3.11

月平均 monthly average

指一个日历月内各日平均浓度的算术平均值。

3.12

季平均 quarterly average

指一个日历季内各日平均浓度的算术平均值。

3.13

年平均 annual mean

指一个日历年内各日平均浓度的算术平均值。

3.14

标准状态 standard state

指温度为 273K，压力为 101.325kPa 时的状态。本标准中的污染物浓度均为标准状态下的浓度。

4 环境空气功能区分类和质量要求

4.1 环境空气功能区分类

环境空气功能区分为二类：一类区为自然保护区、风景名胜区和其他需要特殊保护的区域；二类区为居住区、商业交通居民混合区、文化区、工业区和农村地区。

4.2 环境空气功能区质量要求

一类区适用一级浓度限值，二类区适用二级浓度限值。一、二类环境空气功能区质量要求见表 1 和表 2。

表 1 环境空气污染物基本项目浓度限值

序号	污染物项目	平均时间	浓度限值		单位
			一级	二级	
1	二氧化硫(SO_2)	年平均	20	60	$\mu g/m^3$
		24 小时平均	50	150	
		1 小时平均	150	500	
2	二氧化氮(NO_2)	年平均	40	40	
		24 小时平均	80	80	
		1 小时平均	200	200	

续表

序号	污染物项目	平均时间	浓度限值		单位
			一级	二级	
3	一氧化碳（CO）	24 小时平均	4	4	mg/m³
		1 小时平均	10	10	
4	臭氧（O₃）	日最大 8 小时平均	100	160	µg/m³
		1 小时平均	160	200	
5	颗粒物（粒径小于等于 10μm）	年平均	40	70	
		24 小时平均	50	150	
6	颗粒物（粒径小于等于 2.5μm）	年平均	15	35	
		24 小时平均	35	75	

表 2　　　　　　　　　　环境空气污染物其他项目浓度限值

序号	污染物项目	平均时间	浓度限值		单位
			一级	二级	
1	总悬浮颗粒物（TSP）	年平均	80	200	µg/m³
		24 小时平均	120	300	
2	氮氧化物（NOₓ）	年平均	50	50	
		24 小时平均	100	100	
		1 小时平均	250	250	
3	铅（Pb）	年平均	0.5	0.5	
		季平均	1	1	
4	苯并[a]芘（BaP）	年平均	0.001	0.001	
		24 小时平均	0.0025	0.0025	

4.3　本标准自 2016 年 1 月 1 日起在全国实施。基本项目（表 1）在全国范围内实施；其他项目（表 2）由国务院环境保护行政主管部门或者省级人民政府根据实际情况，确定具体实施方式。

4.4　在全国实施本标准之前，国务院环境保护行政主管部门可根据《关于推进大气污染联防联控工作改善区域空气质量的指导意见》等文件要求指定部分地区提前实施本标准，具体实施方案（包括地域范围、时间等）另行公告；各省级人民政府也可根据实际情况和当地环境保护的需要提前实施本标准。

附录 A
（资料性附录）
环境空气中镉、汞、砷、六价铬和氟化物参考浓度限值

污染物限值

各省级人民政府可根据当地环境保护的需要，针对环境污染的特点，对本标准中未规定的污染物项目制定并实施地方环境空气质量标准。以下为环境空气中部分污染物参考浓度限值。

表 A 1　环境空气中镉、汞、砷、六价铬和氟化物参考浓度限值

序号	污染物项目	平均时间	浓度(通量)限值		单位
			一级	二级	
1	镉(Cd)	年平均	0.005	0.005	μg/m³
2	汞(Hg)	年平均	0.05	0.05	
3	砷(As)	年平均	0.006	0.006	
4	六价铬(Cr(Ⅵ))	年平均	0.000025	0.000025	
5	氟化物(F)	1 小时平均	20[1]	20[1]	
		24 小时平均	7[1]	7[1]	
		月平均	1.8[2]	3.0[3]	μg/(dm²·d)
		植物生长季平均	1.2[2]	2.0[3]	

注：①适用于城市；②适用于牧业区和以牧业区为主的半农半牧区，桑蚕区；③适用于农业和林业区。

附录二　室内空气质量标准(摘录)

中华人民共和国国家标准

GB/T 18883—2002

室内空气质量标准
Indoor air quality standard

2002-11-19 发布　　　　　　　　　　　　2003-03-01 实施

国家质量监督检验检疫总局
卫　　　生　　　部发布
国家环境保护部

前　言

为保护人体健康，预防和控制室内空气污染，制定本标准。

本标准的附录 A、附录 B、附录 C、附录 D 为规范性附录。

本标准为首次发布。

本标准由卫生部、国家环境保护总局《室内空气质量标准》联合起草小组起草。

本标准主要起草单位：中国疾病预防控制中心环境与健康相关产品安全所，中国环境科学研究院环境标准研究所，中国疾病预防控制中心辐射防护安全所，北京大学环境学院，南开大学环境科学与工程学院，北京市劳动保护研究所，清华大学建筑学院，中国科学院生态环境研究中心，中国建筑材料科学研究院环境工程所。

本标准于 2002 年 1 月 19 日由国家质量监督检验检疫总局、卫生部、国家环境保护总局批准。

本标准由国家质量监督检验检疫总局提出。

本标准由国家环境保护总局和卫生部负责解释。

札记

室内空气质量标准

1　范围

本标准规定了室内空气质量参数及检验方法。

本标准适用于住宅和办公建筑物，其它室内环境可参照本标准执行。

2　规范性引用文件

下列文件中的条款通过本标准的引用而成为本标准的条款。凡是注日期的引用文件，其随后所有的修改（不包括勘误内容）或修订版均不适用于本标准，然而，鼓励根据本标准达成协议的各方研究是否可使用这些文件的最新版本。凡是不注日期的引用文件，其最新版本适用于本标准。

GB/T 9801　空气质量　一氧化碳的测定　非分散红外法

GB/T 11737　居住区大气中苯、甲苯和二甲苯卫生检验标准方法气相色谱法

GB/T 12372　居住区大气中二氧化氮检验标准方法　改进的Saltzman法

GB/T 14582　环境空气中氨的标准测量方法

GB/T 14668　空气质量　氨的测定　纳氏试剂比色法

GB/T 14669　空气质量　氨的测定　离子选择电极法

GB 14677　空气质量甲苯、二甲苯、苯乙烯的测定　气相色谱法

GB/T 14679　空气质量　氨的测定　次氯酸钠-水杨酸分光光度法

GB/T 15262　环境空气　二氧化硫的测定　甲醛吸收-副玫瑰苯胺分光光度法

GB/T 15435　环境空气　二氧化氮的测定　Saltzman法

GB/T 15437　环境空气　臭氧的测定　靛蓝二磺酸钠分光光度法

GB/T 15438　环境空气　臭氧的测定　紫外光度法

GB/T 15439　环境空气　苯并［a］芘测定　高效液相色谱法

GB/T 15516　空气质量　甲醛的测定　乙酰丙酮分光光度法

GB/T 16128　居住区大气中二氧化硫卫生检验标准方法　甲醛溶液

吸收-盐酸副玫瑰苯胺分光光度法

GB/T 16129 居住区大气中甲醛卫生检验标准方法 分光光度法

GB/T 16147 空气中氡浓度的闪烁瓶测量方法

GB/T 17095 室内空气中可吸入颗粒物卫生标准

GB/T18204.13 公共场所室内温度测定方法

GB/T 18204.14 公共场所室内相对湿度测定方法

GB/T 18204.15 公共场所室内空气流速测定方法

GB/T 18204.18 公共场所室内新风量测定方法 示踪气体法

GB/T 18204.23 公共场所空气中一氧化碳检验方法

GB/T 18204.24 公共场所空气中二氧化碳检验方法

GB/T 18204.25 公共场所空气中氨检验方法

GB/T 18204.26 公共场所空气中甲醛测定方法

GB/T 18204.27 公共场所空气中臭氧检验方法

3 术语和定义

3.1

室内空气质量参数(indoor air quality parameter)

指室内空气中与人体健康有关的物理、化学、生物和放射性参数。

3.2

可吸入颗粒物(particles with diameters of 10um or less，PM_{10})

指悬浮在空气中，空气动力学当量直径小于等于 $10\mu m$ 的颗粒物。

3.3

总挥发性有机化合物(Total Volatile Organic Compounds TVOC)

利用 Tenax GC 或 Tenax TA 采样，非极性色谱柱(极性指数小于10)进行分析，保留时间在正己烷和正十六烷之间的挥发性有机化合物。

3.4

标准状态(normal state)

指温度为 273K，压力为 101.325kPa 时的干物质状态。

4 室内空气质量

4.1 室内空气应无毒、无害、无异常嗅味。

4.2 室内空气质量标准见表1。

札记　　　　　表 1　　　　　　　　　室内空气质量标准

序号	参数类别	参数	单位	标准值	备注
1	物理性	温度	℃	22~28	夏季空调
				16~24	冬季采暖
2		相对湿度	%	40~80	夏季空调
				30~60	冬季采暖
3		空气流速	m/s	0.3	夏季空调
				0.2	冬季采暖
4		新风量	$m^3/h \cdot p$	30[a]	
5	化学性	二氧化硫 SO_2	mg/m^3	0.50	1 小时均值
6		二氧化氮 NO_2	mg/m^3	0.24	1 小时均值
7		一氧化碳 CO	mg/m^3	10	1 小时均值
8		二氧化碳 CO_2	%	0.10	日平均值
9		氨 NH_3	mg/m^3	0.20	1 小时均值
10		臭氧 O_3	mg/m^3	0.16	1 小时均值
11		甲醛 HCHO	mg/m^3	0.10	1 小时均值
12		苯 C_6H_6	mg/m^3	0.11	1 小时均值
13		甲苯 C_7H_8	mg/m^3	0.20	1 小时均值
14		二甲苯 C_8H_{10}	mg/m^3	0.20	1 小时均值
15		苯并[a]芘 B(a)P	mg/m^3	1.0	日平均值
16		可吸入颗粒 PM_{10}	mg/m^3	0.15	日平均值
17		总挥发性有机物 TVOC	mg/m^3	0.60	8 小时值
18	生物性	菌落总数	CFU/m^3	2500	依据仪器定[b]
19	放射性	氡^{222}Rn	Bq/m^3	400	年平均值(行动水平[c])

a　新风量要求≥标准值，除温度、相对湿度外的其他参数要求≤标准值

b　见附录 D

c　达到此水平建议采取干预行动以降低室内氡浓度。

札记

附录三　地表水环境质量标准(摘录)

中 华 人 民 共 和 国 国 家 标 准

GB 3838—2002

代替 GB 3838—88　GHZB 1—1999

地表水环境质量标准

Environmental quality standards for surface water

2002-04-28 发布　　　　　　　　　　2002-06-01 实施

国家质量监督检验检疫总局
国 家 环 境 保 护 总 局 发布

前　言

为贯彻《中华人民共和国环境保护法》和《中华人民共和国水污染防治法》，防治水污染，保护地表水水质，保障人体健康，维护良好的生态系统，制定本标准。

本标准将标准项目分为：地表水环境质量标准基本项目、集中式生活饮用水地表水源地补充项目和集中式生活饮用水地表水源地特定项目。地表水环境质量标准基本项目适用于全国江河、湖泊、运河、渠道、水库等具有使用功能的地表水水域；集中式生活饮用水地表水源地补充项目和特定项目适用于集中式生活饮用水地表水源地一级保护区和二级保护区。集中式生活饮用水地表水源地特定项目由县级以上人民政府环境保护行政主管部门根据本地区地表水水质特点和环境管理的需要进行选择，集中式生活饮用水地表水源地补充项目和选择确定的特定项目作为基本项目的补充指标。

本标准项目共计 109 项，其中地表水环境质量标准基本项目 24 项，集中式生活饮用水地表水源地补充项目 5 项，集中式生活饮用水地表水源地特定项目 80 项。

与 GHZB1—1999 相比，本标准在地表水环境质量标准基本项目中增加了总氮一项指标，删除了基本要求和亚硝酸盐、非离子氨及凯氏氮三项指标，将硫酸盐、氯化物、硝酸盐、铁、锰调整为集中式生活饮用水地表水源地补充项目，修订了 PH、溶解氧、氨氮、总磷、高锰酸盐指数、铅、粪大肠菌群 7 个项目的标准值，增加了集中式生活饮用水地表水源地特定项目 40 项。本标准删除了湖泊水库特定项目标准值。

县级以上人民政府环境保护行政主管部门及相关部门根据职责分工，按本标准对地表水各类水域进行监督管理。

与近海水域相连的地表水河口水域根据水环境功能按本标准相应类别标准值进行管理，近海水功能区水域根据使用功能按《海水水质标准》相应类别标准值进行管理。批准划定的单一渔业水域按《渔业水质标准》进行管理，处理后的城市污水及与城市污水水质相近的工业废水用于农田灌溉用水的水质按《农田灌溉水质标准》进行管理。

《地面水环境质量标准》（GB3838—1983）为首次发布，1988 年为第一次修订，1999 年为第二次修订，本次为第三次修订。本标准自 2002

年 6 月 1 日起实施,《地面水环境质量标准》(GB3838—88)和《地表水环境质量标准》(GBZB1—1999)同时废止。

本标准由国家环境保护总局科技标准司提出并归口。

本标准由中国环境科学研究院负责修订。

本标准由国家环境保护总局 2002 年 4 月 26 日批准。

本标准由国家环境保护总局负责解释。

地表水环境质量标准

1　范围

　　1.1　本标准按照地表水环境功能分类和保护目标，规定了水环境质量应控制的项目及限值，以及水质评价、水质项目的分析方法和标准的实施与监督。

　　1.2　本标准适用于中华人民共和国领域内江河、湖泊、运河、渠道、水库等具有使用功能的地表水水域。具有特定功能的水域，执行相应的专业用水水质标准。

2　引用标准

　　《生活饮用水卫生规范》(卫生部，2001 年) 和本标准 4-表 6 所列分析方法标准及规范中所含条文在本标准中被引用即构成为本标准条文，与本标准同效。当上述标准和规范修订时，应使用其最新版本。

3　水域功能和标准分类

　　依据地表水水域环境功能和保护目标，按功能高低依次划分为五类：

　　Ⅰ类　主要适用于源头水、国家自然保护区；

　　Ⅱ类　主要适用于集中式生活饮用水地表水源地一级保护区、珍稀水生生物栖息地、鱼虾类产卵场、仔稚幼鱼的索饵场等；

　　Ⅲ类　主要适用于集中式生活饮用水地表水源地二级保护区、鱼虾类越冬场、洄游通道、水产养殖区等渔业水域及游泳区；

　　Ⅳ类　主要适用于一般工业用水区及人体非直接接触的娱乐用水区；

　　Ⅴ类　主要适用于农业用水区及一般景观要求水域。

　　对应地表水上述五类水域功能，将地表水环境质量标准基本项目标准分为五类，不同功能类别分别执行相应类别的标准值。水域功能类别高的标准值严于水域功能类别低的标准值。同一水域兼有多类使用功能的，执行最高功能类别对应的标准值。实现水域功能与达标功能类别标准为同一含义。

4　标准值

　　4.1　地表水环境质量标准基本项目标准限值见表 1。

　　4.2　集中式生活饮用水地表水源地补充项目标准限值见表 2。

　　4.3　集中式生活饮用水地表水源地特定项目标准限值见表 3。

表1　地表水环境质量标准基本项目标准限值(mg/L)

序号	标准值分类项目	Ⅰ类	Ⅱ类	Ⅲ类	Ⅳ类	Ⅴ类
1	水温(℃)	人为造成的环境水温变化应限制在：周平均最大温升≤1 周平均最大温降≤2				
2	pH值(无量纲)	6-9				
3	溶解氧≥	饱和率90%（或7.5）	6	5	3	2
4	高锰酸盐指数≤	2	4	6	10	15
5	化学需氧量(COD)≤	15	15	20	30	40
6	五日生化需氧量(BOD$_5$)≤	3	3	4	6	10
7	氨氮(NH$_3$-N)≤	0.15	0.5	1.0	1.5	2.0
8	总磷(以P计)≤	0.02（湖、库0.01）	0.1（湖、库0.025）	0.2（湖、库0.05）	0.3（湖、库0.1）	0.4（湖、库0.2）
9	总氮(湖、库,以N计)≤	0.2	0.5	1.0	1.5	2.0
10	铜≤	0.01	1.0	1.0	1.0	1.0
11	锌≤	0.05	1.0	1.0	2.0	2.0
12	氟化物(以F$^-$计)≤	1.0	1.0	1.0	1.5	1.5
13	硒≤	0.01	0.01	0.01	0.02	0.02
14	砷≤	0.05	0.05	0.05	0.1	0.1
15	汞≤	0.00005	0.00005	0.0001	0.001	0.001
16	镉≤	0.001	0.005	0.005	0.005	0.01
17	铬(六价)≤	0.01	0.05	0.05	0.05	0.1
18	铅≤	0.01	0.01	0.05	0.05	0.1
19	氰化物≤	0.005	0.05	0.2	0.2	0.2
20	挥发酚≤	0.002	0.002	0.005	0.01	0.1
21	石油类≤	0.05	0.05	0.05	0.5	1.0
22	阴离子表面活性剂≤	0.2	0.2	0.2	0.3	0.3
23	硫化物≤	0.05	0.1	0.2	0.5	1.0
24	粪大肠菌群(个/L)≤	200	2000	10000	20000	40000

表 2　　　　　　集中式生活饮用水地表水源地补充项目标准限值

序号	项目	标准值
1	硫酸盐(以 SO_4^{2-} 计)	250
2	氯化物(以 Cl^- 计)	250
3	硝酸盐(以 N 计)	10
4	铁	0.3
5	锰	0.1

表 3　　　　　　集中式生活饮用水地表水源地特定项目标准限值

序号	项目	标准值
1	三氯甲烷	0.06
2	四氯化碳	0.002
3	三溴甲烷	0.1
4	二氯甲烷	0.02
5	1，2-二氯乙烷	0.03
6	环氧氯丙烷	0.02
7	氯乙烯	0.005
8	1，1-二氯乙烯	0.03
9	1，2-二氯乙烯	0.05
10	三氯乙烯	0.07
11	四氯乙烯	0.04
12	氯丁二烯	0.002
13	六氯丁二烯	0.0006
14	苯乙烯	0.02
15	甲醛	0.9
16	乙醛	0.05
17	丙烯醛	0.1
18	三氯乙醛	0.01
19	苯	0.01
20	甲苯	0.7
21	乙苯	0.3
22	二甲苯①	0.5

序号	项目	标准值
23	异丙苯	0.25
24	氯苯	0.3
25	1，2-二氯苯	1.0
26	1，4-二氯苯	0.3
27	三氯苯②	0.02
28	四氯苯③	0.02
29	六氯苯	0.05
30	硝基苯	0.017
31	二硝基苯④	0.5
32	2，4-二硝基甲苯	0.0003
33	2，4，6-三硝基甲苯	0.5
34	硝基氯苯⑤	0.05
35	2，4-二硝基氯苯	0.5
36	2，4-二氯苯酚	0.093
37	2，4，6-三氯苯酚	0.2
38	五氯酚	0.009
39	苯胺	0.1
40	联苯胺	0.0002
41	丙烯酰胺	0.0005
42	丙烯腈	0.1
43	邻苯二甲酸二丁酯	0.003
44	邻苯二甲酸二(2-乙基己基)酯	0.008
45	水合肼	0.01
46	四乙基铅	0.0001
47	吡啶	0.2
48	松节油	0.2
49	苦味酸	0.5
50	丁基黄原酸	0.005
51	活性氯	0.01
52	滴滴涕	0.001
53	林丹	0.002
54	环氧七氯	0.0002
55	对硫磷	0.003
56	甲基对硫磷	0.002

札记

序号	项目	标准值
57	马拉硫磷	0.05
58	乐果	0.08
59	敌敌畏	0.05
60	敌百虫	0.05
61	内吸磷	0.03
62	百菌清	0.01
63	甲萘威	0.05
64	溴氰菊酯	0.02
65	阿特拉津	0.003
66	苯并(a)芘	2.8×10^{-6}
67	甲基汞	1.0×10^{-6}
68	多氯联苯⑥	2.0×10^{-5}
69	微囊藻毒素-LR	0.001
70	黄磷	0.003
71	钼	0.07
72	钴	1.0
73	铍	0.002
74	硼	0.5
75	锑	0.005
76	镍	0.02
77	钡	0.7
78	钒	0.05
79	钛	0.1
80	铊	0.0001

注：①二甲苯：指对-二甲苯、间-二甲苯、邻-二甲苯

②三氯苯：指1，2，3-三氯苯、1，2，4-三氯苯、1，3，5-三氯苯

③四氯苯：指1，2，3，4-四氯苯、1，2，3，5-四氯苯、1，2，4，5-四氯苯

④二硝基苯：指对-二硝基苯、间-二硝基苯、邻-二硝基苯

⑤硝基氯苯：指对-硝基氯苯、间-硝基氯苯、邻-硝基氯苯

⑥多氯联苯：指 PCB-1016、PCB-1221、PCB-1232、PCB-1242、PCB-1248、
　　PCB-1254、PCB-1260

附录四 地下水质量标准(摘录)

中 华 人 民 共 和 国 国 家 标 准

GB/T 14848—2017
代替 GB/T 14848—1993

地下水质量标准

Standard for groudwater quality

2017-10-14 发布 2018-05-01 实施

中华人民共和国国家质量监督检验检疫总局
中国国家标准化管理委员会 发布

札记

前　言

本标准按照 GB/T 1.1—2009 给出的规范起草。

本标准代替 GB/T 14848—1993《地下水质量标准》，与 GB/T 14848—1993 相比，除编辑性修改外，主要技术变化如下：

——水质指标由 GB/T 14848—1993 的 39 项增加至 93 项，增加了 54 项；

——参照 GB5749—2006《生活饮用水卫生标准》，将地下水质量指标划分为常规指标和非常规指标；

——感官性状及一般化学指标由 17 项增加至 20 项，增加了铝、硫化物和钠 3 项指标；用耗氧量替换了高锰酸盐指数。修订了总硬度、铁、锰、氨氮 4 项指标；

——毒理学指标中无机化合物指标由 2 项增至 49 项，增加了三氯甲烷、四氯化碳、1，1，1-三氯乙烷、三氯乙烯、四氯乙烯、二氯甲烷、1，2-二氯乙烷、1，1，2-三氯乙烷、1，2-二氯丙烷、三溴甲烷、氯乙烯、1，1-二氯乙烯、1，2-二氯乙烯、氯苯、邻二氯苯、对二氯苯、三氯苯(总量)、苯、甲苯、乙苯、二甲苯、苯乙烯、2，4-二硝基甲苯、2，6-二硝基甲苯、萘、蒽、荧蒽、苯并(b)荧蒽、苯并(a)芘、多氯联苯(总量)、γ-六六六(林丹)、六氯苯、七氯、莠去津、五氯酚、2，4，6-三氯酚、邻苯二甲酸二(2-乙基己基)酯、克百威、涕灭威、敌敌畏、甲基对硫磷、马拉硫磷、乐果、百菌清、2，4-滴、毒死蜱和草甘膦；滴滴涕和六六六分别用滴滴涕(总量)和六六六(总量)代替，并进行了修订；

——放射性指标中修订了总 α 放射性；

——修订了地下水质量综合评价的有关规定。

本标准由中华人民共和国国土资源部和水利部共同提出。

本标准由全国国土资源标准化技术委员会(SAC/TC 93)归口。

本标准主要起草单位：中国地质调查局、水利部水文局、中国地质科学院水文地质环境地质研究所、中国地质大学(北京)、国家地质实验测试中心、中国地质环境监测院、中国水利水电科学研究院、淮河流域水环境监测中心、海河流域水资源保护局、中国地质调查局水文地质环境地质调查中心、中国地质调查局沈阳地质调查中心、中国地质调查局南京地质调查中心、清华大学、中国农业大学。

本标准主要起草人：文冬光、孙继朝、何江涛、毛学文、林良俊、王苏明、刘菲、饶竹、邢继红、齐继祥、周怀东、吴培任、唐克旺、罗阳、袁浩、汪珊、陈鸿汉、李广贺、吴爱民、李重九、张二勇、王璜、蔡五田、刘景涛、徐慧珍、朱雪琴、叶念军、王晓光。

本标准所代替标准的历次版本发布情况为：

——GB/T 14848—1993。

札记

地下水质量标准

1　范围

本标准规定了地下水质量分类、指标及限值，地下水质量调查与监测，地下水质量评价等内容。

本标准适用于地下水质量调查、监测、评价与管理。

2　规范性引用文件

下列文件对于本文件的应用是必不可少的。凡是注日期的引用文件，仅注日期的版本适用于本文件。凡是不注日期的引用文件，其最新版本(包括所有的修改单)适用于本文件。

GB 5749—2006 生活饮用水卫生标准

GB/T 27025—2008 检测和校准实验室能力的通用要求

3　术语和定义

下列术语和定义适用于本文件。

3.1

地下水质量 groundwater quality

地下水的物理、化学和生物性质的总称。

3.2

常规指标 regular indices

反映地下水质量基本状况的指标，包括感官性状及一般化学指标、微生物指标、常见毒理学指标和放射性指标。

3.3

非常规指标 non-regular indices

在常规指标上的拓展，根据地区和时间差异或特殊情况确定的地下水质量指标，反映地下水中所产生的主要质量问题，包括比较少见的无机和有机毒理学指标。

3.4

人体健康风险 human health risk

地下水中各种组分对人体健康产生危害的概率。

4　地下水质量分类及指标

4.1　地下水质量分类

依据我国地下水质量状况和人体健康风险，参照生活饮用水、工业、农业等用水质量要求，依据各组分含量高低(pH 除外)，分为五类。

Ⅰ类：地下水化学组分含量低，适用于各种用途；

Ⅱ类：地下水化学组分含量较低，适用于各种用途；

Ⅲ类：地下水化学组分含量中等，以 GB 5749—2006 为依据，主要适用于集中式生活饮用水水源及工农业用水；

Ⅳ类：地下水化学组分含量较高，以农业和工业用水质量要求以及一定水平的人体健康风险为依据，适用于农业和部分工业用水，适当处理后可作生活饮用水；

Ⅴ类：地下水化学组分含量高，不宜作为生活饮用水水源，其他用水可根据使用目的选用。

4.2 地下水质量分类指标

地下水质量指标分为常规指标和非常规指标，其分类及限值分别见表 1 和表 2。

表 1　　　　　　　　　地下水质量常规指标及限值

序号	指标	Ⅰ类	Ⅱ类	Ⅲ类	Ⅳ类	Ⅴ类
感官性状及一般化学指标						
1	色(铂钴色度单位)	≤5	≤5	≤15	≤25	>25
2	嗅和味	无	无	无	无	有
3	浑浊度/NTU[a]	≤3	≤3	≤3	≤10	>10
4	肉眼可见物	无	无	无	无	有
5	pH	6.5≤pH≤8.5			5.5≤pH<6.5	pH<5.5 或 pH>9.0
6	总硬度(以 $CaCO_3$ 计)/(mg/L)	≤150	≤300	≤450	≤650	>650
7	溶解性总固体/(mg/L)	≤300	≤500	≤1000	≤2000	>2000
8	硫酸盐/(mg/L)	≤50	≤150	≤250	≤350	>350
9	氯化物/(mg/L)	≤50	≤150	≤250	≤350	>350
10	铁/(mg/L)	≤0.1	≤0.2	≤0.3	≤2.0	>2.0
11	钛/(mg/L)	≤0.05	≤0.05	≤0.10	≤1.50	>1.50

札记

序号	指标	I 类	II 类	III 类	IV 类	V 类
12	铜/(mg/L)	≤0.01	≤0.05	≤1.00	≤1.50	>1.50
13	锌/(mg/L)	≤0.05	≤0.5	≤1.00	≤5.00	>5.00
14	铝/(mg/L)	≤0.01	≤0.05	≤0.20	≤0.50	>0.50
15	挥发性酚类(以苯酚计)/(mg/L)	≤0.001	≤0.001	≤0.002	≤0.01	>0.01
16	阴离子表面活性剂/(mg/L)	不得检出	≤0.1	≤0.3	≤0.3	>0.3
17	耗氧量(COD_{Mn}法，以 O_2 计)/(mg/L)	≤1.0	≤2.0	≤3.0	≤10.0	>10.0
18	氨氮(以 N 计)/(mg/L)	≤0.02	≤0.10	≤0.50	≤1.50	>1.50
19	硫化物/(mg/L)	≤0.005	≤0.01	≤0.02	≤0.10	>0.10
20	钠/(mg/L)	≤100	≤150	≤200	≤400	>400
微生物指标						
21	总大肠菌群/(MPN[b]/100mL 或 CFU[c]/100mL)	≤3.0	≤3.0	≤3.0	≤100	>100
22	菌落总数/(CFU/mL)	≤100	≤100	≤100	≤1000	>1000
毒理学指标						
23	亚硝酸盐(以 N 计)/(mg/L)	≤0.01	≤0.10	≤1.00	≤4.80	>4.80
感官性状及一般化学指标						
24	硝酸盐(以 N 计)/(mg/L)	≤2.0	≤5.0	≤20.0	≤30.0	>30.0
25	氰化物/(mg/L)	≤0.001	≤0.01	≤0.05	≤0.1	>0.1
26	氟化物/(mg/L)	≤1.0	≤1.0	≤1.0	≤2.0	>2.0
27	碘化物/(mg/L)	≤0.04	≤0.04	≤0.08	≤0.50	>0.50
28	汞/(mg/L)	≤0.0001	≤0.0001	≤0.001	≤0.002	>0.002
29	砷/(mg/L)	≤0.001	≤0.001	≤0.01	≤0.05	>0.05
30	硒/(mg/L)	≤0.01	≤0.01	≤0.01	≤0.1	>0.1
31	镉/(mg/L)	≤0.0001	≤0.001	≤0.005	≤0.01	>0.01
32	铬(六价)/(mg/L)	≤0.005	≤0.01	≤0.05	≤0.10	>0.10
33	铅/(mg/L)	≤0.005	≤0.005	≤0.01	≤0.10	>0.10
34	三氯甲烷/(μg/L)	≤0.5	≤6	≤60	≤300	>300
35	四氯化碳/(μg/L)	≤0.5	≤0.5	≤2.0	≤50.0	>50.0

序号	指标	I 类	II 类	III 类	IV 类	V 类
36	苯/(μg/L)	≤0.5	≤1.0	≤10.0	≤120	>120
37	甲苯/(μg/L)	≤0.5	≤140	≤700	≤1400	>1400
放射性指标[d]						
38	总 α 放射性/(Bq/L)	≤0.01	≤0.1	≤0.1	>0.50	>0.5
39	总 β 放射性/(Bq/L)	≤0.1	≤1.0	≤1.0	>1.0	>1.0

a NTU 为散射浊度单位。

b MPN 表示最可能数。

c CFU 表示菌落形成单位。

d 放射性指标超过指导值,应进行核素分析和评价。

表2　　　　　　　　**地下水质量非常规指标及限制**

序号	指标	I 类	II 类	III 类	IV 类	V 类
毒理学指标						
1	铍/(mg/L)	≤0.0001	≤0.0001	≤0.002	≤0.06	>0.06
2	硼/(mg/L)	≤0.02	≤0.10	≤0.50	≤2.00	>2.00
3	锑/(mg/L)	≤0.0001	≤0.0005	≤0.005	≤0.01	>0.01
4	钡/(mg/L)	≤0.01	≤0.10	≤0.70	≤4.00	>4
5	镍/(mg/L)	≤0.002	≤0.002	≤0.02	≤0.10	>0.10
6	钴/(mg/L)	≤0.005	≤0.005	≤0.05	≤0.10	>0.10
7	钼/(mg/L)	≤0.001	≤0.01	≤0.07	≤0.15	>0.15
8	银/(mg/L)	≤0.001	≤0.01	≤0.05	≤0.10	>0.10
9	铊/(mg/L)	≤0.0001	≤0.0001	≤0.0001	≤≤0.001	>0.001
10	二氯甲烷/(μg/L)	≤1	≤2	≤20	≤500	>500
11	1,2-二氯乙烷/(μg/L)	≤0.5	≤3.0	≤30.0	≤40.0	>40.0
12	1,1,1-三氯乙烷/(μg/L)	≤0.5	≤400	≤2000	≤4000	>4 000
13	1,1,2-三氯乙烷/(μg/L)	≤0.5	≤0.5	≤5.0	≤60.0	>60.0
14	1,2-二氯丙烷/(μg/L)	≤0.5	≤0.5	≤5.0	≤60.0	>60.0
15	三溴甲烷/(μg/L)	≤0.5	≤10.0	≤100	≤800	>800

续表

序号	指标	I 类	II 类	III 类	IV类	V 类
毒理学指标						
16	氯乙烯/(μg/L)	≤0.5	≤0.5	≤5.0	≤90.0	>90.0
17	1,1-二氯乙烯/(μg/L)	≤0.5	≤3.0	≤30.0	≤60.0	>60.0
18	1,2-二氯乙烯/(μg/L)	≤0.5	≤5.0	≤50.0	≤60.0	>60.0
19	三氯乙烯/(μg/L)	≤0.5	≤7.0	≤70.0	≤210	>210
20	四氯乙烯/(μg/L)	≤0.5	≤4.0	≤40.0	≤300	>300
21	氯苯/(μg/L)	≤0.5	≤60.0	≤300	≤600	>600
22	邻二氯苯/(μg/L)	≤0.5	≤200	≤1000	≤2000	>2000
23	对二氯苯/(μg/L)	≤0.5	≤30.0	≤300	≤600	>600
24	三氯苯(总量)/(μg/L)[a]	≤0.5	≤4.0	≤20.0	≤180	>180
25	乙苯/(μg/L)	≤0.5	≤30.0	≤300	≤600	>600
26	二甲苯(总量)/(μg/L)[b]	≤0.5	≤100	≤500	≤1 000	>1000
27	苯乙烯/(μg/L)	≤0.5	≤2.0	≤20.0	≤40.0	>40.0
28	2,4-二硝基甲苯/(μg/L)	≤0.1	≤0.5	≤5.0	≤60.0	>60.0
29	2,6-二硝基甲苯/(μg/L)	≤0.1	≤0.5	≤5.0	≤30.0	>30.0
30	萘/(μg/L)	≤1	≤10	≤100	≤600	>600
31	蒽/(μg/L)	≤1	≤360	≤1800	≤3 600	>3600
32	荧蒽/(μg/L)	≤1	≤50	≤240	≤480	>480
33	苯并(b)荧蒽/(μg/L)	≤0.1	≤0.4	≤4.0	≤8.0	>8.0
34	苯并(a)芘/(μg/L)	≤0.002	≤0.002	≤0.01	≤0.50	>0.50
35	多氯联苯(总量)/(μg/L)[c]	≤0.05	≤0.05	≤0.50	≤10.0	>10.0
36	邻苯二甲酸二(2-乙基己基)酯/(μg/L)	≤3	≤3	≤8.0	≤300	>300
37	2,4,6-三氯酚/(μg/L)	≤0.05	≤20.0	≤200	≤300	>300
38	五氯酚/(μg/L)	≤0.05	≤0.90	≤9.0	≤18.0	>18.0
39	六六六(总量)/(μg/L)[d]	≤0.01	≤0.50	≤5.00	≤300	>300
40	γ-六六六(林丹)/(μg/L)	≤0.01	≤0.20	≤2.00	≤150	>150
41	滴滴涕(总量)/(μg/L)[e]	≤0.01	≤0.10	≤1.00	≤2.00	>2.00
42	六氯苯/(μg/L)	≤0.01	≤0.10	≤1.00	≤2.00	>2.00

序号	指标	I 类	II 类	III 类	IV 类	V 类
		毒理学指标				
43	七氯/(μg/L)	≤0.01	≤0.04	≤0.40	≤0.80	>0.80
44	2，4-滴/(μg/L)	≤0.1	≤6.0	≤30.0	≤150	>150
45	克百威/(μg/L)	≤0.05	≤1.40	≤7.00	≤14.0	>14.0
46	涕灭威/(μg/L)	≤0.05	≤0.60	≤3.00	≤30.0	>30.0
47	敌敌畏/(μg/L)	≤0.05	≤0.10	≤1.00	≤2.00	>2.00
48	甲基对硫磷/(μg/L)	≤0.05	≤4.00	≤20.0	≤40.0	>40.0
49	马拉硫磷/(μg/L)	≤0.05	≤25.0	≤250	≤500	>500
50	乐果/(μg/L)	≤0.05	≤16.0	≤80.0	≤160	>160
51	毒死蜱/(μg/L)	≤0.05	≤6.00	≤30.0	≤60.0	>60.0
52	百菌清/(μg/L)	≤0.05	≤1.00	≤10.0	≤150	>150
53	莠去津/(μg/L)	≤0.05	≤0.40	≤2.00	≤600	>600
54	草甘膦/(μg/L)	≤0.1	≤140	≤700	≤1400	>1400

a 三氯苯(总量)为1，2.3-三氯苯、1，2，4-三氯苯、1，3，5-三氯苯3种异构体加和。

b 二甲苯(总量)为邻二甲苯、间二甲苯、对二甲苯3种异构体加和。

c 多氯联苯(总量)为 PCB28、PCB52、PCB101、PCB118、PCB138、PCB153、PCB180、PCB194、PCB206 9种多氯联苯单体加和。

d 六六六(总量)为α-六六六、β-六六六、γ-六六六、δ-六六六4种异构体加和。

e 滴滴涕(总量)为o，p'-滴滴涕、p，p'-滴滴伊、p，p'-滴滴滴、p，p'-滴滴涕4种异构体加和。

5　地下水质量调查与监测

5.1　地下水质量应定期监测。潜水监测频率应不少于每年两次(丰水期和枯水期各1次)，承压水监测频率可以根据质量变化情况确定，宜每年1次。

5.2　依据地下水质量的动态变化，应定期开展区域性地下水质量调查评价。

5.3　地下水质量调查与监测指标以常规指标为主，为便于水化学分析结果的审核，应补充钾、钙、镁、重碳酸根、碳酸根、游离二氧化碳指标；不同地区可在常规指标的基础上，根据当地实际情况补充选定非常规指标进行调查与监测。

5.4　地下水样品的采集参照相关标准执行，地下水样品的保存和送检按附录 A 执行。

5.5　地下水质量检测方法的选择参见附录 B，使用前应按照 GB/T 27025—2008 中 5.4 的要求，进行有效确认和验证。

6　地下水质量评价

6.1　地下水质量评价应以地下水质量检测资料为基础。

6.2　地下水质量单指标评价，按指标值所在的限值范围确定地下水质量类别，指标限值相同时，从优不从劣。

　　示例：挥发性酚类 I、II 类限值均为 0.001mg/L，若质量分析结果为 0.001mg/L 时，应定为 I 类，不定为 II 类。

6.3　地下水质量综合评价，按单指标评价结果最差的类别确定，并指出最差类别的指标。

　　示例：某地下水样氯化物含量 400mg/L，四氯乙烯含量 350μg/L，这两个指标属 V 类，其余指标均低于 V 类。则该地下水质最综合类别定为 V 类，V 类指标为氯离子和四氯乙烯。

附录五　污水综合排放标准(摘录)

中 华 人 民 共 和 国 国 家 标 准

GB 8978—1996

代替 GB 8978—88

污水综合排放标准

Integrated wastewater discharge standard

国家环保部 1994-10-04 批准　　　　　　　　　1998-01-01 实施

国家环境保护局

国家技术监督局　发布

前　言

本标准是对 GB8978—88《污水综合排放标准》的修订。

修订的主要内容是：提出年限制标准，用年限制代替原标准以现有企业和新扩改企业分类。以本标准实施之日为界限划分为两个时间段。1997 年 12 月 31 日前建设的单位，执行第一时间段规定的标准值；1998 年 1 月 1 日起建设的单位，执行第二时间段规定的标准值。

在标准适用范围上明确综合排放标准与行业排放标准不交叉执行的原则，造纸工业、船舶、船舶工业、海洋石油开发工业、纺织染整工业、肉类加工工业、合成氨工业、钢铁工业、航天推进剂使用、兵器工业、磷肥工业、烧碱、聚氯乙烯工业所排放的污水执行相应的国家行业标准，其他一切排放污水的单位一律执行本标准。除上述 12 个行业外，已颁布的下列 17 个行业水污染物排放标准均纳入本次修订内容。本标准与原标准相比，第一时间段的标准值基本维持原标准的新扩改水平，为控制纳入本次修订的 17 个行业水污染物排放标准中的特征污染物及其它有毒有害污染物，增加控制项目 10 项；第二时间段，比原标准增加控制项目 40 项，COD、BOD_5 等项目的最高允许排放浓度适当从严。

本标准从生效之日，代替 GB 8978—88，同时代替以下标准：

GBJ48—83　医院污水排放标准(试行)

GB3545—83　菜制糖工业水污染物排放标准

GB3546—83　甘蔗制糖工业水污染物排放标准

GB3547—83　合成脂肪酸工业污染物排放标准

GB3548—83　合成洗涤剂工业污染物排放标准

GB3549—83　制革工业水污染物排放标准

GB3550—83　石油开发工业水污染物排放标准

GB3551—83　石油炼制工业污染物排放标准

GB3553—83　电影洗片水污染物排放标准

GB4280—84　铬盐工业污染物排放标准

GB4281—84　石油化工水污染物排放标准

GB4282—84　硫酸工业污染物排放标准

GB4283—84　黄磷工业污染物排放标准

GB4912—85　轻金属工业污染物排放标准

GB4913—85　重有色金属工业污染物排放标准

GB4916—85　沥青工业污染物排放标准

GB5469—85　铁路货车洗刷废水排放标准

本标准附录 A、附录 B、附录 C、附录 D 都是标准的附录。

本标准首次发布 1973 年，1988 年第一次修订。

本标准由国家环保局负责解释。

为贯彻《中华人民共和国环境保护法》《中华人民共和国水污染防治法》和《中华人民共和国海洋环境保护法》，控制水污染，保护江河、湖泊、运河、渠道、水库和海洋等地面水以及地下水水质的良好状态，保障人体健康，维护生态平衡，促进国民经济和城乡建设的发展，特制定本标准。

1　主题内容与适用范围

1.1　主题内容

本标准按照污水排放去向，分年限规定了 69 种水污染物最高允许排放浓度及部分行业最高允许排水量。

1.2　适用范围

本标准适用于现有单位水污染物的排放管理，以及建设项目的环境影响评价、建设项目环境保护设施设计、竣工验收及其投产后的排放管理。

按照国家综合排放标准与国家行业排放标准不交叉执行的原则，造纸工业执行 GB 3544—92《造纸工业水污染物排放标准》，船舶执行 GB 3552—83《船舶污染物排放标准》，船舶工业执行 GB 4286—84《船舶工业污染物排放标准》，海洋石油开发工业执行 GB 4914—85《海洋石油开发工业含油污水排放标准》，纺织染整工业执行 GB 4287—92《纺织染整工业水污染物排放标准》，肉类加工工业执行 GB13457—92《肉类加工工业水污染物排放标准》，合成氨工业执行 GB 13458—92《合成氨工业水污染物排放标准》，钢铁工业执行 GB 13456—92《钢铁工业水污染物排放标准》，航天推进剂使用执行 GB 14374—93《航天推进剂水污染物排放标准》，兵器工业执行 GB 14470. 1～14470. 3—93 和 GB4274～4279—84《兵器工业水污染物排放标准》，磷肥工业执行 GB 15580—95《磷肥工业水污染物排放标准》，烧碱、聚氯乙烯工业执行 GB 15581—95《烧碱、聚氯乙烯工业水污染物排放标准》，其他水污染物排放均执行本标准。

1.3 本标准颁布后，新增加国家行业水污染物排放标准的行业，按其适用范围执行相应的国家水污染物行业标准，不再执行本标准。

2 引用标准

下列标准所包含的条文，通过在本标准中引用而构成为本标准的条文。

GB 3097—82 海水水质标准

GB 3838—88 地面水环境质量标准

GB 8703—88 地面水环境质量标准

GB 8703—88 辐射防护规定

3 定义

3.1 污水

指在生产与生活活动中排放的水的总称。

3.2 排水量

指在生产过程中直接用于工艺生产的水的排放量。不包括间接冷却水、厂区锅炉、电站排水。

3.3 一切排污单位

指本标准适用范围所包括的一切排污单位。

3.4 其他排污单位

指在某一控制项目中，除所列行业外的一切排污单位。

4 技术内容

4.1 标准分级

4.1.1 排入 GB 3838 Ⅲ类水域(划定的保护区和游泳区除外)和排入 GB3097 中二类海域的污水，执行一级标准。

4.1.2 排入 GB 3838 中Ⅳ、Ⅴ类水域和排入 GB3097 中三类海域的污水，执行二级标准。

4.1.3 排入设置二级污水处理厂的城镇排水系统的污水，执行三级标准。

4.1.4 排入未设置二级污水处理厂的城镇排水系统的污水，必须根据排水系统出水受纳水域的功能要求，分别执行 4.1.1 和 4.1.2 的规定。

4.1.5 GB3838 中Ⅰ、Ⅱ类水域和Ⅲ类水域中划定的保护区，GB3097 中一类海域，禁止新建排污口，现有排污口应按水体功能要求，实行污染物总量控制，以保证受纳水体水质符合规定用途的水质标准。

4.2 标准值

4.2.1 本标准将排放的污染物按其性质及控制方式分为二类。

4.2.1.1 第一类污染物,不分行业和污水排放方式,也不分受纳水体的功能类别,一律在车间或车间处理设施排放口采样,其最高允许排放浓度必须达到本标准要求(采矿行业的尾矿坝出水口不得视为车间排放口)。

4.2.1.2 第二类污染物,在排污单位排放口采样,其最高允许排放浓度必须达到本标准要求。

4.2.2 本标准按年限规定了第一类污染物和第二类污染物最高允许排放浓度及部分行业最高允许排水量,分别为:

4.2.2.1 1997年12月31日之前建设(包括改、扩建)的单位,水污染物的排放必须同时执行表1、表2、表3的规定。

4.2.2.2 1998年1月1日起建设(包括改、扩建)的单位,水污染物的排放必须同时执行表1、表4、表5的规定。

4.2.2.3 建设(包括改、扩建)单位的建设时间,以环境影响评价报告书(表)批准日期为准划分。

4.3 其他规定

4.3.1 同一排放口排放两种或两种以上不同类别的污水,且每种污水的排放标准又不同时,其混合污水的排放标准按附录A计算。

4.3.2 工业污水污染物的最高允许排放负荷量按附录B计算。

4.3.3 污染物最高允许年排放总量按附录C计算。

4.3.4 对于排放含有放射性物质的污水,除执行本标准外,还须符合GB8703—88《辐射防护规定》。

表1　　　第一类污染物最高允许排放浓度(单位:mg/L)

序号	污染物	最高允许排放浓度
1	总汞	0.05
2	烷基汞	不得检出
3	总镉	0.1
4	总铬	1.5
5	六价铬	0.5
6	总砷	0.5
7	总铅	1.0

序号	污染物	最高允许排放浓度
8	总镍	1.0
9	苯并(a)芘	0.00003
10	总铍	0.005
11	总银	0.5
12	总 α 放射性	1Bq/L
13	总 β 放射性	10Bq/L

表 2   第二类污染物最高允许排放浓度

（1997 年 12 月 31 日之前建设的单位）（单位：mg/L）

序号	污染物	适用范围	一级标准	二级标准	三级标准
1	pH	一切排污单位	6~9	6~9	6~9
2	色度 (稀释倍数)	染料工业	50	180	—
		其他排污单位	50	80	—
3	悬浮物 (SS)	采矿、选矿、选煤工业	100	300	—
		脉金选矿	100	500	—
		边远地区砂金选矿	100	800	—
		城镇二级污水处理厂	20	30	—
		其他排污单位	70	200	400
4	五日生化 需氧量 (BOD₅)	甘蔗制糖、苎麻脱胶、湿法纤维板工业	30	100	600
		甜菜制糖、酒精、味精、皮革、 化纤浆粕工业	30	150	600
		城镇二级污水处理厂	20	30	—
		其他排污单位	30	60	300
5	化学需氧量 (COD)	甜菜制糖、焦化、合成脂肪酸、湿法纤维板、染料、洗毛、有机磷农药工业	100	200	1000
		味精、酒精、医药原料药、生物制药、苎麻脱胶、皮革、化纤浆粕工业	100	300	1000
		石油化工工业(包括石油炼制)	100	150	500
		城镇二级污水处理厂	60	120	—
		其他排污单位	100	150	500
6	石油类	一切排污单位	10	10	30

序号	污染物	适用范围	一级标准	二级标准	三级标准
7	动植物油	一切排污单位	20	20	100
8	挥发酚	一切排污单位	0.5	0.5	2.0
9	总氰化合物	电影洗片(铁氰化合物)	0.5	5.0	5.0
		其他排污单位	0.5	0.5	1.0
10	硫化物	一切排污单位	1.0	1.0	2.0
11	氨氮	医药原料药、染料、石油化工工业	15	50	—
		其他排污单位	15	25	—
12	氟化物	黄磷工业	10	20	20
		低氟地区(水体含氟量<0.5mg/L)	10	20	30
		其它排污单位	10	10	20
13	磷酸盐(以P计)	一切排污单位	0.5	1.0	—
14	甲醛	一切排污单位	1.0	2.0	5.0
15	苯胺类	一切排污单位	1.0	2.0	5.0
16	硝基苯类	一切排污单位	2.0	3.0	5.0
17	阴离子表面活性剂(LAS)	合成洗涤剂工业	5.0	15	20
		其他排污单位	5.0	10	20
18	总铜	一切排污单位	0.5	1.0	2.0
19	总锌	一切排污单位	2.0	5.0	5.0
20	总锰	合成脂肪酸工业	2.0	5.0	5.0
		其他排污单位	2.0	2.0	5.0
21	彩色显影剂	电影洗片	2.0	3.0	5.0
22	显影剂及氧化物总量	电影洗片	3.0	6.0	6.0
23	元素磷	一切排污单位	0.1	0.3	0.3
24	有机磷农药(以P计)	一切排污单位	不得检出	0.5	0.5
25	粪大肠菌群数	医院*、兽医院及医疗机构含病原体污水	500个/L	1000个/L	5000个/L
		传染病、结核病医院污水	100个/L	500个/L	1000个/L

续表

序号	污染物	适用范围	一级标准	二级标准	三级标准
26	总余氯 (采用氯化消毒的 医院污水)	医院*、兽医院及医疗机构 含病原体污水	<0.5**	>3(接触时 间≥1h)	>2(接触时 间≥1h)
		传染病、结核病医院污水	<0.5**	>6.5(接触时 间≥1.5h)	>5(接触时 间≥1.5h)

注: * 指50个床位以上的医院。

     ** 加氯消毒后须进行脱氯处理,达到本标准。

表3   **部分行业最高允许排水量**

(1997年12月31日之前建设的单位)

序号	行业类别			最高允许排水量或 最低允许水重复利用率	
1	矿山工业	有色金属系统选矿		水重复利用率75%	
		其他矿山工业采矿、选矿、选煤等		水重复利用率90%(选煤)	
		脉金选矿	重选	16.0m³/t(矿石)	
			浮选	9.0m³/t(矿石)	
			氰化	8.0m³/t(矿石)	
			碳浆	8.0m³/t(矿石)	
2	焦化企业(煤气厂)			1.2m³/t(焦炭)	
3	有色金属冶炼及金属加工			水重复利用率80%	

4	石油炼制工业(不包括直排水炼油厂)
	加工深度分类:
	  A. 燃料型炼油;
	  B. 燃料+润滑油型炼油厂;
	  C. 燃料+润滑油型+炼油化工型炼油厂;
	(包括加工高含硫原油页岩油和石油添加剂生产
	基地的炼油厂)
		A		>500万t, 1.0m³/t(原油)	

				250万~500万t, 1.2m³/t(原油)	
				<250万t, 1.5m³/t(原油)	
		B		>500万t, 1.5m³/t(原油)	
				250万~500万t, 2.0m³/t(原油)	
				<250万t, 2.0m³/t(原油)	
		C		>500万t, 2.0m³/t(原油)	
				250万~500万t, 2.5m³/t(原油)	
				<250万t, 2.5m³/t(原油)	

续表　　　　札记

序号	行业类别		最高允许排水量或最低允许水重复利用率
5	合成洗涤剂工业	氯化法生产烷基苯	200.0m³/t(烷基苯)
		裂解法生产烷基苯	70.0m³/t(烷基苯)
		烷基苯生产合成洗涤剂	10.0m³/t(产品)
6	合成脂肪酸工业		200.0m³/t(产品)
7	湿法生产纤维板工业		30.0m³/t(板)
8	制糖工业	甘蔗制糖	10.0m³/t(甘蔗)
		甜菜制糖	4.0m³/t(甜菜)
9	皮革工业	猪盐湿皮	60.0m³/t(原皮)
		牛干皮	100.0m³/t(原皮)
		羊干皮	150.0m³/t(原皮)
10	发酵、酿造工业	酒精工业 以玉米为原料	100.0m³/t(酒精)
		酒精工业 以薯类为原料	80m³/t(酒精)
		酒精工业 以糖蜜为原料	70.0m³/t(酒精)
		味精工业	600.0m³/t(味精)
		啤酒工业(排水量不包括麦芽水部分)	16.0m³/t(啤酒)
11	铬盐工业		5.0m³/t(产品)
12	硫酸工业(水洗法)		15.0m³/t(硫酸)
13	苎麻脱胶工业		500m³/t(原麻)或750m³/t(精干麻)
14	化纤浆粕		本色:150m³/t(浆) 漂白:240m³/t(浆)
15	粘胶纤维工业 (单纯纤维)	短纤维 (棉型中长纤维、毛型中长纤维)	300m³/t(纤维)
		长纤维	800m³/t(纤维)
16	铁路货车洗刷		5.0m³/辆
17	电影洗片		5m³/1000m(35mm 的胶片)
18	石油沥青工业		冷却池的水循环利用率95%

　　　　表4　　　　　　　　　**第二类污染物最高允许排放浓度**

（1998 年 1 月 1 日后建设的单位）

序号	污染物	适用范围	一级标准	二级标准	三级标准
1	pH	一切排污单位	6~9	6~9	6~9
2	色度(稀释倍数)	一切排污单位	50	80	—
3	悬浮物(SS)	采矿、选矿、选煤工业	70	300	—
		脉金选矿	70	400	—
		边远地区砂金选矿	70	800	—
		城镇二级污水处理厂	20	30	—
		其他排污单位	70	150	400
4	五日生化需氧量（BOD$_5$）	甘蔗制糖、芒麻脱胶、湿法纤维板、染料、洗毛工业	20	60	600
		甜菜制糖、酒精、味精、皮革、化纤浆粕工业	20	100	600
		城镇二级污水处理厂	20	30	—
		其他排污单位	20	30	300
5	化学需氧量（COD）	甜菜制糖、合成脂肪酸、湿法纤维板、染料、洗毛、有机磷农药工业	100	200	1000
		味精、酒精、医药原料药、生物制药、芒麻脱胶、皮革、化纤浆粕工业	100	300	1000
		石油化工工业(包括石油炼制)	60	120	500
		城镇二级污水处理厂	60	120	—
		其他排污单位	100	150	500
6	石油类	一切排污单位	5	10	20
7	动植物油	一切排污单位	10	15	100
8	挥发酚	一切排污单位	0.5	0.5	2.0
9	总氰化合物	一切排污单位	0.5	0.5	1.0
10	硫化物	一切排污单位	1.0	1.0	1.0
11	氨氮	医药原料药、染料、石油化工工业	15	50	—
		其他排污单位	15	25	—
12	氟化物	黄磷工业	10	15	20
		低氟地区(水体含氟量<0.5mg/L)	10	20	30
		其他排污单位	10	10	20

序号	污染物	适用范围	一级标准	二级标准	三级标准
13	磷酸盐(以P计)	一切排污单位	0.5	1.0	—
14	甲醛	一切排污单位	1.0	2.0	5.0
15	苯胺类	一切排污单位	1.0	2.0	5.0
16	硝基苯类	一切排污单位	2.0	3.0	5.0
17	阴离子表面活性剂(LAS)	一切排污单位	5.0	10	20
18	总铜	一切排污单位	0.5	1.0	2.0
19	总锌	一切排污单位	2.0	5.0	5.0
20	总锰	合成脂肪酸工业	2.0	5.0	5.0
		其他排污单位	2.0	2.0	5.0
21	彩色显影剂	电影洗片	1.0	2.0	3.0
22	显影剂及氧化物总量	电影洗片	3.0	3.0	6.0
23	元素磷	一切排污单位	0.1	0.1	0.3
24	有机磷农药(以P计)	一切排污单位	不得检出	0.5	0.5
25	乐果	一切排污单位	不得检出	1.0	2.0
26	对硫磷	一切排污单位	不得检出	1.0	2.0
27	甲基对硫磷	一切排污单位	不得检出	1.0	2.0
28	马拉硫磷	一切排污单位	不得检出	5.0	10
29	五氯酚及五氯酚钠(以五氯酚计)	一切排污单位	5.0	8.0	10
30	可吸附有机卤化物(AOX)(以Cl计)	一切排污单位	1.0	5.0	8.0
31	三氯甲烷	一切排污单位	0.3	0.6	1.0
32	四氯化碳	一切排污单位	0.03	0.06	0.5
33	三氯乙烯	一切排污单位	0.3	0.6	1.0
34	四氯乙烯	一切排污单位	0.1	0.2	0.5
35	苯	一切排污单位	0.1	0.2	0.5
36	甲苯	一切排污单位	0.1	0.2	0.5
37	乙苯	一切排污单位	0.4	0.6	1.0

序号	污染物	适用范围	一级标准	二级标准	三级标准
38	邻-二甲苯	一切排污单位	0.4	0.6	1.0
39	对-二甲苯	一切排污单位	0.4	0.6	1.0
40	间-二甲苯	一切排污单位	0.4	0.6	1.0
41	氯苯	一切排污单位	0.2	0.4	1.0
42	邻-二氯苯	一切排污单位	0.4	0.6	1.0
43	对-二氯苯	一切排污单位	0.4	0.6	1.0
44	对-硝基氯苯	一切排污单位	0.5	1.0	5.0
45	2，4-二硝基氯苯	一切排污单位	0.5	1.0	5.0
46	苯酚	一切排污单位	0.3	0.4	1.0
47	间-甲酚	一切排污单位	0.1	0.2	0.5
48	2，4-二氯酚	一切排污单位	0.6	0.8	1.0
49	2，4，6-三氯酚	一切排污单位	0.6	0.8	1.0
50	邻苯二甲酸二丁脂	一切排污单位	0.2	0.4	2.0
51	邻苯二甲酸二辛脂	一切排污单位	0.3	0.6	2.0
52	丙烯腈	一切排污单位	2.0	5.0	5.0
53	总硒	一切排污单位	0.1	0.2	0.5
54	粪大肠菌群数	医院*、兽医院及医疗机构含病原体污水	500 个/L	1000 个/L	5000 个/L
		传染病、结核病医院污水	100 个/L	500 个/L	1000 个/L
55	总余氯(采用氯化消毒的医院污水)	医院*、兽医院及医疗机构含病原体污水	<0.5**	>3(接触时间 ≥1h)	>2(接触时间 ≥1h)
		传染病、结核病医院污水	<0.5**	>6.5(接触时间≥1.5h)	>5(接触时间≥1.5h)
56	总有机碳(TOC)	合成脂肪酸工业	20	40	—
		苎麻脱胶工业	20	60	—
		其他排污单位	20	30	—

注：其他排污单位：指除在该控制项目中所列行业以外的一切排污单位。

* 指 50 个床位以上的医院。

** 加氯消毒后须进行脱氯处理，达到本标准。

表 5　　　　　　　　部分行业最高允许排水量　　　　　　　　札记

(1998 年 1 月 1 日后建设的单位)

序号	行业类别			最高允许排水量或最低允许水重复利用率
1	矿山工业	有色金属系统选矿		水重复利用率 75%
		其他矿山工业采矿、选矿、选煤等		水重复利用率 90%(选煤)
		脉金选矿	重选	16.0m³/t(矿石)
			浮选	9.0m³/t(矿石)
			氰化	8.0m³/t(矿石)
			碳浆	8.0m³/t(矿石)
2	焦化企业(煤气厂)			1.2m³/t(焦炭)
3	有色金属冶炼及金属加工			水重复利用率 80%
4	石油炼制工业(不包括直排水炼油厂) 加工深度分类:　A. 燃料型炼油;　B. 燃料+润滑油型炼油厂;　C. 燃料+润滑油型+炼油化工型炼油厂 (包括加工高含硫原油页岩油和石油添加剂生产基地的炼油厂)	A		>500 万 t, 1.0m³/t(原油) 250 万~500 万 t, 1.2m³/t(原油) <250 万 t, 1.5m³/t(原油)
		B		>500 万 t, 1.5m³/t(原油) 250 万~500 万 t, 2.0m³/t(原油) <250 万 t, 2.0m³/t(原油)
		C		>500 万 t, 2.0m³/t(原油) 250 万~500 万 t, 2.5m³/t(原油) <250 万 t, 2.5m³/t(原油)
5	合成洗涤剂工业	氯化法生产烷基苯		200.0m³/t(烷基苯)
		裂解法生产烷基苯		70.0m³/t(烷基苯)
		烷基苯生产合成洗涤剂		10.0m³/t(产品)
6	合成脂肪酸工业			200.0m³/t(产品)
7	湿法生产纤维板工业			30.0m³/t(板)
8	制糖工业	甘蔗制糖		10.0m³/t
		甜菜制糖		4.0m³/t
9	皮革工业	猪盐湿皮		60.0m³/t
		牛干皮		100.0m³/t
		羊干皮		150.0m³/t

札记

续表

序号	行业类别			最高允许排水量或 最低允许水重复利用率
10	发酵、 酿造工业	酒精工业	以玉米为原料	100.0m³/t
			以薯类为原料	80m³/t
			以糖蜜为原料	70.0m³/
		味精工业		600.0m³/t
		啤酒工业(排水量不包括麦芽水部分)		16.0m³/t
11	铬盐工业			5.0m³/t(产品)
12	硫酸工业(水洗法)			15.0m³/t(硫酸)
13	苎麻脱胶工业			500m³/t(原麻)
				750m³/t(精干麻)
14	粘胶纤维 工业单纯 纤维	短纤维 (棉型中长纤维、毛型中长纤维)		300m³/t(纤维)
		长纤维		800m³/t(纤维)
15	化纤浆粕			本色：150m³/t(浆)
				漂白：240m³/t(浆)
16	制药工 业医药 原料药	青霉素		4700m³/t(氰霉素)
		链霉素		1450m³/t(链霉素)
		土霉素		1300m³/t(土霉素)
		四环素		1900m³/t(四环素)
		洁霉素		9200m³/t(洁霉素)
		金霉素		3000m³/t(金霉素)
		庆大霉素		20400m³/t(庆大霉素)
		维生素 C		1200m³/t(维生素 C)
		氯霉素		2700m³/t(氯霉素)
		新诺明		2000m³/t(新诺明)
		维生素 B1		3400m³/t(维生素 B1)
		安乃近		180m³/t(安乃近)
		非那西汀		750m³/t(非那西汀)
		呋喃唑酮		2400m³/t(呋喃唑酮)
		咖啡因		1200m³/t(咖啡因)

续表　　　**札记**

序号	行业类别		最高允许排水量或 最低允许水重复利用率
17	有机磷 农药工业 *	乐果 **	700m³/t(产品)
		甲基对硫磷(水相法) **	300m³/t(产品)
		对硫磷(P₂S₅法) **	500m³/t(产品)
		对硫磷(PSCl₃法) **	550m³/t(产品)
		敌敌畏(敌百虫碱解法)	200m³/t(产品)
		敌百虫	40m³/t(产品)(不包括三氯乙醛生产废水)
		马拉硫磷	700m³/t(产品)
18	除草剂 工业	除草醚	5m³/t(产品)
		五氯酚钠	2m³/t(产品)
		五氯酚	4m³/t(产品)
		2甲4氯	14m³/t(产品)
		2,4-D	4m³/t(产品)
		丁草胺	4.5m³/t(产品)
		绿麦隆(以 Fe 粉还原)	2m³/t(产品)
		绿麦隆(以 Na₂S 还原)	3m³/t(产品)
19	火力发电工业		3.5m³(MW·h)
20	铁路货车洗刷		5.0m³/辆
21	电影洗片		5m³/1000m(35mm 的胶片)
22	石油沥青工业		冷却池的水循环利用率95%

注：　*　产品按100%浓度计。

　　　**　不包括 P_2S_5、$PSCl_3$、PCl_3 原料生产废水。

附录六 生活饮用水卫生标准(摘录)

中 华 人 民 共 和 国 国 家 标 准

GB 5749—2006
代替 GB 5749—85

生活饮用水卫生标准
Standards for drinking water quality

2006-12-29 发布   2007-07-01 实施

中华人民共和国卫生部
中国国家标准化管理委员会 发布

前　言

本标准的全部技术内容为强制性。

本标准自实施之日起代替 GB 5749—1985《生活饮用水卫生标准》。

本标准与 GB 5749—1985 相比主要变化如下：

——水质指标由 GB 5749—1985 的 35 项增加至 106 项，增加了 71 项；修订了 8 项；其中：

a) 微生物指标由 2 项增至 6 项，增加了大肠埃希氏菌、耐热大肠菌群、贾第鞭毛虫和隐孢子虫；修订了总大肠菌群；

b) 饮用水消毒剂由 1 项增至 4 项，增加了一氯胺、臭氧、二氧化氯；

c) 毒理指标中无机化合物由 10 项增至 21 项，增加了溴酸盐、亚氯酸盐，氯酸盐、锑、钡、铍、硼、钼、镍、铊、氯化氰；并修订了砷、镉、铅、硝酸盐；

毒理指标中有机化合物由 5 项增至 53 项，增加了甲醛、三卤甲烷、二氯甲烷、1，2 二氯乙烷、1，1，1-三氯乙烷、三溴甲烷、一氯二溴甲烷、二氯一溴甲烷、环氧氯丙烷、氯乙烯、1，1-二氯乙烯、1，2-二氯乙烯、三氯乙烯、四氯乙烯、六氯丁二烯、二氯乙酸、三氯乙酸、三氯乙醛、苯、甲苯、二甲苯、乙苯、苯乙烯、2，4，6-三氯酚、氯苯、1，2 二氯苯、1，4 二氯苯、三氯苯、邻苯二甲酸二(2-乙基己基)酯、丙烯酰胺、微囊藻毒素-LR、灭草松、百菌清、溴氰菊酯、乐果、2，4 滴、七氯、六氯苯、林丹、马拉硫磷、对硫磷、甲基对硫磷、五氯酚、莠去津、呋喃丹、毒死蜱、敌敌畏、草甘膦；修订了四氯化碳；

d) 感官性状和一般化学指标由 15 项增至 20 项，增加了耗氧量、氨氮、硫化物、钠、铝；修订了浑浊度；

e) 放射性指标中修订了总 a 放射性。

——删除了水源选择和水源卫生防护两部分内容。

——简化了供水部门的水质检测规定，部分内容列入《生活饮用水集中式供水单位卫生规范》。

——增加了附录 A。

——增加了参考文献。

札记

本标准的附录 A 为资料性附录。

本标准"表 3 水质非常规指标及限值"所规定指标的实施项目和日期由省级人民政府根据当地实际情况确定，并报国家标准化管理委员会、建设部和卫生部备案，从 2008 年起三个部门对各省非常规指标实施情况进行通报，全部指标最迟于 2012 年 7 月 1 日实施。

本标准由中华人民共和国卫生部、建设部、水利部、国土资源部、国家环境保护总局等提出。

本标准由中华人民共和国卫生部归口。

本标准负责起草单位：中国疾病预防控制中心环境与健康相关产品安全所。

本标准参加起草单位：广东省卫生监督所、浙江省卫生监督所、江苏省疾病预防控制中心、北京市疾病预防控制中心、上海市疾病预防控制中心、中国城镇供水排水协会，中国水利水电科学研究院、国家环境保护总局环境标准研究所。

本标准主要起草人：金银龙、鄂学礼、陈昌杰、陈西平，张岚、陈亚妍、蔡祖根、甘日华、申屠杭、郭常义、魏建荣、宁瑞珠、刘文朝、胡林林。

本标准参加起草人：蔡诗文、林少彬、刘凡、姚孝元、陆坤明、陈国光、周怀东、李延平。

本标准于 1985 年 8 月首次发布，本次为第一次修订。

生活饮用水卫生标准

1 范围

本标准规定了生活饮用水水质卫生要求、生活饮用水水源水质卫生要求、集中式供水单位卫生要求、二次供水卫生要求、涉及生活饮用水卫生安全产品卫生要求、水质监测和水质检验方法。

本标准适用于城乡各类集中式供水的生活饮用水,也适用于分散式供水的生活饮用水。

2 规范性引用文件

下列文件中的条款通过本标准的引用而成为本标准的条款。凡是标注日期的引用文件,其随后所有的修改单(不包括勘误内容)或修订版均不适用于本标准,然而,鼓励根据本标准达成协议的各方研究是否可使用这些文件的最新版本。凡是不注日期的引用文件,其最新版本适用于本标准。

GB 3838 地表水环境质量标准

GB/T 5750(所有部分) 生活饮用水标准检验方法

GB/T 14848 地下水质量标准

GB 17051 二次供水设施卫生规范

GB/T 17218 饮用水化学处理剂卫生安全性评价

GB/T 17219 生活饮用水输配水设备及防护材料的安全性评价标准

CJ/T 206 城市供水水质标准

SL 308 村镇供水单位资质标准

生活饮用水集中式供水单位卫生规范 卫生部

3 术语和定义

下列术语和定义适用于本标准。

3.1

生活饮用水 drinking water

供人生活的饮水和生活用水。

3.2

供水方式 type of water supply

3.2.1

集中式供水 central water supply

自水源集中取水，通过输配水管网送到用户或者公共取水点的供水方式，包括自建设施供水。为用户提供日常饮用水的供水站和为公共场所、居民社区提供的分质供水也属于集中式供水。

3.2.2

二次供水　secondary water supply

集中式供水在入户之前经再度储存、加压和消毒或深度处理，通过管道或容器输送给用户的供水方式。

3.2.3

小型集中式供水　small central water supply

农村日供水在 1000 m³ 以下（或供水人口在 1 万人以下）的集中式供水。

3.2.4

分散式供水　non-central water supply

分散居户直接从水源取水，无任何设施或仅有简易设施的供水方式。

3.3

常规指标　regular indices

能反映生活饮用水水质基本状况的水质指标。

3.4

非常规指标　non-regular indices

根据地区、时间或特殊情况需要实施的生活饮用水水质指标。

4　生活饮用水水质卫生要求

4.1　生活饮用水水质应符合下列基本要求，保证用户饮用安全。

4.1.1　生活饮用水中不得含有病原微生物。

4.1.2　生活饮用水中化学物质不得危害人体健康。

4.1.3　生活饮用水中放射性物质不得危害人体健康。

4.1.4　生活饮用水的感官性状良好。

4.1.5　生活饮用水应经消毒处理。

4.1.6　生活饮用水水质应符合表 1 和表 3 卫生要求。集中式供水出厂水中消毒剂限值、出厂水和管网末梢水中消毒剂余量均应符合表 2 要求。

4.1.7　小型集中式供水和分散式供水因条件限制，水质部分指标可暂按照表4执行,其余指标仍按表1、表2和表3执行。

4.1.8 当发生影响水质的突发性公共事件时,经市级以上人民政府批准,感官性状和一般化学指标可适当放宽。

4.1.9 当饮用水中含有附录 A 表 A.1 所列指标时,可参考此表限值评价。

表1 水质常规指标及限制

指 标	限 制
1. 微生物指标[a]	
总大肠菌群(MPN/100mL 或 CFU/100mL)	不得检出
耐热大肠菌群(MPN/100mL 或 CFU/100mL)	不得检出
大肠埃希氏菌(MPN/100mL 或 CFU/100mL)	不得检出
菌落总数(CFU/mL)	100
2. 毒理指标	
砷/(mg/L)	0.01
镉/(mg/L)	0.005
铬/(六价,mg/L)	0.05
铅/(mg/L)	0.01
汞/(mg/L)	0.001
硒/(mg/L)	0.01
氰化物/(mg/L)	0.05
氟化物/(mg/L)	1.0
硝酸盐(以 N 计)/(mg/L)	10 地下水源限制时为20
三氯甲烷/(mg/L)	0.06
四氯化碳/(mg/L)	0.002
溴酸盐(使用臭氧时)/(mg/L)	0.01
甲醛(使用臭氧时)/(mg/L)	0.9
亚氯酸盐(使用二氧化氯消毒时)/(mg/L)	0.7

札记

续表

指 标	限 制
氯酸盐(使用复合二氧化氯消毒时)/(mg/L)	0.7
3. 感官性状和一般化学指标	
色度(铂钴色度)	15
浑浊度(散射浑浊度单位)/NTU	1 水源与净化技术条件限制时为 3
臭和味	无异臭、异味
肉眼可见物	无
pH	不小于 6.5 且不大于 8.5
铝/(mg/L)	0.2
铁/(mg/L)	0.3
锰/(mg/L)	0.1
铜/(mg/L)	1.0
锌/(mg/L)	1.0
氯化物/(mg/L)	250
硫酸盐/(mg/L)	250
溶解性总固体/(mg/L)	1000
总硬度(以 $CaCO_3$ 计)/(mg/L)	450
耗氧量(COD_{Mn}法,以 O_2 计)/(mg/L)	3 水源限制,原水耗氧量>6mg/L 时为 5
挥发酚类(以苯酚计)/(mg/L)	0.002
阴离子合成洗涤剂/(mg/L)	0.3
4. 放射性指标[b]	指导值
总 α 放射性/(Bq/L)	0.5
总 β 放射性/(Bq/L)	1

a MPN 表示最可能数;CFU 表示菌落形成单位。当水样检出总大肠菌群时,应进一步检验大肠埃希氏菌或耐热大肠菌群;水样未检出总大肠菌群,不必检验大肠埃希氏菌或耐热大肠菌群。

b 放射性指标超过指导值,应进行核素分析和评价,判定能否饮用。

表 2   饮用水中消毒剂常规指标及要求

消毒剂名称	与水接触时间	出厂水中限值（mg/L）	出厂水中余量（mg/L）	管网末梢水中余量（mg/L）
氯气及游离氯制剂(游离氯)	≥30min	4	≥0.3	≥0.05
一氯胺(总氯)	≥120min	3	≥0.5	≥0.05
臭氧(O_3)	≥12min	0.3	—	0.02 如加氯，总氯≥0.05
二氧化氯(ClO_2)	≥30min	0.8	≥0.1	≥0.02

表 3   水质非常规指标及限值

指　　标	限　　制
1. 微生物指标	
贾第鞭毛虫/(个/10L)	<1
隐孢子虫/(个/10L)	<1
2. 毒理指标	
锑/(mg/L)	0.005
钡/(mg/L)	0.7
铍/(mg/L)	0.002
硼/(mg/L)	0.5
钼/(mg/L)	0.07
镍/(mg/L)	0.02
银/(mg/L)	0.05
铊/(mg/L)	0.001
氯化氰(以 CN^- 计)/(mg/L)	0.07
一氯二溴甲烷/(mg/L)	0.1
二氯一溴甲烷/(mg/L)	0.06
二氯乙酸/(mg/L)	0.05
1,2-二氯乙烷/(mg/L)	0.03
二氯甲烷/(mg/L)	0.02
三卤甲烷(三氯甲烷、一氯二溴甲烷、二氯一溴甲烷、三溴甲烷的总和)	该类化合物中各种化合物的实测浓度与其各自限制的比值之和不超过1

续表

指 标	限 制
1，1，1-三氯乙烷/（mg/L）	2
三氯乙酸/（mg/L）	0.1
三氯乙醛/（mg/L）	0.01
2，4，6-三氯酚/（mg/L）	0.2
三溴甲烷/（mg/L）	0.1
七氯/（mg/L）	0.0004
马拉硫磷/（mg/L）	0.25
五氯酚/（mg/L）	0.009
六六六（总量）/（mg/L）	0.005
六氯苯/（mg/L）	0.001
乐果/（mg/L）	0.08
对硫磷/（mg/L）	0.003
灭草松/（mg/L）	0.3
甲基对硫磷/（mg/L）	0.02
百菌清/（mg/L）	0.01
呋喃丹/（mg/L）	0.007
林丹/（mg/L）	0.002
毒死蜱/（mg/L）	0.03
草甘膦/（mg/L）	0.7
敌敌畏/（mg/L）	0.001
莠去津/（mg/L）	0.002
溴氰菊酯/（mg/L）	0.02
2，4-滴/（mg/L）	0.03
滴滴涕/（mg/L）	0.001
乙苯/（mg/L）	0.3
二甲苯（总量）/（mg/L）	0.5
1，1-二氯乙烯/（mg/L）	0.03
1，2-二氯乙烯/（mg/L）	0.05
1，2-二氯苯/（mg/L）	1
1，4-二氯苯/（mg/L）	0.3
三氯乙烯/（mg/L）	0.07

续表　　　札记

指　标	限　制
三氯苯(总量)/(mg/L)	0.02
六氯丁二烯/(mg/L)	0.0006
丙烯酰胺/(mg/L)	0.0005
四氯乙烯/(mg/L)	0.04
甲苯/(mg/L)	0.7
邻苯二甲酸二(2-乙基己基)酯/(mg/L)	0.008
环氧氯丙烷/(mg/L)	0.0004
苯/(mg/L)	0.01
苯乙烯/(mg/L)	0.02
苯并(a)芘/(mg/L)	0.00001
氯乙烯/(mg/L)	0.005
氯苯/(mg/L)	0.3
微囊藻毒素-LR/(mg/L)	0.001
3、感官性状和一般化学指标	
氨氮(以N计)/(mg/L)	0.5
硫化物/(mg/L)	0.02
钠/(mg/L)	200

表4　　小型集中式供水和分散式供水部分水质指标及限值

指　标	限　制
1. 微生物指标	
菌落总数/(CFU/mL)	500
2. 毒理指标	
砷/(mg/L)	0.05
氟化物/(mg/L)	1.2
硝酸盐(以N计)/(mg/L)	20
3. 感官性状和一般化学指标	
色度(铂钴色度单位)	20
浑浊度(散射浑浊度单位)/NTU	3 水源与净水技术条件限制时为5

札记

续表

指　　标	限　　制
pH	不小于 6.5 且不大于 9.5
溶解性总固体/(mg/L)	1500
总硬度/(mg/L)	550
耗氧量(COD$_{Mn}$法，以 O$_2$计)/(mg/L)	5
铁/(mg/L)	0.5
锰/(mg/L)	0.3
氯化物/(mg/L)	300
硫酸盐/(mg/L)	300

5　生活饮用水水源水质卫生要求

5.1　采用地表水为生活饮用水水源时应符合 GB 3838 要求

5.2　采用地下水为生活饮用水水源时应符合 GB/T14848 要求

6　集中式供水单位卫生要求

　　集中式供水单位的卫生要求按照卫生部《生活饮用水集中式供水单位卫生规范》执行。

7　二次供水卫生要求

　　二次供水的设施和处理要求应按照 GB 17051 执行。

8　涉及生活饮用水卫生安全产品卫生要求

8.1　处理生活饮用水采用的絮凝、助凝、消毒、氧化、吸附、pH 调节、防锈、阻垢等化学处理剂不应污染生活饮用水，应符合 GB/T 17218 要求。

8.2　生活饮用水的输配水设备、防护材料和水处理材料不应污染生活饮用水，应符合 GB/T 17219 要求。

附录 A

（资料性附录）

生活饮用水水质参考指标及限值

表 A.1 　　　　　　　生活饮用水水质参考指标及限值

指　　标	限　　制
肠球菌/（CFU/100mL）	0
产气荚膜梭状芽胞杆菌/（CFU/100mL）	0
二(2-乙基己基)己二酸酯/（mg/L）	0.4
二溴乙烯/（mg/L）	0.00005
二噁英(2，3，7，8-TCDD)/（mg/L）	0.00000003
土臭素(二甲基萘烷醇)/（mg/L）	0.00001
五氯丙烷/（mg/L）	0.03
双酚 A/（mg/L）	0.01
丙烯腈/（mg/L）	0.1
丙烯酸/（mg/L）	0.5
丙烯醛/（mg/L）	0.1
四乙基铅/（mg/L）	0.0001
戊二醛/（mg/L）	0.07
甲基异崁醇-2/（mg/L）	0.00001
石油类(总量)/（mg/L）	0.3
石棉(>10μm)/（万个/L）	700
亚硝酸盐/（mg/L）	1
多环芳烃(总量)/（mg/L）	0.002
多氯联苯(总量)/（mg/L）	0.0005
邻苯二甲酸二乙酯/（mg/L）	0.3

札记

指　标	限　制
邻苯二甲酸二丁酯/(mg/L)	0.003
环烷酸/(mg/L)	1.0
苯甲醚/(mg/L)	0.05
总有机碳(TOC)/(mg/L)	5
β-萘酚/(mg/L)	0.4
丁基黄原酸/(mg/L)	0.001
氯化乙基汞/(mg/L)	0.0001
硝基苯/(mg/L)	0.017

札记

附录七　土壤环境质量　农用地土壤污染风险管控标准(试行)(摘录)

中 华 人 民 共 和 国 国 家 标 准

GB 15618—2018

土壤环境质量

农用地土壤污染风险管控标准

（试行）

Soil environmental quality

—Risk control standard for soil contamination of agricultural land

2018-06-22 发布 　　　　　　　　　　2018-08-01 实施

生 态 环 境 部
国家市场监督管理总局　发布

前　言

为贯彻落实《中华人民共和国环境保护法》，保护农用地土壤环境，管控农用地土壤污染风险，保障农产品质量安全、农作物正常生长和土壤生态环境，制定本标准。

本标准规定了农用地土壤污染风险筛选值和管制值，以及监测、实施与监督要求。

本标准于 1995 年首次发布，本次为第一次修订。

本次修订的主要内容：

——标准名称由《土壤环境质量标准》调整为《土壤环境质量 农用地土壤污染风险管控标准(试行)》；

——更新了规范性引用文件，增加了标准的术语和定义；

——规定了农用地土壤中镉、汞、砷、铅、铬、铜、镍、锌等基本项目，以及六六六、滴滴涕、苯并[a]芘等其他项目的风险筛选值；

——规定了农用地土壤中镉、汞、砷、铅、铬的风险管制值；

——更新了监测、实施与监督要求。

自本标准实施之日起，《土壤环境质量标准》(GB 15618—1995)废止。

本标准由生态环境部土壤环境管理司、科技标准司组织制订。

本标准主要起草单位：生态环境部南京环境科学研究所、中国科学院南京土壤研究所、中国农业科学院农业资源与农业区划研究所、中国环境科学研究院。

本标准生态环境部 2018 年 5 月 17 日批准。

本标准自 2018 年 8 月 1 日起实施。

本标准由生态环境部解释。

土壤环境质量 农用地土壤污染风险管控标准(试行)

1 适用范围

本标准规定了农用地土壤污染风险筛选值和管制值,以及监测、实施和监督要求。

本标准适用于耕地土壤污染风险筛查和分类。园地和牧草地可参照执行。

2 规范性引用文件

本标准内容引用了下列文件或其中的条款。凡是不注明日期的引用文件,其最新版本适用于本标准。

GB/T 14550 土壤质量 六六六和滴滴涕的测定 气相色谱法

GB/T 17136 土壤质量 总汞的测定 冷原子吸收分光光度法

GB/T 17138 土壤质量 铜、锌的测定 火焰原子吸收分光光度法

GB/T 17139 土壤质量 镍的测定 火焰原子吸收分光光度法

GB/T 17141 土壤质量 铅、镉的测定 石墨炉原子吸收分光光度法

GB/T 21010 土地利用现状分类

GB/T 22105 土壤质量 总汞、总砷、总铅的测定 原子荧光法

HJ/T 166 土壤环境监测技术规范

HJ 491 土壤 总铬的测定 火焰原子吸收分光光度法

HJ 680 土壤和沉积物 汞、砷、硒、铋、锑的测定 微波消解/原子荧光法

HJ 780 土壤和沉积物 无机元素的测定 波长色散 X 射线荧光光谱法

HJ 784 土壤和沉积物 多环芳烃的测定 高效液相色谱法

HJ 803 土壤和沉积物 12 种金属元素的测定 王水提取-电感耦合等离子体质谱法

HJ 805 土壤和沉积物 多环芳烃的测定 气相色谱-质谱法

HJ 834 土壤和沉积物 半挥发性有机物的测定 气相色谱-质谱法

HJ 835 土壤和沉积物 有机氯农药的测定 气相色谱-质谱法

HJ 921　土壤和沉积物　有机氯农药的测定　气相色谱法

HJ 923　土壤和沉积物　总汞的测定　催化热解-冷原子吸收分光光度法

3　术语和定义

下列术语和定义适用于本标准。

3.1

土壤 soil

指位于陆地表层能够生长植物的疏松多孔物质层及其相关自然地理要素的综合体。

3.2

农用地　agricultural land

指 GB/T 21010 中的 01 耕地（0101 水田、0102 水浇地、0103 旱地）、02 园地（0201 果园、0202 茶园）和 04 草地（0401 天然牧草地、0403 人工牧草地）。

3.3

农用地土壤污染风险　soil contamination risk of agricultural land

指因土壤污染导致食用农产品质量安全、农作物生长或土壤生态环境受到不利影响。

3.4

农用地土壤污染风险筛选值　risk screening values for soil contamination of agricultural land

指农用地土壤中污染物含量等于或者低于该值的，对农产品质量安全、农作物生长或土壤生态环境的风险低，一般情况下可以忽略；超过该值的，对农产品质量安全、农作物生长或土壤生态环境可能存在风险，应当加强土壤环境监测和农产品协同监测，原则上应当采取安全利用措施。

3.5

农用地土壤污染风险管制值 risk intervention values for soil contamination of agricultural land

指农用地土壤中污染物含量超过该值的，食用农产品不符合质量安全标准等农用地土壤污染风险高，原则上应当采取严格管控措施。

4 农用地土壤污染风险筛选值

4.1 基本项目

农用地土壤污染风险筛选值的基本项目为必测项目，包括镉、汞、砷、铅、铬、铜、镍、锌，风险筛选值见表1。

表1　　　　农用地土壤污染风险筛选值(基本项目)　　　单位：mg/kg

序号	污染物项目[a,b]		风险筛选值			
			pH≤5.5	5.5<pH≤6.5	6.5<pH≤7.5	pH>7.5
1	镉	水田	0.3	0.4	0.6	0.8
		其他	0.3	0.3	0.3	0.6
2	汞	水田	0.5	0.5	0.6	1.0
		其他	1.3	1.8	2.4	3.4
3	砷	水田	30	30	25	20
		其他	40	40	30	25
4	铅	水田	80	100	140	240
		其他	70	90	120	170
5	铬	水田	250	250	300	350
		其他	150	150	200	250
6	铜	果园	150	150	200	200
		其他	50	50	100	100
7	镍		60	70	100	190
8	锌		200	200	250	300

a　重金属和类金属砷均按元素总量计。

b　对于水旱轮作地，采用其中较严格的风险筛选值。

4.2 其他项目

4.2.1　农用地土壤污染风险筛选值的其他项目为选测项目，包括六六六、滴滴涕和苯并[a]芘，风险筛选值见表2。

表2　　　　　　　农用地土壤污染风险筛选值(其他项目)　　单位：mg/kg

序号	污染物项目	风险筛选值
1	六六六总量[a]	0.10
2	滴滴涕总量[b]	0.10
3	苯并[a]芘	0.55

a　六六六总量为 α-六六六、β-六六六、γ-六六六、δ-六六六四种异构体的含量总和。

b　滴滴涕总量为 p, p'-滴滴伊、p, p'-滴滴滴、o, p'-滴滴涕、p, p'-滴滴涕四种衍生物的含量总和。

4.2.2　其他项目由地方环境保护主管部门根据本地区土壤污染特点和环境管理需求进行选择。

5　农用地土壤污染风险管制值

　　农用地土壤污染风险管制值项目包括镉、汞、砷、铅、铬，风险管制值见表3。

表3　　　　　　　　农用地土壤污染风险管制值　　　　单位：mg/kg

序号	污染物项目	风险管制值			
		pH≤5.5	5.5<pH≤6.5	6.5<pH≤7.5	pH>7.5
1	镉	1.5	2.0	3.0	4.0
2	汞	2.0	2.5	4.0	6.0
3	砷	200	150	120	100
4	铅	400	500	700	1000
5	铬	800	850	1000	1300

6　农用地土壤污染风险筛选值和管制值的使用

6.1　当土壤中污染物含量等于或者低于表1和表2规定的风险筛选值时，农用地土壤污染风险低，一般情况下可以忽略；高于表1和表2规定的风险筛选值时，可能存在农用地土壤污染风险，应加强土壤环境监测和农产品协同监测。

6.2　当土壤中镉、汞、砷、铅、铬的含量高于表1规定的风险筛选值、等于或者低于表3规定的风险管制值时，可能存在食用农产品不符合质量安全标准等土壤污染风险，原则上应当采取农艺调控、替代种植等安全利用措施。

6.3 当土壤中镉、汞、砷、铅、铬的含量高于表 3 规定的风险管制值时，食用农产品不符合质量安全标准等农用地土壤污染风险高，且难以通过安全利用措施降低食用农产品不符合质量安全标准等农用地土壤污染风险，原则上应当采取禁止种植食用农产品、退耕还林等严格管控措施。

6.4 土壤环境质量类别划分应以本标准为基础，结合食用农产品协同监测结果，依据相关技术规定进行划定。

附录八　土壤环境质量　建设用地土壤污染
风险管控标准（试行）（摘录）

中 华 人 民 共 和 国 国 家 标 准

GB 36600—2018

土壤环境质量
建设用地土壤污染风险管控标准
（试行）

Soil environmental quality

—Risk control standard for soil contamination of development land

2018-06-22 发布　　　　　　　　　　　　　　　　2018-08-01 实施

生 态 环 境 部
国家市场监督管理总局　发布

前　言

为贯彻落实《中华人民共和国环境保护法》，加强建设用地土壤环境监管，管控污染地块对人体健康的风险，保障人居环境安全，制定本标准。

本标准规定了保护人体健康的建设用地土壤污染风险筛选值和管制值，以及监测、实施与监督要求。

本标准为首次发布。

以下标准为配套本标准的建设用地土壤环境调查、监测、评估和修复系列标准：

HJ 25.1　场地环境调查技术导则

HJ 25.2　场地环境监测技术导则

HJ 25.3　污染场地风险评估技术导则

HJ 25.4　污染场地土壤修复技术导则

自本标准实施之日起，《展览会用地土壤环境质量评价标准(暂行)》(HJ 350—2007)废止。

本标准由生态环境部土壤环境管理司、科技标准司组织制订。

本标准主要起草单位：生态环境部南京环境科学研究所、中国环境科学研究院。

本标准生态环境部 2018 年 5 月 17 日批准。

本标准自 2018 年 8 月 1 日起实施。

本标准由生态环境部解释。

土壤环境质量 建设用地土壤污染风险管控标准(试行)

1 适用范围

本标准规定了保护人体健康的建设用地土壤污染风险筛选值和管制值,以及监测、实施与监督要求。

本标准适用于建设用地土壤污染风险筛查和风险管制。

2 规范性引用文件

本标准内容引用了下列文件或其中的条款。凡是不注明日期的引用文件,其最新版本适用于本标准。

GB/T 14550 土壤质量 六六六和滴滴涕的测定 气相色谱法

GB/T 17136 土壤质量 总汞的测定 冷原子吸收分光光度法

GB/T 17138 土壤质量 铜、锌的测定 火焰原子吸收分光光度法

GB/T 17139 土壤质量 镍的测定 火焰原子吸收分光光度法

GB/T 17141 土壤质量 铅、镉的测定 石墨炉原子吸收分光光度法

GB/T 22105 土壤质量 总汞、总砷、总铅的测定 原子荧光法

GB 50137 城市用地分类与规划建设用地标准

HJ 25.1 场地环境调查技术导则

HJ 25.2 场地环境监测技术导则

HJ 25.3 污染场地风险评估技术导则

HJ 25.4 污染场地土壤修复技术导则

HJ 77.4 土壤和沉积物 二噁英类的测定 同位素稀释高分辨气相色谱-高分辨质谱法

HJ 605 土壤和沉积物 挥发性有机物的测定 吹扫捕集/气相色谱-质谱法

HJ 642 土壤和沉积物 挥发性有机物的测定 顶空/气相色谱-质谱法

HJ 680 土壤和沉积物 汞、砷、硒、铋、锑的测定 微波消解/原子荧光法

HJ 703 土壤和沉积物 酚类化合物的测定 气相色谱法

HJ 735 土壤和沉积物 挥发性卤代烃的测定 吹扫捕集/气相色谱-质谱法

HJ 736 土壤和沉积物 挥发性卤代烃的测定 顶空/气相色谱-质谱法

HJ 737 土壤和沉积物 铍的测定 石墨炉原子吸收分光光度法

HJ 741 土壤和沉积物 挥发性有机物的测定 顶空/气相色谱法

HJ 742 土壤和沉积物 挥发性芳香烃的测定 顶空/气相色谱法

HJ 743 土壤和沉积物 多氯联苯的测定 气相色谱-质谱法

HJ 745 土壤 氰化物和总氰化物的测定 分光光度法

HJ 780 土壤和沉积物 无机元素的测定 波长色散 X 射线荧光光谱法

HJ 784 土壤和沉积物 多环芳烃的测定 高效液相色谱法

HJ 803 土壤和沉积物 12 种金属元素的测定 土水提取-电感耦合等离子体质谱法

HJ 805 土壤和沉积物 多环芳烃的测定 气相色谱-质谱法

HJ 834 土壤和沉积物 半挥发性有机物的测定 气相色谱-质谱法

HJ 835 土壤和沉积物 有机氯农药的测定 气相色谱-质谱法

HJ 921 土壤和沉积物 有机氯农药的测定 气相色谱法

HJ 922 土壤和沉积物 多氯联苯的测定 气相色谱法

HJ 923 土壤和沉积物 总汞的测定 催化热解-冷原子吸收分光光度法

CJJ/T 85 城市绿地分类标准

3 术语和定义

下列术语和定义适用于本标准。

3.1

建设用地 development land

指建造建筑物、构筑物的土地,包括城乡住宅和公共设施用地、工矿用地、交通水利设施用地、旅游用地、军事设施用地等。

3.2

建设用地土壤污染风险 soil contamination risk of development land

指建设用地上居住、工作人群长期暴露于土壤中污染物,因慢性毒性效应或致癌效应而对健康产生的不利影响。

3.3

暴露途径 exposure pathway

指建设用地土壤中污染物迁移到达和暴露于人体的方式。主要包括：(1)经口摄入土壤；(2)皮肤接触土壤；(3)吸入土壤颗粒物；(4)吸入室外空气中来自表层土壤的气态污染物；(5)吸入室外空气中来自下层土壤的气态污染物；(6)吸入室内空气中来自下层土壤的气态污染物。

3.4

建设用地土壤污染风险筛选值 risk screening values for soil contamination of development land

指在特定土地利用方式下，建设用地土壤中污染物含量等于或低于该值的，对人体健康的风险可以忽略；超过该值的，对人体健康可能存在风险，应当开展进一步的详细调查和风险评估，确定具体的污染范围和风险水平。

3.5

建设用地土壤污染风险管制值 risk intervention values for soil contamination of development land

指在特定土地利用方式下，建设用地土壤中污染物含量超过该值的，对人体健康通常存在不可接受风险，应当采取风险管控或修复措施。

3.6

土壤环境背景值 environmental background values of soil

指基于土壤环境背景含量的统计值。通常以土壤环境背景含量的某一分位值表示。其中土壤环境背景含量是指在一定时间条件下，仅受地球化学过程和非点源输入影响的土壤中元素或化合物的含量。

4　建设用地分类

4.1　建设用地中，城市建设用地根据保护对象暴露情况的不同，可划分为以下两类。

4.1.1　第一类用地：包括 GB 50137 规定的城市建设用地中的居住用地(R)，公共管理与公共服务用地中的中小学用地(A33)、医疗卫生用地(A5)和社会福利设施用地(A6)，以及公园绿地(G1)中的社区公园或儿童公园用地等。

4.1.2　第二类用地：包括 GB 50137 规定的城市建设用地中的工业用地

（M），物流仓储用地（W），商业服务业设施用地（B），道路与交通设施用地（S），公用设施用地（U），公共管理与公共服务用地（A）（A33、A5、A6除外），以及绿地与广场用地（G）（G1中的社区公园或儿童公园用地除外）等。

4.2　建设用地中，其他建设用地可参照4.1划分类别。

5　建设用地土壤污染风险筛选值和管制值

5.1　保护人体健康的建设用地土壤污染风险筛选值和管制值见表1和表2，其中表1为基本项目，表2为其他项目。本标准考虑的暴露途径见3.3。

表1　　建设用地土壤污染风险筛选值和管制值(基本项目)

序号	污染物项目	CAS编号	筛选值		管制值	
			第一类用地	第二类用地	第一类用地	第二类用地
重金属和无机物						
1	砷	7440-38-2	20[a]	60[a]	120	140
2	镉	7440-43-9	20	65	47	172
3	铬(六价)	18540-29-9	3.0	5.7	30	78
4	铜	7440-50-8	2000	18000	8000	36000
5	铅	7439-92-1	400	800	800	2500
6	汞	7439-97-6	8	38	33	82
7	镍	7440-02-0	150	900	600	2000
挥发性有机物						
8	四氯化碳	56-23-5	0.9	2.8	9	36
9	氯仿	67-66-3	0.3	0.9	5	10
10	氯甲烷	74-87-3	12	37	21	120
11	1,1-二氯乙烷	75-34-3	3	9	20	100
12	1,2-二氯乙烷	107-06-2	0.52	5	6	21
13	1,1-二氯乙烯	75-35-4	12	66	40	200
14	顺-1,2-二氯乙烯	156-59-2	66	596	200	2000
15	反-1,2-二氯乙烯	156-60-5	10	54	31	163
16	二氯甲烷	75-09-2	94	616	300	2000
17	1,2-二氯丙烷	78-87-5	1	5	5	47

札记

续表

序号	污染物项目	CAS 编号	筛选值		管制值	
			第一类用地	第二类用地	第一类用地	第二类用地
18	1, 1, 1, 2-四氯乙烷	630-20-6	2.6	10	26	100
19	1, 1, 2, 2-四氯乙烷	79-34-5	1.6	6.8	14	50
20	四氯乙烯	127-18-4	11	53	34	183
21	1, 1, 1, -三氯乙烷	71-55-6	701	840	840	840
22	1, 1, 2-三氯乙烷	79-00-5	0.6	2.8	5	15
23	三氯乙烯	79-01-6	0.7	2.8	7	20
24	1, 2, 3-三氯丙烷	96-18-4	0.05	0.5	0.5	5
25	氯乙烯	75-01-4	0.12	0.43	1.2	4.3
26	苯	71-43-2	1	4	10	40
27	氯苯	108-90-7	68	270	200	1000
28	1, 2-二氯苯	95-50-1	560	560	560	560
29	1, 4-二氯苯	106-46-7	5.6	20	56	200
30	乙苯	100-41-4	7.2	28	72	280
31	苯乙烯	100-42-5	1290	1290	1290	1290
32	甲苯	108-88-3	1200	1200	1200	1200
33	间-二甲苯+对-二甲苯	108-38-3, 106-42-3	163	570	500	570
34	邻-二甲苯	95-47-6	222	640	640	640
半挥发性有机物						
35	硝基苯	98-95-3	34	76	190	760
36	苯胺	62-53-3	92	260	211	663
37	2-氯酚	95-57-8	250	2256	500	4500
38	苯并[a]蒽	56-55-3	5.5	15	55	151
39	苯并[a]芘	50-32-8	0.55	1.5	5.5	15
40	苯并[b]荧蒽	205-99-2	5.5	15	55	151
41	苯并[k]荧蒽	207-08-9	55	151	550	1500
42	䓛	218-01-9	490	1293	4900	12900
43	二苯并[a, h]蒽	53-70-3	0.55	1.5	5.5	15
44	茚并[1, 2, 3-cd]芘	193-39-5	5.5	15	55	151
45	萘	91-20-3	25	70	255	700

a　具体地块土壤中污染物检测含量超过筛选值，但等于或者低于土壤环境背景值(见3.6)水平的，不纳入污染地块管理。土壤环境背景值可参见附录A。

表2　　建设用地土壤污染风险筛选值和管制值(其他项目)

单位：mg/kg

序号	污染物项目	CAS 编号	筛选值		管制值	
			第一类用地	第二类用地	第一类用地	第二类用地
重金属和无机物						
1	锑	7440-36-0	20	180	40	360
2	铍	7440-41-7	15	29	98	290
3	钴	7440-48-4	20[a]	70[a]	190	350
4	甲基汞	22967-92-6	5	45	10	120
5	钒	7440-62-2	165[a]	752	330	1500
6	氰化物	57-12-5	22	135	44	270
挥发性有机物						
7	一溴二氯甲烷	75-27-4	0.29	1.2	2.9	12
8	溴仿	75-25-2	32	103	320	1030
9	二溴氯甲烷	124-48-1	9.3	33	93	330
10	1，2-二溴乙烷	106-93-4	0.07	0.24	0.7	2.4
半挥发性有机物						
11	六氯环戊二烯	77-47-4	1.1	5.2	2.3	10
12	2，4-二硝基甲苯	121-14-2	1.8	5.2	18	52
13	2，4-二氯酚	120-83-2	117	843	234	1690
14	2，4，6-三氯酚	88-06-2	39	137	78	560
15	2，4-二硝基酚	51-28-5	78	562	156	1130
16	五氯酚	87-86-5	1.1	2.7	12	27
17	邻苯二甲酸二(2-乙基己基)酯	117-81-7	42	121	420	1210
18	邻苯二甲酸丁基苄基酯	85-68-7	312	900	3120	9000
19	邻苯二甲酸二正辛酯	117-84-0	390	2812	800	5700
20	3，3'-二氯联苯胺	91-94-1	1.3	3.6	13	36
有机农药类						
21	阿特拉津	1912-24-9	2.6	7.4	26	74
22	氯丹[b]	12789-03-6	2.0	6.2	20	62

续表

序号	污染物项目	CAS 编号	筛选值		管制值	
			第一类用地	第二类用地	第一类用地	第二类用地
23	p, p'-滴滴滴	72-54-8	2.5	7.1	25	71
24	p, p'-滴滴伊	72-55-9	2.0	7.0	20	70
25	滴滴涕[c]	50-29-3	2.0	6.7	21	67
26	敌敌畏	62-73-7	1.8	5	18	50
27	乐果	60-51-5	86	619	170	1240
28	硫丹[d]	115-29-7	234	1687	470	3400
29	七氯	76-44-8	0.13	0.37	1.3	3.7
30	α-六六六	319-84-6	0.09	0.3	0.9	3
31	β-六六六	319-85-7	0.32	0.92	3.2	9.2
32	γ-六六六	58-89-9	0.62	1.9	6.2	19
33	六氯苯	118-74-1	0.33	1	3.3	10
34	灭蚁灵	2385-85-5	0.03	0.09	0.3	0.9
多氯联苯、多溴联苯和二噁英类						
35	多氯联苯(总量)[e]	—	0.14	0.38	1.4	3.8
36	3, 3′, 4, 4′, 5-五氯联苯(PCB 126)	57465-28-8	$4×10^{-5}$	$1×10^{-4}$	$4×10^{-4}$	$1×10^{-3}$
37	3, 3′, 4, 4′, 5, 5′-六氯联苯(PCB 169)	32774-16-6	$1×10^{-4}$	$4×10^{-4}$	$1×10^{-3}$	$4×10^{-3}$
38	二噁英类(总毒性当量)	—	$1×10^{-5}$	$4×10^{-5}$	$1×10^{-4}$	$4×10^{-4}$
39	多溴联苯(总量)	—	0.02	0.06	0.2	0.6
石油烃类						
40	石油烃	—	826	4500	5000	9000

a　具体地块土壤中污染物检测含量超过筛选值,但等于或者低于土壤环境背景值(见3.6)水平的,不纳入污染地块管理。土壤环境背景值可参见附录A。

b　氯丹为 α-氯丹、γ-氯丹两种物质含量总和。

c　滴滴涕为 o, p'-滴滴涕和 p, p'-滴滴涕两种物质含量总和。

d　硫丹为 α-硫丹、β-硫丹两种物质含量总和。

e　多氯联苯(总量)为 PCB77、PCB81、PCB105、PCB114、PCB118、PCB123、PCB126、PCB156、PCB157、PCB167、PCB169、PCB189 十二种物质含量总和。

5.2 建设用地土壤污染风险筛选污染物项目的确定。

5.2.1 表 1 中所列项目为初步调查阶段建设用地土壤污染风险筛选的必测项目。

5.2.2 初步调查阶段建设用地土壤污染风险筛选的选测项目依据 HJ 25.1、HJ 25.2 及相关技术规定确定，可以包括但不限于表 2 中所列项目。

5.3 建设用地土壤污染风险筛选值和管制值的使用

5.3.1 建设用地规划用途为第一类用地的，适用表 1 和表 2 中第一类用地的筛选值和管制值；规划用途为第二类用地的，适用表 1 和表 2 中第二类用地的筛选值和管制值；规划用途不明确的，适用表 1 和表 2 中第一类用地的筛选值和管制值。

5.3.2 建设用地土壤中污染物含量等于或者低于风险筛选值的，建设用地土壤污染风险一般情况下可以忽略。

5.3.3 通过初步调查确定建设用地土壤中污染物含量高于风险筛选值，应当依据 HJ 25.1、HJ 25.2 等标准及相关技术要求，开展详细调查。

5.3.4 通过详细调查确定建设用地土壤中污染物含量等于或低于风险管制值，应当依据 HJ 25.3 等标准及相关技术要求，开展风险评估，确定风险水平，判断是否需要采取风险管控或修复措施。

5.3.5 通过详细调查确定建设用地土壤中污染物含量高于风险管制值，对人体健康通常存在不可接受风险，应当采取风险管控或修复措施。

5.3.6 建设用地若需采取修复措施，其修复目标应当依据 HJ 25.3、HJ 25.4 等标准及相关技术要求确定，且应当低于风险管制值。

5.3.7 表 1 和表 2 中未列入的污染项目，可依据 HJ 25.3 等标准及相关技术要求开展风险评估，推导特定污染物的土壤污染风险筛选值。

札记

附录九　声环境质量标准（摘录）

中 华 人 民 共 和 国 国 家 标 准

GB 3096—2008

代替 GB 3096—93　GB/T 14623—93

声环境质量标准

Environmental quality standard for noise

2008-08-19 发布　　　　　　　　　　2008-10-01 实施

环 境 保 护 部
国家质量监督检验检疫总局 发布

札记

中华人民共和国环境保护部
公　告
2008 年第 45 号

为贯彻《中华人民共和国环境保护法》和《中华人民共和国环境噪声污染防治法》，保护环境，保障人体健康，防治环境噪声污染，现批准《声环境质量标准》为国家环境质量标准，并由我部与国家质量监督检验检疫总局联合发布。

标准名称、编号如下：

声环境质量标准(GB 3096—2008)

按有关法律规定，以上标准具有强制执行的效力。

以上标准自 2008 年 10 月 1 日起实施。

以上标准由中国环境科学出版社出版，标准内容可在环境保护部网站(bz. mep. gov. cn)查询。

自标准实施之日起，《城市区域环境噪声标准》(GB 3096—93)、《城市区域环境噪声测量方法》(GB/T 14623—93)废止。

特此公告。

2008 年 8 月 19 日

前　言

为贯彻《中华人民共和国环境噪声污染防治法》，防治噪声污染，保障城乡居民正常生活、工作和学习的声环境质量，制定本标准。

本标准是对《城市区域环境噪声标准》（GB 3096—93）和《城市区域环境噪声测量方法》（GB/T 14623—93）的修订，与原标准相比主要修改内容如下：

——扩大了标准适用区域，将乡村地区纳入标准适用范围；

——将环境质量标准与测量方法标准合并为一项标准；

——明确了交通干线的定义，对交通干线两侧 4 类区环境噪声限值作了调整；

——提出了声环境功能区监测和噪声敏感建筑物监测的要求。

本标准于 1982 年首次发布，1993 年第一次修订，本次为第二次修订。

自本标准实施之日起，GB 3096—93 和 GB/T 14623—93 废止。

本标准的附录 A 为资料性附录；附录 B、附录 C 为规范性附录。

本标准由环境保护部科技标准司组织制订。

本标准起草单位：中国环境科学研究院、北京市环境保护监测中心、广州市环境监测中心站。

本标准环境保护部 2008 年 7 月 30 日批准。

本标准自 2008 年 10 月 1 日起实施。

本标准由环境保护部解释。

声环境质量标准

1 适用范围

本标准规定了五类声环境功能区的环境噪声限值及测量方法。

本标准适用于声环境质量评价与管理。

机场周围区域受飞机通过(起飞、降落、低空飞越)噪声的影响,不适用于本标准。

2 规范性引用文件

本标准内容引用了下列文件或其中的条款。凡是不注日期的引用文件,其有效版本适用于本标

准。

GB 3785 声级计的电、声性能及测试方法

GB/T 15173 声校准器

GB/T 15190 城市区域环境噪声适用区划分技术规范

GB/T 17181 积分平均声级计

GB/T 50280 城市规划基本术语标准

JTG B01 公路工程技术标准

3 术语和定义

下列术语和定义适用于本标准。

3.1

A声级 A weighted sound pressure level

用A计权网络测得的声压级,用LA表示,单位 dB(A)。

3.2

等效连续A声级 equivalent continuous A weighted sound pressure level

简称为等效声级,指在规定测量时间 T 内 A 声级的能量平均值,用 $L_{Aeq,T}$ 表示(简写为 L_{eq}),单位 dB(A)。除特别指明外,本标准中噪声限值皆为等效声级。

根据定义,等效声级表示为:

$$L_{eq} = 10\lg\left(\frac{1}{T}\int_0^T 10^{0.1 \cdot L_A}dt\right)$$

式中:L_A——t 时刻的瞬时 A 声级;

T——规定的测量时间段。

3.3

昼间等效声级　day time equivalent sound level、夜间等效声级 night time equivalent sound level

在昼间时段内测得的等效连续 A 声级称为昼间等效声级，用 L_d 表示，单位 dB(A)。

在夜间时段内测得的等效连续 A 声级称为夜间等效声级，用 L_n 表示，单位 dB(A)。

3.4

昼间 day-time、夜间 night-time

根据《中华人民共和国环境噪声污染防治法》，"昼间"是指 6:00 至 22:00 之间的时段；"夜间"是指 22:00 至次日 6:00 之间的时段。

县级以上人民政府为环境噪声污染防治的需要(如考虑时差、作息习惯差异等)而对昼间、夜间的划分另有规定的，应按其规定执行。

3.5

最大声级　maximum sound level

在规定的测量时间段内或对某一独立噪声事件，测得的 A 声级最大值，用 L_{max} 表示，单位 dB(A)。

3.6

累积百分声级 percentile sound level

用于评价测量时间段内噪声强度时间统计分布特征的指标，指占测量时间段一定比例的累积时间内 A 声级的最小值，用 L_N 表示，单位为 dB(A)。最常用的是 L_{10}、L_{50} 和 L_{90}，其含义如下：

L_{10}——在测量时间内有 10% 的时间 A 声级超过的值，相当于噪声的平均峰值；

L_{50}——在测量时间内有 50% 的时间 A 声级超过的值，相当于噪声的平均中值；

L_{90}——在测量时间内有 90% 的时间 A 声级超过的值，相当于噪声的平均本底值。

如果数据采集是按等间隔时间进行的，则 LN 也表示有 N% 的数据超过的噪声级。

3.7

城市 city、城市规划区 urban planning area

城市是指国家按行政建制设立的直辖市、市和镇。

由城市市区、近郊区以及城市行政区域内其他因城市建设和发展需要实行规划控制的区域，为城市规划区。

3.8

乡村 rural area

乡村是指除城市规划区以外的其他地区，如村庄、集镇等。

村庄是指农村村民居住和从事各种生产的聚居点。

集镇是指乡、民族乡人民政府所在地和经县级人民政府确认由集市发展而成的作为农村一定区

域经济、文化和生活服务中心的非建制镇。

3.9

交通干线 traffic artery

指铁路(铁路专用线除外)、高速公路、一级公路、二级公路、城市快速路、城市主干路、城市次干路、城市轨道交通线路(地面段)、内河航道。应根据铁路、交通、城市等规划确定。以上交通干线类型的定义参见附录 A。

3.10

噪声敏感建筑物 noise sensitive buildings

指医院、学校、机关、科研单位、住宅等需要保持安静的建筑物。

3.11

突发噪声 burst noise

指突然发生，持续时间较短，强度较高的噪声。如锅炉排气、工程爆破等产生的较高噪声。

4 声环境功能区分类

按区域的使用功能特点和环境质量要求，声环境功能区分为以下五种类型：

0类声环境功能区：指康复疗养区等特别需要安静的区域。

1类声环境功能区：指以居民住宅、医疗卫生、文化教育、科研设计、行政办公为主要功能，需要保持安静的区域。

2类声环境功能区：指以商业金融、集市贸易为主要功能，或者居住、商业、工业混杂，需要维护住宅安静的区域。

3类声环境功能区：指以工业生产、仓储物流为主要功能，需要防

止工业噪声对周围环境产生严重影响的区域。

4类声环境功能区：指交通干线两侧一定距离之内，需要防止交通噪声对周围环境产生严重影响的区域，包括4a类和4b类两种类型。4a类为高速公路、一级公路、二级公路、城市快速路、城市主干路、城市次干路、城市轨道交通（地面段）、内河航道两侧区域；4b类为铁路干线两侧区域。

5　环境噪声限值

5.1　各类声环境功能区适用表1规定的环境噪声等效声级限值。

表1 环境噪声限值 单位：dB(A)

声环境功能区类别		时段	
		昼间	夜间
0 类		50	40
1 类		55	45
2 类		60	50
3 类		65	55
4 类	4a 类	70	55
	4b 类	70	60

5.2　表1中4b类声环境功能区环境噪声限值，适用于2011年1月1日起环境影响评价文件通过审批的新建铁路（含新开廊道的增建铁路）干线建设项目两侧区域；

5.3　在下列情况下，铁路干线两侧区域不通过列车时的环境背景噪声限值，按昼间70dB(A)、夜间55 dB(A)执行：

　　a)穿越城区的既有铁路干线；

　　b)对穿越城区的既有铁路干线进行改建、扩建的铁路建设项目。

　　既有铁路是指2010年12月31日前已建成运营的铁路或环境影响评价文件已通过审批的铁路建设项目。

5.4　各类声环境功能区夜间突发噪声，其最大声级超过环境噪声限值的幅度不得高于15dB(A)。

6　声环境功能区的划分要求

6.1　城市声环境功能区的划分

城市区域应按照 GB/T 15190 的规定划分声环境功能区，分别执行本标准规定的 0、1、2、3、4 类声环境功能区环境噪声限值。

6.2 乡村声环境功能的确定

乡村区域一般不划分声环境功能区，根据环境管理的需要，县级以上人民政府环境保护行政主管部门可按以下要求确定乡村区域适用的声环境质量要求：

a) 位于乡村的康复疗养区执行 0 类声环境功能区要求；

b) 村庄原则上执行 1 类声环境功能区要求，工业活动较多的村庄以及有交通干线经过的村庄(指执行 4 类声环境功能区要求以外的地区)可局部或全部执行 2 类声环境功能区要求；

c) 集镇执行 2 类声环境功能区要求；

d) 独立于村庄、集镇之外的工业、仓储集中区执行 3 类声环境功能区要求；

e) 位于交通干线两侧一定距离(参考 GB/T 15190 第 83 条规定)内的噪声敏感建筑物执行 4 类声环境功能区要求。

参 考 文 献

詹平，陈华．环境卫生学[M]．北京：科学出版社，2008．

贾振邦．环境与健康[M]．北京：北京大学出版社，2015．

石碧清．环境污染与人体健康[M]．北京：中国环境科学出版社，2007．

周立祥．固体废物处理处置与资源化[M]．北京：中国农业出版社，2007．

环境保护自然生态保护司．土壤污染与人体健康[M]．北京：中国环境科学出版社，2013．

石碧清，赵育，间振华．环境污染与人体健康[M]．北京：中国环境科学出版社，2007．

陈学敏，杨克敌．现代环境卫生学(第2版)[M]．北京：人民卫生出版社，2008．

中国科学技术协会学会学术部．环境污染与人体健康[M]．北京：中国环境科学出版社，2007．

郎铁柱．雾霾、空气污染与人体健康[M]．天津：天津大学出版社，2015．

崔宝秋．环境与健康[M]．北京：化学工业出版社，2013．

孙孝凡．家居环境与人体健康[M]．北京：金盾出版社，2009．

陈冠英．居室环境与人体健康(第2版)[M]．北京：化学工业出版社，2011．

崔宝秋．环境与健康[M]．北京：化学工业出版社，2013．